PIUSにみる
車両工学概論

株式会社 モディ― ・ 一関工業高等専門学校 監修
独立行政法人 国立高等専門学校機構

理工図書

目　　次

第 0 章　まえがき ──────────────────────── 1
- 本章で学ぶ内容／1

第 1 章　自動車のあゆみでみる SCE の事例 ──────────── 5
- 本章で学ぶ内容／5
- 1.1　SCE の視点で見た自動車のあゆみ／5
- 1.2　私たちを取り巻く環境の変化／11
- 1.3　自動車の開発経緯をたどり、今後のモビリティ設計の視点を学ぶ／13
- 1.4　Environment（環境）がもたらす自動車開発／14
- 1.5　まとめ　新たな時代へ向けて／18
- 1.6　課題／23

第 2 章　PIUS ──────────────────────── 25
- 本章で学ぶ内容／25
- 2.1　PIUS とは／25
- 2.2　PIUS の開発計画立案／28
- 2.3　PIUS の試作・開発／32
- 2.4　PIUS の開発完了／35
- 2.5　課題／40

第 3 章　シャシ（サスペンション）──────────────── 43
- 本章で学ぶ内容／43
- 3.1　サスペンションと操舵／43
- 3.2　PIUS で採用しているサスペンション／48
- 3.3　課題／56

第 4 章　シャシ（タイヤ・ホイール・ブレーキ・操舵系）─────── 57
- 本章で学ぶ内容／57
- 4.1　タイヤの基礎／57
- 4.2　タイヤの構造／60
- 4.3　ホイール／70
- 4.4　ブレーキ／73
- 4.5　操舵系／80
- 4.6　課題／83

第5章　ボディ ── 85

- 本章で学ぶ内容／85
- 5.1　ボディ／85
- 5.2　キャビン／92
- 5.3　ボディ設計の基本／95
- 5.4　自動車の用途による車型の事例／96
- 5.5　PIUSにおけるボディ／98
- 5.6　デザイン（意匠）／101
- 5.7　課題／105

第6章　パワートレイン1（モータ） ── 107

- 本章で学ぶ内容／107
- 6.1　PIUSのパワートレイン／107
- 6.2　モータ総合特性／108
- 6.3　いろいろなモータの種類／113
- 6.4　PIUSで使用しているDCモータ／118
- 6.5　コントローラ（モータコントローラ）／120
- 6.6　課題／122

第7章　パワートレイン2（デファレンシャルギヤと動力性能） ── 125

- 本章で学ぶ内容／125
- 7.1　PIUSのパワートレイン／125
- 7.2　デファレンシャルギヤ／126
- 7.3　PIUSの事例にみる動力性能／127
- 7.4　課題／132

第8章　パワートレインを支えるバッテリと電装品 ── 135

- 本章で学ぶ内容／135
- 8.1　電池の歴史（発明と開発）／136
- 8.2　蓄電デバイス／136
- 8.3　バッテリ（電池）の原理／140
- 8.4　バッテリ（電池）の安全性／147
- 8.5　バッテリの寿命／149
- 8.6　PIUSに搭載されているバッテリ／152
- 8.7　電装／155
- 8.8　課題／167

第9章　生産技術 —————————————————— 169

- 本章で学ぶ内容／169
- 9.1　分解・組立実習の管理／170
- 9.2　PIUS の分解組立／185
- 9.3　試乗体験／188
- 9.4　Advance キットについて／192
- 9.5　Advance（アドバンス）キット装着時の注意点／195
- 9.6　課題／196
- 9.7　参考引用文献、より深く勉強するためのコラム／197

第10章　「走る・曲がる・止まる」クルマの基本諸元の決め方 —————— 199

- 本章で学ぶ内容／199
- 10.1　「走る・曲がる・止まる」クルマの基本諸元／199
- 10.2　市販車に学ぶ企画・設計／201
- 10.3　電動車両の開発の基礎／204
- 10.4　超小型モビリティ開発／218
- 10.5　課題／222
- 10.6　参考引用文献、より深く勉強するためのコラム／223

あとがき —————————————————————— 224

第0章　まえがき

本章で学ぶ内容

　めざましい技術進歩と便利なモノの生産や消費が進む21世紀。この時代を生きていくために、一人ひとりに新たな考え方や職業に必要なスキルを身に付けることが重要になっています。例えば地球環境問題や高齢化社会に対応した視点で新しい乗り物を提案し、多様な分野の知識や実際に活動ができるスキルを持って、開発設計に携わることが期待されています。本書で紹介するキットカー PIUS は、この考え方や職業のスキルを身に付ける目的で開発しました。

　キットカー PIUS では、次世代モビリティの代表例である電気自動車のしくみを学ぶことはもちろん、自動車の基本的構造、使用されている部品を学んだ上で、低炭素化社会地球温暖化防止に効果が期待できる次世代モビリティに活用される電動化技術等、地球環境にまで及ぶ知識を学ぶことができます。専門分野では、日本固有のモノづくりの基礎、自動車に関する法律をはじめ、機械工学、電気工学（電気・蓄電デバイス）などの工学知識を紹介します。

　図0.1には、本書で学ぶ知識や作業スキルの全体像を示します。PIUS は図の中心にあります。その上下左右にある「箱」は、PIUS の開発に使った要素を示しています。PIUS は図に示すように、横軸に広がる専門知識、法律などの文系知識、機械工学、電気、化学また情報系の知識を使って開発しました。また縦軸には金属素材や半導体などの個別部品から環境問題など地球規模の考察の軸がみえます。本書ではこの横軸のことを Span、縦軸を Depth と呼びます。

　図に示している語句について説明しましょう。

　ISO とは、国際標準化機構（International Organization for Standardization）が策定した電気分野を除く工業分野の国際規格（国際的な標準）を言います。環境問題（environmental threats, environmental issues, environmental problems）は、みなさんが日頃からよく聞きなれた語句で、人類の活動に由来する周囲の環境の変化により発生した問題の総称であり、近年は、地球のほかにも宇宙まで及んでいる問題です。本書では地球温暖化問題、大気汚染、化石燃料の問題を中心に記述しています。

　社会インフラとは、インフラストラクチャー（infrastructure、略称でインフラと呼びます）「下支

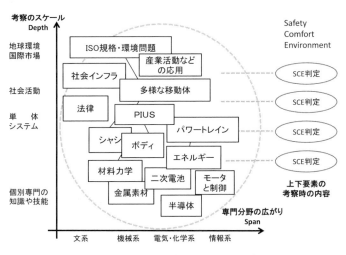

図0.1　本書で学ぶ学習内容

第0章 まえがき

えする」「構造」を指し、国民福祉の向上と国民経済の発展に必要な公共施設の整備（学校、病院、道路、港湾、工業用地等や、上水道、下水道、電気、ガス、電話の施設設備等）で、社会的経済基盤と社会的生産基盤とを形成するものに対する総称です。本書では電気自動車に必要な充電施設であったり、燃料電池の元となる水素ステーション等を意味しています。

法律とは、自動車開発や走行等に求められる道路交通法や道路運送車両法等が該当します。
産業活動などの応用とは、本書で学ぶ電気自動車等の電気技術や自動車工学とは、自動車に限らず電動化を求められている製品であったり、農業機械等への技術の応用が可能だと示しています。

PIUS は本書で取上げている電気自動車の呼称です。

パワートレイン、シャシ、ボティは自動車の構成要素を指しています。

エネルギー、二次電池とは、次世代モビリティに必要なエネルギー源である各種の蓄電デバイスの事を示しているものです。

材料力学、金属素材は、自動車の各コンポーネント（部品）を考える時に必要となる原材料の選定において考えるものです。

モータと制御、半導体は、近年の車両や車両の電動化に伴い、自動車には多くのコンピュータが搭載されるようになり、さらに電動化におけるモータ制御や、それぞれの情報をやりとりする CAN 通信等を考えるものです。

本書では、キットカー PIUS を使い各章において説明していきます。

キットカー PIUS の開発でもそうですが、一般にあるモノや部品の開発では、図 0.1 のような Span と Depth 軸に広がる要素をつないで設計、製造しています。たとえば図 0.1 の PIUS の下には「シャシ」「ボディ」「パワートレイン」の文字が見えますが、自動車はおおざっぱに言えば、この 3 つの要素を設計することで作られています。この 3 つの要素の下にはさらに「材料力学」「金属素材」の文字が見えますが、ある程度の強度をもたせるために、鋼鈑を使っている設計の流れを思い浮かべてください。自動車の開発ではこのように作るモノを構成する専門知識、また具体的な部品知識、価格や入手可能性を含めた知識が必要です。

PIUS の文字の上の箱もご覧ください。多様な移動体や社会インフラ、産業活動などの応用の文字が見えます。多様な移動体とは、自動車、電車、農機具などのことです。これらが動くための環境、例えば舗装道路、レール、あぜ道などが社会インフラと考えてください。産業活動には、通勤、長距離貨物、農作業などを思い浮かべてください。さらに上には地球環境問題、CO_2 などの温暖化問題もあります。PIUS の開発では以上の下の箱や上の箱、使用する部品から環境問題に至るスケールまで考慮して設計が行われています。その中身がどうなっているかは、ぜひ本書で勉強してください。

さて本書の勉強でぜひ知ってもらいたい大切な考え方があります。要素をつないでいる上下の線の中身です。たとえば自動車のシャシに鋼鈑を使うのはなぜでしょう。「そうしろと言われたから」「皆が使っているから」は、作業員でしたらしかたがないですが、開発設計者としては問題があります。「開発設計者の立場では、この鋼鈑は主に運転席の場所で運転手の安全を守る目的に使うものであり、強くてしなやかな特性をもつ必要がある。このためハイテン鋼というものから、性能とコストを考えて、この素材を選んだ」というように、図 0.1 のずっと上から下までつながる選定の理由が必要です。これが開発設計の視点ということです。本書ではこの選定のとき、モノづくり現場ではよく出てくる、安全性、快適性、環境の 3 つの視点 (Safety, Comfort, Environment, SCE) を使いました。本書で勉強する大事な知識は、この SCE の視点で、図 0.1 のどの要素についても説明できることです。

PIUS に限りませんが、我々が長期に愛用しているモノはみな、こうした SCE の視点がしっかりと働いています。身の回りの家具や携帯電話、またアプリケーションなども一度、その視点で眺めてください。すべて SCE の視点で選択され、長い間安心して使ってもらえるように設計されているのです。本書はこの視点の重要さに着目し、教材の姿は自動車ですが、未来のモノづくり全般につながる重要な視点と職業スキルである、と考えました。

　本書は、一人ひとりが地球環境まで考慮した次世代の移動体を開発する時代への第一歩としてふさわしい教材であると考えております。学習の対象者は大学、技術短期大学、工業高等専門学校、工業高校を想定しており、その現場での講義、実習や演習課題を想定しました。本書を通じて、21 世紀を力強く生きていく技術者の育成ができれば、望外の喜びです。

第1章　自動車のあゆみでみるSCEの事例

本章で学ぶ内容

　自動車開発の歴史を、安全性（Safety）、快適性（Comfort）、環境（Environment）のSCEの観点で眺めてみましょう。これまでの歴史をSCEの観点で考えることにより、次世代モビリティの設計に必要な視点が身につきます。まず図1.1をご覧ください。ここで紹介する自動車は、中央部分の丸でくくられた実例です。自動車はその周囲にある開発当時の社会インフラや要素技術によって進化してきました。社会インフラとは自動車が走行できる道路や信号機、また法律などのことです。要素技術とは工学理論や材料開発のことです。自動車は本章で示すように、一方では社会環境、他方では科学技術の進展により、その時代にマッチして登場、また廃棄されてきました。その登場や消えていった背景に、図1.1に示すSCEの原因があります。ここではその事例を見ていきます。

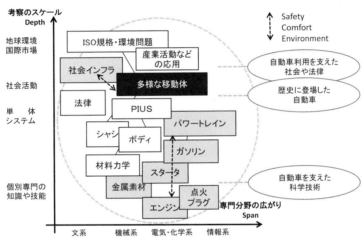

図1.1　本章で学ぶ学習内容

1.1　SCEの視点で見た自動車のあゆみ

　自動車の歴史は1765年ジェームス・ワットが蒸気機関を発明した時に始まります。この後、蒸気自動車、内燃機関自動車、また電気自動車などが登場しました。そして今日では環境にやさしい自動車が広まりつつあります。

　歴史に登場した自動車を眺めると、「人を乗せて走る」働きはそのままでも、構成する部品や機能の進歩や、道路や法律など周囲の環境が、歴史とともに変わってきたことがわかります。この章では、歴史に登場した自動車を紹介する中で、その当時重視していたと思われる安全性（Safety）、快適性（Comfort）、環境（Environment）のSCE視点の紹介を試みます。

1.1.1　自動車の登場

　馬車や人力車ではなく、機械的なエネルギーで継続的に走ることができる「自動車」は、その動力源である「エンジン」の開発により登場しました。まず1765年にジェームス・ワットが新方式の蒸気機関を開発しました。ワットが開発した蒸気機関は、写真1.1に示すように、トーマス・ニューコメンが1712年に鉱山の排水用として開発された蒸気機関（自動のつるべ井戸）のエ

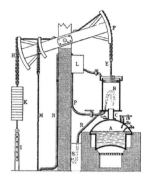
ニューコメンの自動の「つるべ井戸」

ワットの蒸気機関（出典：Wikipedia）

写真1.1　ニューコメンの井戸とワットの蒸気機関

写真1.2　キュニョーの砲車
（出典：Roby. Grand format surdemande）

ネルギー効率の悪さを改良したものでした。ワットが改善した後、エネルギー効率は約4倍になり、これが自動車（軌道列車）の開発につながりました。ワットの蒸気機関は、それまでの馬車に比べ、重量物を長距離に移動できるなどの快適性（Comfort）を提供するものであったと考えることができます。

ワットの実用的な蒸気機関がきっかけとなり、1769年にはフランスの軍事技術者ニコラ＝ジョゼフ・キュニョーが、フランス陸軍の依頼で写真1.2に示す世界最初の自動車、蒸気三輪自動車を開発しました。図を見ると、この開発により重量物の運搬に、自動車は「便利なものである」というComfort（快適性）の認識が広まったことが推察できます。

この後の自動車は、開発年とその概要を示す形で説明していきます。

軌道走行する蒸気機関車に代わり、道路を走行する自動車が登場しました。小型の自動車を走行させる目的で広く使われたのが、ガソリンエンジンや電気モータといった駆動源です。この歴史を見てみましょう。

◆ 1862年　フランスのボー・ド・ロシャが内燃機関としての4ストロークエンジンを提唱しましたが実現には至りませんでした。その後、1867年ドイツの発明家ニコラス・アウグスト・オットーとオイゲン・ランゲンがフリー・ピストン機関を製作し、1877年ニコラス・アウグスト・オットーは後年のレシプロ式ガソリンエンジンの祖型となる4ストロークエンジン「オットーサイクル」を完成させ、効率的な内燃機関として4サイクルエンジンの特許を取得しました。これが、内燃機関の幕開けとなりました。

◆ 1886年　ドイツのエンジン設計者・自動車技術者であるカール・フリードリヒ・ベンツが世界初の実用的な写真1.3のガソリン動力による三輪自動車を発明しました。内燃機関を自動車に使用するためのあらゆる特許を取得後、自動車メーカー、メルセデス・ベンツの創業者となりました。

◆ 1886年　ドイツの技術者ゴットリーブ・ヴィルヘルム・ダイムラーは、1885年にマイバッハと共にガソリンエンジンを開発しました。そのエ

写真1.3 ガソリン三輪自動車 ベンツ・パテント・モールトヴァーゲン
(写真：Chris73 / Wikimedia Commons)

ンジンを二輪車に搭載し、世界初のオートバイを製作しました。翌年、ボートと駅馬車にも自らが開発したエンジンを取り付けました。このうち駅馬車にエンジンを搭載したものが、世界初の四輪自動車となりました（写真1.4）。

開発当初の自動車は、1～2名乗車のもので、蒸気機関車とは別の発想で開発されたことが伺えます。このガソリンエンジンによる自動車はその後、第一次、第二次世界大戦を契機に技術革新が行われ、今日にまで影響を与えた自動車や工事車両などのかたちを決めるものになりました。同時にこの自動車をどう普及させ、走行させるか、高速道路などの社会インフラを整備するきっかけになりました。

1.1.2 電気自動車の登場

ガソリンエンジンが登場した当時から既に、駆動源にモータと蓄電池を採用した電気自動車の開発や生産がされていました。以下、その経緯を紹介します。

◆ 1830年代　イギリス人のアンダーソンが、一次電池と電気モータを搭載した世界初の電気自動車を発明しました。

◆ 1859年　フランスの科学者プランデが、世界初の充電可能な鉛蓄電池を発明しました。

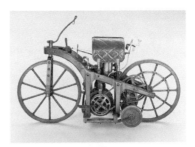

写真1.4 エンジン式木製二輪車「ニーデルラート」とガソリン式四輪車「モトール・キャリッジ」

◆ 1881年　フォーレがプランデの初期蓄電池を改良し、大容量で高性能な蓄電池を開発、電気自動車の動力源として使用されました。

◆ 1886年　イギリスで世界で初めて電気自動車の販売が開始されました。

◆ 1899年　フランスのアシュレで電気自動車「ジャメ・コンタント号」が世界初の時速106kmを突破しました（写真1.5）。

この頃、アメリカでは1891年にライカー(A.L.Ryker)が三輪の電気自動車を作ったり、モ

写真1.5 ジャメ・コンタント号

写真 1.6　1901 年のコロンビアモデル（米国）

リソンが 6 人乗りのワゴン車を作り始めるようになるまでは、電気自動車には関心が向けられず、その関心に火がついたのは 1895 年以降になってからでした。写真 1.6 は 1901 年アメリカの電気自動車コロンビアモデルです。

1.1.3　第二次大戦時代の自動車

　第一次、第二次世界大戦の戦前、戦後には、陸・海・空の高速かつ大量の移動技術が発達し、実用的なガソリン車、ディーゼル車などの生産と大量普及が始まりました。また実用的な電気自動車が登場しました。この当時の代表的なガソリンエンジン車と電気自動車の事例を紹介します。

◆ 1891 年　フランスのプジョー社と、パナール社がガソリンエンジン車の生産を開始しました（写真 1.7）。

◆ 1892 年　ドイツの技術者ルドルフ・ディーゼルはディーゼルエンジンを開発。パワーがあるが、頑丈な構造が必要なため重く、一般車には適さなかった。その後、ディーゼルエンジンが普及し始めたのは 1930 年以降となりました。

◆ 1892 年　フランス　ルノー社が設立されました。

◆ 1903 年　アメリカ　フォード社が設立されました。

◆ 1907 年　アメリカ　GM（ゼネラルモーターズ）社が設立されました。フォード社は、T 型フォードを発表しました。その後 1919 年にはフランスのシトロエン社、1925 年にはクライスラー、1926 年ダイムラーベンツ社と次々と自動車メーカーが設立しました。

　電気自動車では以下の開発事例があります。
　電気自動車の歴史をひも解くとき、ドイツの有名な自動車メーカー「ポルシェ社」の創業者であるポルシェ博士が、電気自動車の先駆者であることを語る必要があります。

「ユーザーの立場で考え、多少でも不利だとなりうる技術は採用すべきではない」

（ポルシェの言葉）

　これから私たちが学ぶ次世代モビリティの開発において、時代変われどポルシェ博士から学べることは多々あります。ぜひ、ポルシェ博士につい

写真 1.7　パナール・ルヴァッソール　フロントエンジン車（写真：トヨタ博物館）

ポルシェ 911GT2（997 型）

写真 1.8　ポルシェ博士と現代のポルシェ車の例（写真：Bundesarchiv, Bild 183-2005-1017-525 / CC-BY-SA 3.0）

写真 1.9　ローナーの四輪ハブモータ電気自動車（電気馬車）

写真 1.11　米国の「T 型フォード」

て詳しく調べてみることを推奨します。

◆ 1900 年　ポルシェは、ローナー社の設計者でハブに駆動モータが一体化されたインホイールモータを搭載したローナーポルシェを考案し 1900 年のパリ万博に出展しました（写真 1.9）。

◆ 1902 年　ポルシェは一定回転のガソリンエンジンで発電して電池に充電し、電動機で車輪を駆動する世界初のハイブリッドカー「ミクステ」を開発しました。その他に 30 馬力のモータを搭載した車速 90km/h 出る電気レーシングカーも開発

写真 1.10　ポルシェの「ミクステ」
下の写真は復刻車

されました（写真 1.10）。

◆ 1908 年　アメリカでは電気自動車が約 40% のシェアを占めました。写真 1.11 は当時のガソリン車の姿です。

　二つの大戦をはさんで、技術革新が活発になりましたが、これに加え、競技レースなどを通じて走行性能の飛躍的な改善が行われていました（写真 1.12）。

　1906 年、フランスで第 1 回 ACF グランプリが開催されました。当時は蒸気自動車の走行性能が優れており、車速 205.4km/h の記録を打ち出しました。1907 年にはイギリスに世界初の常設サーキット、ブルックランズが完成しました。レースは自動車メーカーが国家の威信をかけた場となり、自動車は飛躍的に性能を高めていくことになり、同時に高速移動に必要な路面条件や管理方法も明らかになったものと推測できます。また第二次世界大戦の歴史の特徴として、写真 1.13 のフォ

写真 1.12　ル・マン 24 時間レース（画像は 1930 年）

写真 1.13　フォルクスワーゲン社「ビートル」（正式名称タイプ 1）

写真 1.15　オースチン・ミニ（1959 年・イギリス）

ルクスワーゲン社「ビートル」を紹介します。大戦中、ヒットラーは"国民車構想"を提唱しました。その結果 1938 年に、写真 1.13 の自動車が誕生しました。これは写真 1.8 のポルシェ博士の手により開発されたものです。

「ビートル」は高品質なリヤエンジンリヤドライブ車両で、1938 年の生産開始以来 2003 年まで半世紀以上も生産が続き、国際的な自動車市場で多大な成功を収めました。四輪自動車として世界最多の累計生産台数となる 2153 万台の記録を打ち立てました。

この国民車の構想とアウトバーンの建設は、当時の功績として今も高く評価されています。

一方、アメリカ陸軍は 1941 年に写真 1.14 の小型四輪駆動車（戦後通称で Jeep と言っています）を開発し、実戦に投入しました。連合国の軍用車両として 60 万台ものジープが生産され、世界中の戦場へと散っていきました。軍用技術の市場転用が行われ、アウトバーンなどの道路整備も始まりました。

1.1.4　戦後の自動車

ヨーロッパも日本と同じように戦争で荒廃していましたが、次第に自動車産業が復興していき 1959 年には、現在も世界中で人気のある写真 1.15 の MINI（ミニ）の初代モデルがオースチン社から発表されました。このミニは、横置きエンジンによる前輪駆動により、巧みなレイアウトで、小さな外寸からは想像できないほど広い室内空間を得ることに成功、小型車の革命と言われました。

一方、本土が戦場とならなかったアメリカでは、戦後、自動車販売が急速に拡大し、アメリカ車は黄金期を迎えました。この頃には乱立していた自動車メーカーも、ゼネラル・モーターズ（GM）、フォード・モーター、クライスラーのビック 3 へ収れんしていきました。1950 年代に入ると、消費社会の隆盛を反映して、大排気量のエンジンを搭載した大型乗用車が人気を博し、写真 1.16 のように、テールフィンの巨大化を競うような派手なモデルが続出しました。

写真 1.14　JEEP「1941 年アメリカ」

写真 1.16　キャデラック・エルトラド（1955 年・アメリカ）

写真1.17 トヨタカローラ（初代・1966年）

1.1.5 戦後の日本の自動車

1960年代に入ると、日本は1964年（昭和39年）に東京オリンピック、1970年（昭和45年）の大阪万博開催などの特需もあって、さらに経済発展を遂げ、1968年（昭和43年）にはGNP世界第2位となりました。道路事情も、1963年（昭和38年）に日本初の高速道路として名神高速道路が開通し、1968年（昭和43年）には東名高速道路が開通しました。人々は自動車に対しても、さらに豪華で大きなクルマを求めるようになりました。トヨタは小型大衆車のパブリカを1961年（昭和36年）に発売しました。その後、日本の国民車となった初代カローラが1966年（昭和41年）に発売されました（写真1.17）。カローラは1968年～2001年の34年間、国内販売台数1位を維持するベストセラーカーとなり、フォルクスワーゲンの世界記録を塗り替えました。現在も世界中で販売を続け記録更新中です。当時は、トヨタカローラvs日産サニー、トヨタコロナvs日産ブルーバードなど、トヨタと日産との販売競争が激しさを増していた頃でもありました。

この他、日本国内の自動車関連の主な事を下記にまとめておきます。

- ◆ 1948年　本田技研工業設立
- ◆ 1953年　日野、日産、いすゞがノックダウン生産開始
- ◆ 1954年　第1回　モーターショー開催
- ◆ 1955年　トヨペット・クラウン発売
- ◆ 1957年　プリンス・スカイライン発売

国内メーカーが次々と車両を開発し、量産発売を始めたのがこの時期です。個人ユーザーの快適さ（Comfort）がメインテーマになったのです。

1.2　私たちを取り巻く環境の変化

戦後のモータリゼーション革命（モータリゼーション（motorization）とは、自動車が社会と大衆に広く普及し、生活必需品化する現象）により、私たちを取り巻く環境においてもEnvironment（環境）と、Safety（安全）を基本として大きく方向転換をしなければならない時代へと変化しました。

1.2.1 環境の変化

1970～1980年にかけて自動車の多種多様化が進み「自動車の普及と共に様々な社会問題」が発生するようになりました。華やかな時代背景により多種多様な車両が生産され、それに伴う法整備（車両法）が進み、自動車を取り巻く状況は一変しました。

自動車の保有者人口が年々増加すると共に交通事故死亡者が増加し、1970年（昭和45年）には、交通事故で年間死亡者が史上最悪の1万6765人となりました。都市部を中心に交通渋滞の問題が発生し、当時「交通戦争」と揶揄された時代で、さらに国内では自動車保有台数が増加する中、

図1.2　大気汚染の影響

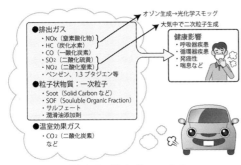

図1.3 排出ガスの内容

写真1.18 1972年ホンダ・シビック発売

深刻な大気汚染が発生し問題となりました（図1.2）。

1.2.2 多様な環境規制、国際的な基準の登場

自動車の排気ガスによる大気汚染が大きな社会問題として浮上し、1968年（昭和43年）には大気汚染防止法が成立しました。1970年にはアメリカで、さらに厳しい基準を定めたマスキー法が制定されましたが、欧米の自動車メーカーは、達成が不可能だとして一斉に拒否反応を示したため1974年に廃案となりました。しかし、各自動車メーカーは自動車開発において排気ガス対策を余儀なくされました（図1.3）。

1.2.3 オイルショック

1973年（昭和48年）10月6日に第四次中東戦争が勃発しました。これをうけて10月16日に、石油輸出国機構（OPEC）に加盟のペルシア湾岸産油6カ国は、原油公示価格の21％引き上げと、原油産出量の削減、イスラエル支援国への禁輸を決定しました。さらに12月には、翌1974年1月より原油価格を2倍に引き上げると決定しました（1960年代の1バレル当たり2ドル、直前価格の3ドルから12ドルへ）。

原油価格の上昇は、エネルギーを中東の原油に依存してきた先進工業国の経済を脅かしました。日本でも、ニクソン・ショックから立ち直りかけていた景気を直撃しました。便乗値上げが相次ぎ、急激にインフレが加速しました。国内の消費者物価指数で1974年は23％上昇し、インフレ抑制のために公定歩合の引き上げが行われ、企業の設備投資などが抑制されました。その結果、1974年は－1.2％と、戦後初めてマイナス成長を経験し、戦後続いていた高度経済成長がこのときに終焉を迎えました。

トイレットペーパーや洗剤など、ほとんどの物資の買い占め騒動、デパートのエスカレータの運転中止などの社会現象も発生しました。また、省エネ対策の一環として深夜の電力消費を抑制しようと、ネオンの早期消灯や、テレビ放送の深夜放送休止（NHKは日中の15時～16時30分ごろ、並びに深夜23時以後の放送を休止、民放も24時以後は放送休止となった）などの処置が取られました。

自動車業界ではガソリンの急騰により、車両の低燃費化が求められました。ここで世界をリードする技術を示したのが日本製の車両です。1972年にホンダは規制に適合するCVCCエンジンを発表して世界に衝撃を与えました。さらに大型化したアメリカ車に比べて、圧倒的に燃費のいい日本の小型車は、アメリカ市場で販売を伸ばしていきました（写真1.18）。

1978年のイラン革命により、イランでの石油生産が中断し産油量が減ったため、イランから大量の原油を購入していた日本は需給が逼迫し、78年末にはOPECが、翌1979年より原油価格を4段階に分け、14.5％値上げすることを決定しました。規模としては、第一次オイルショックでの原油価格の高騰であった1バレル当たり30ドル台へ突入し、第二次オイルショックが起こりました。

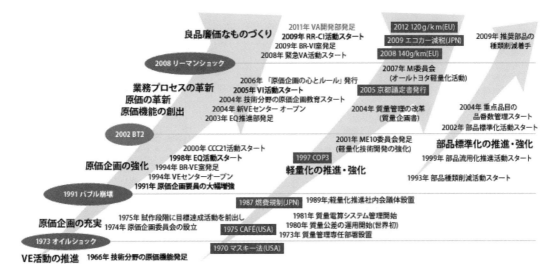

図1.4 （トヨタ自動車75年史）技術分野の原価企画、質量企画、部品標準化の歴史

1.2.4　1990年　ZEV (Zero Emission Vehicle) 法

　アメリカ・カリフォルニア州で、一定台数以上自動車を販売するメーカーに対しZero Emission規制（日本に訪れた3回目のEV開発のきっかけ）（以下ZEV規制）が始まりました。

　ZEVは、排出ガスを一切出さない電気自動車や燃料電池車を指します。カリフォルニア州のZEV規制は、州内で一定台数以上自動車を販売するメーカーは、その販売台数の一定比率をZEVにしなければならないと定めています。

　規制対象となっているメーカーは、2012年カリフォルニア州で年6万台以上販売するメーカー6社（クライスラー、フォード、GM、ホンダ、日産、トヨタ）です。2018年型以降、販売台数が中規模のメーカー6社（BMW、ダイムラー、現代、起亜、マツダ、フォルクスワーゲン）も対象となる見通しです。

1.3　自動車の開発経緯をたどり、今後のモビリティ設計の視点を学ぶ

　1973年の第一次オイルショックから、日本国内における産業界のものづくりの仕組みが大きく方向転換しました。これは自動車産業に限らず全職種の製造業において、品質管理（軽量化、質量管理、部品の標準化、QC活動など）、原価管理（原価企画、原価機能、VA活動、VE活動、現地調達など）のやり方、手法が時代背景と共にどんどん進化していったのです。VEとはバリューエンジニアリング（Value Engineering）の略で、製品やサービスなどの価値（製造・提供コストあたりの　機能・性能・満足度など）を最大にしようという体系的な手法をいいます。

　図1.4の年表をご覧ください。トヨタ自動車が75年の歴史の中で、お客様に「より良いクルマをより安く」提供するために技術分野が取り組んだ原価企画・質量企画・部品標準化における歴史を示したものです。縦軸に暦、横軸に時代背景とテーマ、原価低減・軽量化・標準化に取り組んだ技術的内容を表しています。現代のトヨタ自動車は多くの人々より評価を受け、世界屈指の自動車メーカーになるにはSCEを基本としたそれぞれの技術分野の取り組みがあったことが伺えます。

　新製品開発では、お客様に「良質廉価のクルマ」を提供するために、製品の企画段階から予算を決め、その予算内で製品開発を実施、それを成し遂げるのが原価企画です。新製品の開発において、「環境に優しく、優れた性能の良いクルマ」を、お客様に提供するために、諸性能の開発前提となる計画質量を定め、それをベースに製品開発を行

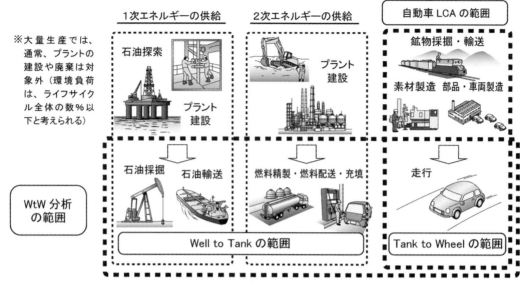

図 1.5 Well to Wheel (WtW) 分析「影響の大きい燃料供給と走行」

う、そのための諸活動が質量企画です。

1.3.1 年表1966年 技術分野の原価機能発足

初めて技術部内にVE管理の機能が組織され、継続的なVE活動のほかにも、特別プロジェクトとして複数のメーカー車両を同時に分解展示したVE検討会を推進しました。

1.3.2 1980年質量軽減分科会を組織（年表なかほど）

燃費専門委員会の下部組織として、試作時点から設計・生産技術・製造方法を通し、軽量化活動を推進しました。

部品の標準化では、良い設計素質の部品を多くの車で長く使うことを考えました。この活動により開発リソーセス（資源）、原価の低減・品質の安定・工場スペースの低減・補給部品の種類低減が可能となります。

1.3.3 部品標準化活動スタート（年表右側）

―推奨部品の商品力を維持するため定期的な見直しを行ない、多くの車種で長く使ってもらう活動とすべく名称を変更しました。

この頃より部品標準化の推進を強化するようになりました。

この間、国内では大気汚染防止法（1968年）、世界ではマスキー法（1970年）、ZEV法（1990年）、京都議定書（2005年）などが立法化し、都市圏においても排ガス規制法により年々厳しく制限されるなどEnvironment（環境）に対する規制と、自動車業界ではシートベルトの着用規制などSafety（安全性）に対する考え方や、それに伴う技術革新（例えばエアバッグなど）を次々開発しなければならない環境でした。

また、自動車の開発では使用する運転者だけではなく同乗者、大型トラックやバスなどの運転環境の改革などComfort（快適性）が意識された開発が進み大きく変化してきました。
（インターネットホームページ　トヨタ自動車75年史より引用。）

1.4 Environment（環境）がもたらす自動車開発

今までの歴史を振り返ると、1765年ジェームス・ワットが蒸気機関を発明し、Safety（安全性）とComfort（快適性）を求めた自動車開発が進んできたと考えることができます。近年は

表1.1 蒸留

沸点（℃）	種　類	液体色
30～180	ガソリン	オレンジ※
170～250	灯油	無色
240～350	軽油	淡黄色

上記3種類が留出され、残ったものが重油やアスファルトになります。
※ガソリンは無色ですが、灯油と区別するためオレンジ色を着色しています。

表1.2 一次エネルギー国内供給の推移

		シェア（％）			
		1990年度	2005年度	2010年度	2013年度
化石エネルギー	石油	55.9	46.8	39.8	42.7
	石炭	16.8	20.8	22.5	25.1
	天然ガス	10.7	14.8	19.2	24.2
非化石エネルギー	原子力	9.6	11.6	11.1	0.4
	水力	4.1	2.9	3.2	3.2
	再生可能・未活用エネルギー	2.9	3.0	4.3	4.3

（注1）国内供給は、総供給から輸出と在庫調整を控除したもの。
（注2）再生可能エネルギーには、太陽光発電、太陽熱利用、風力発電、バイオマスエネルギーなどの自然エネルギーと地熱エネルギーが含まれる。ただし、太陽光発電及び風力発電は、1発電所の設備容量が1000kW未満の自家用発電は含まれない。
（注3）未活用エネルギーには、廃棄物発電、廃タイヤ直接利用、廃プラスチック直接利用の「廃棄物エネルギー回収」、廃棄物ガス、再生油、RPF等の「廃棄物燃料製品」、廃熱利用熱供給、産業蒸気回収、産業電力回収の「廃棄エネルギー直接活用」が含まれる。
（参考）資源エネルギー庁総合エネルギー統計「平成25年度（2013年度）エネルギー需給実績（確報）概要」

Environment（環境）問題についての取組みが、自動車産業界はもとより産業界全体で起きているのです。Environment（環境）に関する問題は、地球温暖化、化石燃料の枯渇など深刻になっています。そこでこの章では次世代モビリティを考える重要性について、Environmentの面から説明していきます。

各種自動車のエネルギー効率や燃費を考えるとき、大切な考え方として「Well to Wheel」という燃費の考え方があります。直訳すると「井戸から車輪まで」と訳されます。

ガソリンは元をたどると原油であり、それにより動かすものは車輪であり起点と終点が同じエネルギーだということです。

私たちはエネルギーを消費する量と比例してコストも上がることから自動車の燃費を考えるとき図1.5に示す"Well to Wheel"が重要な考え方となります。

具体的に説明すると、原油が地下より油田に湧き上がってくる時には、CO_2排出量はまだ小さいのです。

この原油を日本国内に運び、表1.1に示すように、製油所において加熱炉で約350℃に加熱され蒸気（石油蒸気）化し、沸点の低いものから分けていきます。

このような精油工程は流通から精製まで熱をかけることから、全てがCO_2排出量とされています。

ここから生まれるのがガソリンであり、ガソリンスタンドまで輸送用燃料を使用し運びます。

ガソリンは元々液体であることから輸送については極めて小さなロスです。このガソリンを私たちが使用するガソリン車の内燃機関で、空気と混合し着火爆発させ、それを推進力として車両に伝える構造でガソリンが消費されます。この着火爆発で運動エネルギーに加え高温の熱が発生し、これもCO_2排出につながっているのです。

日本の一次エネルギー国内供給の推移を表1.2に示します。近年では、天然ガスの割合が増加していることがわかります。天然ガスも原油と同様に吹き上がってくるものなので採掘する部分がCO_2の排出量と考えられていますが、まだ小さいほうで天然ガスも液化天然ガス（LNG）として、タンカーで輸入しています。

天然ガスを液化するにはガスを圧縮することから、この工程において熱エネルギーを必要とします。しかし、液体を天然ガスに戻すとき、同じ量を吸熱することからプラスマイナスゼロであまり気になるところではありません。この液体を天然ガスに戻すときに生まれる吸熱を利用して、水産物を保存する大型冷蔵庫に応用しているところも

表1.3 評価対象車の諸元

			ICEV		HEV	PHV	FCV	BEV
			ガソリン	ディーゼル	ガソリン	ガソリン	CH	
定員		人	5	←	←	←	←	←
最高速度		km/h	150以上	←	←	←	←	100以上
航続距離（10・15モードを想定）		km	400以上	←	←	←	←	160
走行抵抗	空気抵抗係数（Cd）	—	0.3	←	←	←	←	←
	前面投影面積	m²	2.0	←	←	←	←	←
	転がり摩擦抵抗（μ）	—	0.01	←	←	←	←	←
トランスミッション		—	AT	←	←	←	固定	←
エンジン	燃焼方式	—	MPI[※1]	CDI[※2]	MPI[※1]	MPI[※1]	—	—
	排気量	cc	1500	1800	1200	1200	—	—
	最高出力	kW	72	63	60	60	—	—
モータ	種類	—	—	—	PM同期[※3]	PM同期[※3]	←	←
	最高出力	kW	—	—	35	35	90	80
二次電池	種類	—	—	—	NiMH	Li-ion	←	←
	容量	kWh	—	—	1300	5200	1300	2400
燃料電池	出力	kW	—	—	—	—	75	—
車両重量		kg	1120	1200	1240	1350	1350	1350
	内二次電池重量	kg	—	—	41	151	41	230

[※1]MPI：Multi-Point Injection
[※2]CDI：Common Direct Injection
[※3]PM同期：永久磁石（Permanent Magnet）式同期モータ

それぞれの正式名称は、
ICEV : Internal Combination Engine Vehicle 内燃機関自動車（ガソリン）
HEV : Hybrid Electric Vehicle ハイブリッド車
PHV : Plug-in Hybrid Vehicle プラグインハイブリッド車
FCV : Fuel Cell Vehicle 燃料電池自動車
BEV : Battery Electric Vehicle 電気自動車
CH : Compressed Hybrid 圧縮水素

あります。

火力発電所では化石燃料を燃したときの推進力と、生じた熱で水を蒸発させたときの推進力を合わせて、発電タービンを動かし電気を生み出す構造になっています。

エネルギー効率的（化石燃料から電気エネルギーへの変換効率は約50％程度）にはかなり低いものではありますが、近年の技術革新により効率が向上することは大いに期待できそうです。送電線を使いこの電気を各所に供給し、各種の電動のモータを動かすことになります。

次に具体的に自動車におけるエネルギー消費と、CO_2排出量について考えてみましょう。

自動車の種類ごとにデータを取るためにそれぞれの車両諸元を表したものが表1.3です。この内容に沿い試験を行ったデータを示しています。また、それぞれの車両の走行パターンは10・15モード（図1.6）とJC08モードのデータもありますが、本章では10・15モードについて掲載いたしました。

標準ケース（J-MIX）におけるWell to Wheel（WtW）でのエネルギー消費量に対してのCO_2排出量の算出結果を図1.7に示しました。1km走行あたりの一次エネルギーの投入量に対してのCO_2排出量は図1.7に表記されているとおりガソリン車

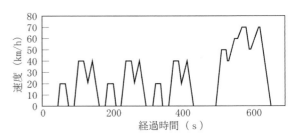

図1.6　車両の走行パターン（10・15モード）

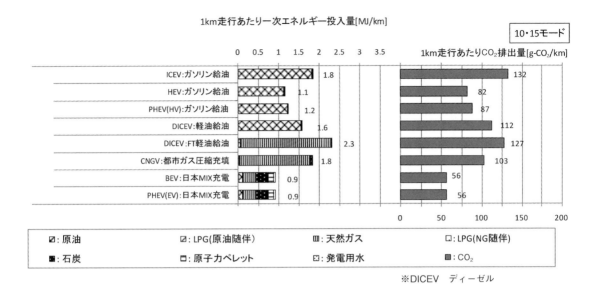

図1.7 標準ケースにおけるWtWエネルギー消費量・CO_2排出量（J-MIX：10・15モード）

両（ICEV）の132 g-CO_2/kmに対し、プラグインハイブリット（PHVプラグインモード）と電気自動車（BEV）は約60％減の56 g-CO_2/kmとCO_2排出量においても少ないことが読み取れます。ちなみにハイブリット車（HEV）は82 g-CO_2/kmと、ガソリン車に比べて約40％減のCO_2排出量です。

以上のようにエネルギー消費とCO_2排出量の関係をみると、電動モータのCO_2排出量は内燃機関のガソリンエンジンに比べると、少ないことが判ります。このように私達の身近で動いている自動車は多くのCO_2を排出しており、これら化石燃料の燃焼によりCO_2の排出量が留まることを知らずに上昇しています。地球の大気中におけるCO_2許容濃度は低く0.5％だといわれています。CO_2濃度が0.5％上昇するだけで人間は意識不明となり、大気中のCO_2濃度が25％以上になると人間は生きていけなくなります。

CO_2は地球温暖化の原因とされる温室効果ガスの一つです。

地球表面の大気や海洋の平均温度が長期的に上昇する現象を地球温暖化といい、19世紀に始まった科学的な気温の観測を基に統計が取られております。地球の平均気温は1960年〜2005年の45年間で0.74℃上昇しており、20世紀後半以降はさらに加速する傾向が観測されています。

2007年2月に国連の気候変動に関する政府間パネル（IPCC）が発行した第四次評価報告書（AR4）によって、人為的な温室効果ガスが温暖化の原因である確率は、9割を超えると評価されています。

AR4によれば、2100年には平均気温が最良推定値で1.8〜4.0℃（最大推計6.4℃）上昇すると予測されています。

わが国における温室効果ガスの排出量について、図1.8をご覧ください 図1.8（a）は1990年を基準年として、2005年以降の温室効果ガスの排出量をまとめたもので、「京都議定書消滅約束」（正式名称：気候変動に関する国際連合枠組条約の京都議定書（英：Kyoto Protocol to the United Nations Framework Convention on Climate Change））は、1997年12月に京都市で開かれた第3回気候変動枠組条約締結国会議（地球温暖化防止京都会議、COP3）で採択された気候変動枠組条約に関する議定書です。

削減目標は2008年から2012年までの期間中に、日本国全体の温室効果ガス6種（二酸化炭素（CO_2）、メタン（CH_4）、亜酸化窒素（N_2O）、ハイドロフルオロカーボン類（HFCs）、パーフルオロカーボン類（PFCs）、六フッ化硫黄（SF_6））の合計排

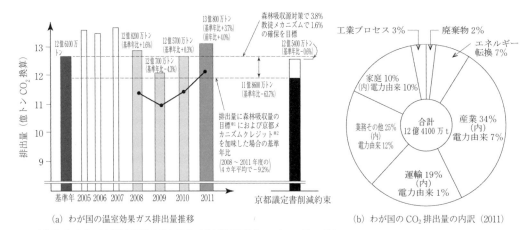

図1.8 わが国における温室効果ガス排出量の状況（出典 環境省2011年度データによる）

出量を1990年に比べて6%削減することを約束事と定めたものです。

図1.8（b）は、わが国のCO_2排出量の内訳を表しており、自動車が属する運輸では全体の19%を占めていることがわかります。

更に化学燃料の枯渇に加え、現在、世界各国で低炭素化の動きが始まっていることから、次世代モビリティの開発は必要不可欠であり、重要な役割・使命を担っています。さらに発電についても太陽光発電や風力発電の積極的な利用など、発電技術の向上により環境にやさしいエネルギー利用が望まれています。

この他、自動車の騒音規制についても、表1.4の通り、規制値が決められていますので参考にしてください。

※ 1.4項は「JHFCプロジェクト」（水素・燃料電池実証プロジェクト）によるWell-to-Wheel評価結果を元に記載されています。

1.5 まとめ　新たな時代へ向けて

1.5.1 ガソリンエンジン車 VS 電気自動車

1.1節において自動車のあゆみについて述べました。

今、私たちが直面し始めている問題は、過去の先人達の知恵を今の時代に合わせて見直し取組む

表1.4 自動車の騒音規制

単位：dB（デシベル）

種別			規制 昭和46年	昭和51・52年	昭和54年	昭和57~62年	平成10~13年
大型車	車両総重量が3.5tを超え、原動機の最高出力が150kWを超えるものをいう	全輪駆動車など	92	89	86	83	82
		トラック					
		バス					81
中型車	車両総重量が3.5tを超え、原動機の最高出力が150kW以下のものをいう	全輪駆動車など	89	87	86	83	81
		トラック					
		バス					80
小型車	車両総重量が3.5t以下のものをいう	軽自動車以外	85	83	81	78	76
		軽自動車					
乗用車	もっぱら乗用の用に供する乗車定員10以下のものをいう	乗車定員6人超	84	82	81	78	76
		乗車定員6人以下					

写真 1.19　ホンダ EV-PLUS

写真 1.20　ゼネラルモーターズ EV1

写真 1.21　日産ルネッサ EV

ところに来ています。本章は自動車の歴史からはじまり開発における SCE の概念とその基礎的な考え方を基に新たな時代に向けての具体的な取組みについて説明してきました。

電気自動車とガソリンエンジン車の歴史には、自動車の主燃料であるガソリン事情（ガソリンの生産体制）と公害規制がつきまとっていました。

1800 年代〜 1950 年代、電気駆動車に始まり 1886 年には電気自動車の販売が開始されました。朝鮮戦争による鉛価格の高騰や、ガソリンの入手がし易くなったことにより電気自動車は姿を消しました。

先進国でモータリゼーションが進んだ 1970 年代に、再び電気自動車は脚光を浴びることになります。オイルショックによる石油資源の懸念や、排気ガスによる局地的大気汚染（公害問題の深刻化）の解決策として、電気自動車が提案されました。日本においては 1947 年に製作された「たま電気自動車」がその代表作でした。しかし、主に鉛蓄電池を用いていたことから性能を確保できぬまま、石油確保の政治的解決やガソリン自動車の排気ガス浄化性能の向上に伴い電気自動車は再び姿を消すこととなりました。

1980 年後半 CARB（カルフォルニア大気資源局）の ZEV 規制構想が持ち上がり、カルフォルニア州で一定台数以上自動車を販売するメーカーは、その販売台数の排出ガスを一定比率以上出さない電気自動車や燃料電池車にしなければならないと定められたものでした。これにより自動車メーカー各社は、次々と電気自動車を開発しました。例えば、トヨタの RAV4EV、ホンダの EV-PLUS（写真 1.19）、ゼネラルモーターズの EV1（写真 1.20）、日産のアルトラ EV やルネッサ EV（写真 1.21）が開発され、限定販売およびリースが開始されました。使用される電池が、鉛蓄電池からニッケル水素電池へといった技術革新もありましたが、電気自動車に求められる十分な性能（走行航続距離等）を確保できませんでした。

1990 年には高性能のリチウムイオン電池を日産が採用しましたが、他メーカーは追従する意欲はあったものの、車両価格が 362 万円と高価で、インフラ整備も整わず普及には至りませんでした。このように過去の時代背景に応じてガソリンエンジン車と電気自動車の関係が築かれてきました。

1.5.2　自動車をとりまくエネルギーの問題

2000 年代の環境面に目を向けると、地球の地下にあるエネルギー資源が有限なため、いずれ枯渇し利用できなくなります。

仮に技術革新で新たな資源が採掘可能になった

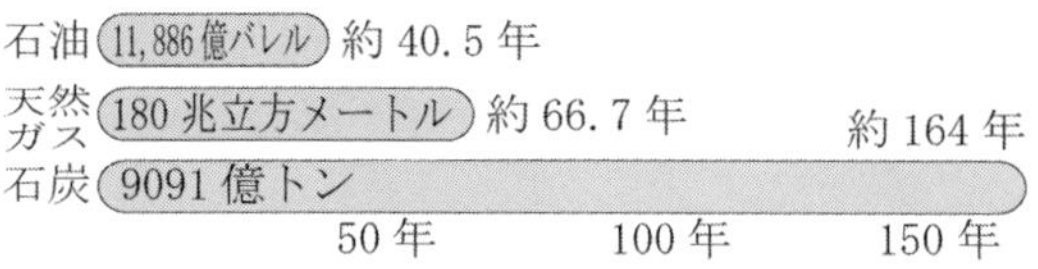

石油 11,886億バレル 約40.5年
天然ガス 180兆立方メートル 約66.7年
石炭 9091億トン 約164年

出典：経済産業省資源エネルギー庁日本のエネルギー2006

図1.9 各資源の確認可採埋蔵量と利用可能年数

表1.5 石油消費量の多い国 （単位…百万トン）

	2000年	2005年	2009年	2011年	対比
アメリカ	897.6	951.4	842.9	833.6	92.9%
中国	223.6	327.8	404.6	461.8	206.5%
日本	255.5	244.1	197.6	201.4	78.8%
インド	106.1	119.6	148.5	162.3	153.0%
ロシア	23.5	121.9	124.9	136.0	578.7%

としても、使えるエネルギー資源の量は極端に増えることはないと考えられており、現在までの調書によると、化石燃料である石油・石炭・天然ガスなどのエネルギー資源は、地殻の薄い層に埋蔵されていて現在の採掘技術で採れる量には限りがあります。図1.9によると石油は約41年、天然ガスは約67年、石炭は約164年しか埋蔵していないと予測されています。

図1.10に示す2003年の我国の統計を見ると日本におけるエネルギー自給率は、わずか7%（水力4%、地熱1%、新エネルギー2%。原子力発電を含むと16%）と、主要国では低い状態です。

また、表1.5では2000年と2011年の消費量が先進国では少なくなっているのに対し、中国206.5%、インド153%と近い将来中国が第1位に、インドが第2位の消費国へと推移していく見込みです。

石油消費量の大きな要因は、産業関係と運輸関係での消費で2011年データでは運輸関係は全体の23.3%を占めています。

1.5.3 国別自動車保有台数

表1.6は国別自動車の保有台数をまとめたもので2011年の四輪車はアメリカが約2億4900万台でトップ。2位が中国で9350万台、3位が日本で約7550万台となっています。

1000人あたりの所有台数がアメリカで797台、中国で85台、日本で591台、インドで18台となっており、各国の人口より中国、インドの自動車保有台数が先進国並になると、化石燃料は到底足りなくなり枯渇してしまいます。

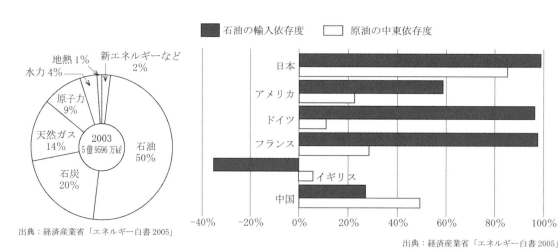

(a) 日本のエネルギー総供給量構成比　　(b) 主要国におけるエネルギー供給構造（2002年）

図1.10 エネルギー供給（2003年統計）

表 1.6 保有台数（2011 年）

国	2011年保有台数（台）			シェア
	乗用車	商用車	四輪車計	
アメリカ	127,576,670	121,354,963	248,931,633	23.2%
中国	43,220,000	50,280,000	93,500,000	8.7%
日本	58,670,314	16,842,573	75,512,887	7.1%
ドイツ	42,927,647	3,055,708	45,983,355	4.3%
ロシア	36,415,100	6,446,678	42,861,778	4.0%
イタリア	37,113,300	4,953,778	42,067,078	3.9%
フランス	31,425,000	6,516,000	37,941,000	3.5%
イギリス	31,362,716	4,269,641	35,632,357	3.3%
その他	338,647,296	110,007,443	448,654,739	41.9%
合計	747,358,043	323,726,784	1,071,084,827	

ハイブリット車の普及率は3.4%、電気自動車については0.04%と、まだまだ普及の規模は上がっていないことが伺えます。

特記すべき点は軽自動車が平成17年1420万台（25%）だっものが、平成23年では1.3倍に増加し31%になっているということです。これはドライバーの高齢化と、女性ドライバーの増加、近距離移動がさらに増えていることと、更に不景気や税金が要因ではないかと考えられます。

1.5.4 日本国内における自動車の保有状況

日本国内における自動車の保有状況を表したのが図1.11です。

図1.11の上の移動回数の推移を見て判る通り、平成2年に比べ平成22年は約1.7倍に自家用車による移動回数が増えており、国内における自家用車への依存度が増していることがわかります。

さらに図1.11の下の保有台数の推移・販売台数の推移の内訳をみてわかる通り平成23年での

1.5.5 次世代モビリティ開発

21世紀を迎え、私たちの身近なモバイル機器で使用されているリチウムイオン電池を採用することで、性能が向上した電気自動車が発売されました（写真1.22）。

バッテリの性能向上の他にも、電気エネルギーの効率を高められるインバータなどのパワーエレクトロニクスの発達により、電気自動車はガソリンエンジン車に比べ、簡単な駆動系で高い動力性

■自家用車の移動回数は増加傾向で推移。近年は、軽自動車の伸びが全体の増加をけん引
■地域別に見ると軽自動車の割合は、沖縄が55.4%を占めている一方で、関東は27.0%と低い
■自動車販売総数は近年減少する中、ハイブリッド車、電気自動車は販売台数を拡大、軽自動車も堅調
　（自動車販売の1／3が軽自動車、約2割がハイブリッド車）
■自動車保有台数に占める割合は、軽自動車が約3割、ハイブリッド車は約3.4%、電気自動車は0.04%

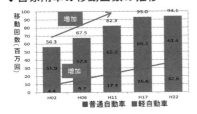
◆自家用車の移動回数の推移

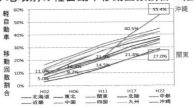
◆地域別の軽自動車移動回数割合の推移

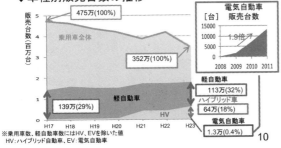
◆車種別販売台数の推移

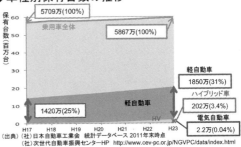
◆車種別保有台数の推移

図1.11　軽自動車の利用状況およびハイブリッド・電気自動車の動向

能が引き出せるようになり、高性能な電気自動車を開発できるようになりました。

2007年のデトロイトモータショーでは、電気自動車の構造に発電用内燃機関エンジンを組み合わせた、シリーズハイブリッド方式のコンセプトカーが展示されました（以下Hybrid）。

Hibridシステムには、シリーズ方式、パラレル方式、スプリット方式の3種類があり、それぞれが特徴を持っています。一般的にハイブリッドカーと呼ばれる車両は内燃機関と電動機を動力源として備えたHV（Hybrid Vehicle）で、直接充電できるものはプラグインハイブリッドカー（Plug-in Hybrid Vehicle, PHV）と呼びます。写真1.23は国内自動車メーカーが開発した代表的な車両を表したもので、写真左上はトヨタ自動車が開発したHVプリウス、近年は、HV技術を採用

日産　リーフ

三菱　i-MiEV

写真1.22

トヨタ　プリウス（HV）

三菱　PHV　アウトランダー

ホンダ　Fit（HV）

写真1.23

日野　エアルーフ

日野　デュトロ

写真1.24

したアクアやカローラといった大衆向け車両を開発しています。

大型バスや大型トラックにおいてもHybridシステムが応用されています（写真1.24）。

2013年に開催された「東京モーターショー」では、次世代エコ自動車として燃料電池車（Fuel Cell Vehicle, FCV）の試作車（ミライ）が発表され、2015年に発売が決定しました。

次世代に求められる環境に配慮した「省エネルギー自動車」は、現在のハイブリット技術や燃料電池技術が発展し、燃料やパワートレイン技術を活かした車両の開発が進んでいます。

1.5.6 日本における次世代モビリティの開発動向にみるSCE

2000年代に入り、化石燃料の枯渇および地球温暖化防止対策などの環境問題、高齢化社会などの問題により新興国での大量普及を目指し、多様な移動体が登場しつつあります。

写真1.23は本田技研のHV車Fitで、HV車トップレベルの36.4km/lの高性能な燃費でお求め易い価格設定となっており、大衆向け車両のHV化に貢献しています。同様に写真上左は三菱自動車のPHVアウトランダーで、充電電力時の走行距離は60.2kmで、走りながら充電し、航続距離をのばした車両です。

この他、写真1.24は日野自動車の取組み事例です。HV大型バスやトラックに関しても同様にEVやHVE技術を採用して、次々と新たな車両を開発しています。

これは前述した中にも記載されているとおり、地球温暖化問題には輸送機械が深く関係していることから、自動車メーカーが未来の地球を考えEnvironment（環境）を重視し、電動車両におけるComfort（快適性）について使用するユーザーを重視し、更には車両の高電圧対応（約600V）等のSafety（安全性）を確保した車両開発を自動車メーカーは行っています。本章ではいろいろな時代背景から、各自動車メーカーが取組む複雑

図1.12 次世代移動体設計の動機になった地球環境 (Environment)

な高度車両開発の動機となったことを学びました。この動機となった要素のまとめを図1.12に示しました。章の最後に再度全体を見て整理してみてください。

1.6 課　題

本章で学んだ知識を再確認する目的で、以下の課題に取り組んでください。なお、説明を求める課題は、1課題について400文字以上800文字以下にまとめ、適宜、図を使ってください。

1．安全性・快適性・環境を意味するSCEの視点で、これまで歴史に登場した車両でS,C,Eそれぞれの特徴をひきだした自動車の事例をそれぞれ2つあげ、説明しなさい。

2．これまでの乗り物の開発歴史の中で、現在につながる社会インフラの整備に貢献した事例を2つあげ、説明しなさい。

3．ポルシェの功績について、事例を2つあげ、説明しなさい。

4．地球環境に影響を及ぼす排出ガスや粒子状物質をそれぞれ2つあげ、それが何の汚染源になったのか、説明しなさい。

5．Well to Wheelとは何か説明し、エネルギー

消費量およびCO_2排出量の観点で優れている自動車を2つあげ、説明しなさい。

6．近未来におけるモビリティ設計について、注意すべき項目を3つあげ、説明しなさい。

第2章 PIUS

本章で学ぶ内容

本章は「PIUS」という教材が意図していることを開発の経緯から商品構成に至る道筋を解説しながら、「PIUS」を身近に感じて頂き、PIUSという教材を使うことで新たな自動車の技術開発や自動車以外の製品開発、電動化などに役立てて頂くことを目的としています。また、日本の得意としていた「モノづくり」の原点に触れ、モノづくりの喜びや大切さを身につけ、さらに新たな発想や創造力が養われ、創造力豊かな開発人材（エンジニア）へと育っていくために、効果的に活用できることも目的としています。

PIUSは図2.1に示す通り、第1章後半で学んだ地球の温暖化、化石燃料の枯渇など、地球規模の環境破壊が起こっている状況の中、次世代に向けた人材育成が最も大切だと考えてつくられています。このためPIUS開発企業が最も得意とする自動車を題材とし、私たちを取り巻く環境問題や社会インフラ整備や時代背景に沿った様々な課題などを学ぶことができる教材として、また、自動車に数多く含まれている要素技術を学ぶことで「思い描いた夢を現実のもの」として実現できる人材が生まれることを願ってPIUSはつくられているのです。

この内容を学んでいきましょう。

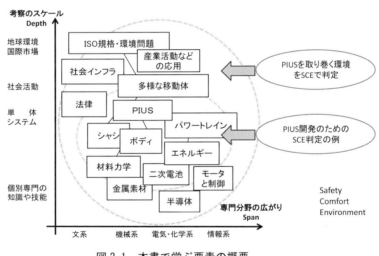

図2.1 本書で学ぶ要素の概要

2.1 PIUSとは

「PIUS」とは「Personal Interactive Utility System」の頭文字を並べて名づけた造語です。PIUSの語源は、

- P → Personal 「一人でも組立てられる」「小型で手軽な」を表しています。
- I → Interactive 「対話・双方向」という意味があり、「組立てを通してクルマと対話する」を表しています。
- U → Utility 「役立つこと」「有益性」を表しています。
- S → System クルマ単体と工具や組立てツール、説明書等が一体となったシステムを表しています。

ということになり、この「PIUS」を通じて、「PIUS」と語り合いながら、自動車の基本構造とモノづくりの原点を理解してもらいたいとの想いで命名しました。

「PIUS」はどのようにして開発されたのかを理解するために、開発（モノづくり）の基本的な手順・考え方を通して説明します。

モノづくりにおいて私たちが基本としている重要なキーワードは第1章にも示したSCEです。

このSCEとは、

S：Safety（安全性）
C：Comfort（快適性）
E：Environment（環境）

の頭文字をならべて名づけられたもので、製品開発などのモノづくりの根本的思想ともいえます。

自動車の設計場面を事例として説明していきましょう。

2.1.1 Safety（安全性）に含まれる項目例

図2.2に示す交通事故発生件数と死者・負傷者の推移表をご覧下さい。「交通戦争」と言われた1970年（昭和45年）には、交通事故で年間死亡者が史上最悪の1万6765人となりました。1970年以降交通渋滞の問題も発生し、自動車保有率も増加の一歩をたどり、自動車メーカーも事実を深刻に受け止め安全に対する開発を実施する必要に迫られ、クラッシュテスト（写真2.1）などの実験を重ね、各種安全装置を開発してきました（表2.1、表2.2）。

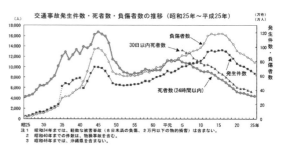

図2.2 交通事故発生件数と死者・負傷者の推移

表2.1 安全装備の装着状況（平成25年）

	安全装備	装着車種数		装着率(%)	装着車台数	装着率(%)
予防安全	ABS用ブレーキアシスト装置	172	(163)	95.6	4,067,482	96.0
	シートベルト非着用時警報装置（運転席および助手席）	84	(83)	46.9	2,163,150	51.1
	パワーウィンドウ自動反転機能装置（オートアップ機能付きの席）	173	(173)	96.1	4,183,182	98.8
	パワーウィンドウ自動反転機能装置（オートアップ機能なしの席）	27	(26)	15.0	721,555	17.0
	高輝度前照灯	137	(47)	76.1	2,017,438	47.6
	配光可変型前照灯（AFS）	43	(13)	23.9	232,084	5.5
	後退時後方視界情報提供装置	120	(19)	66.7	878,848	20.8
	車両周辺視界情報提供装置	35	(7)	19.4	161,539	3.8
	車両周辺障害物注意喚起装置	32	(4)	17.8	192,838	4.6
	交差点左右視界情報提供装置	19	(0)	10.6	58,125	1.4
	夜間前方視界情報提供装置	4	(0)	2.2	2,175	0.1
	カーブ進入速度注意喚起装置	16	(1)	8.9	46,357	1.1
	タイヤ空気圧注意喚起装置	12	(6)	6.7	71,858	1.7
	ふらつき注意喚起装置	25	(2)	13.9	152,851	3.6
	車間距離警報装置	29	(1)	16.1	175,599	4.1
	車線逸脱警報装置	30	(1)	16.7	134,698	3.2
	被追突防止警報・ヘッドレスト制御装置	7	(0)	3.9	3,014	0.1
	前方障害物衝突被害軽減制動制御装置	49	(1)	27.2	197,419	4.7
	定速走行・車間距離制御装置	37	(0)	20.6	180,996	4.3
	低速度域車間距離制御装置	6	(0)	3.3	94,288	2.2
	全車速域定速走行・車間距離制御装置	12	(1)	6.7	98,061	2.3
	車線維持支援制御装置	13	(0)	7.2	12,953	0.3
	後退時駐車支援制御装置	17	(0)	9.4	13,983	0.3
	カーナビゲーション連動シフト制御装置	25	(5)	13.9	45,887	1.1
	緊急制動時シートベルト巻き取り制御装置	36	(4)	20.0	253,888	6.0
	車両横滑り時制動力・駆動力制御装置	143	(90)	79.4	2,567,799	60.6
	車輪スリップ時制動力・駆動力制御装置	128	(82)	71.1	2,471,090	58.4
	カーナビゲーション連携一時停止注意喚起・ブレーキアシスト装置	11	(5)	6.1	104,227	2.5
	後側方接近車両注意喚起装置	7	(0)	3.9	60,855	1.4
	緊急制動表示装置	43	(35)	23.9	1,282,336	30.3
	車両接近通報装置	29	(27)	26.9	759,539	27.2
	低速度域前方障害物衝突被害軽減制動制御装置	21	(0)	11.7	455,572	10.8
	ペダル踏み間違い時加速抑制装置	24	(0)	13.3	528,812	12.5
	自動切替型前照灯	13	(0)	7.2	33,806	0.8
衝突安全	サイドエアバッグ	133	(58)	73.9	1,160,114	27.4
	カーテンエアバッグ	134	(57)	74.4	1,073,737	25.4
	頸部傷害低減シート・アクティブヘッドレスト	118	(116)	65.6	2,518,876	59.5
	ISO FIX CRS用アンカレッジ	172	(168)	95.6	4,189,449	98.9
	後席中央3点式シートベルト	127	(119)	84.7	2,521,453	85.3
車種数と生産台数		**180車種**			**4,234,874台**	

表 2.2 安全装備の遷移

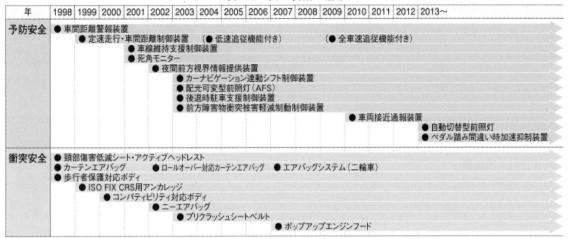

年	1998	1999	2000	2001	2002	2003	2004	2005	2006	2007	2008	2009	2010	2011	2012	2013〜
予防安全	●車間距離警報装置															
		●定速走行・車間距離制御装置				(●低速追従機能付き)					(●全車速追従機能付き)					
			●車線維持支援制御装置													
			●死角モニター													
					●夜間前方視界情報提供装置											
						●カーナビゲーション連動シフト制御装置										
						●配光可変型前照灯（AFS）										
						●後退時駐車支援制御装置										
						●前方障害物衝突被害軽減制動制御装置										
												●車両接近通報装置				
														●自動切替型前照灯		
														●ペダル踏み間違い時加速抑制装置		
衝突安全	●頚部傷害低減シート・アクティブヘッドレスト															
	●カーテンエアバッグ			●ロールオーバー対応カーテンエアバッグ			●エアバッグシステム（二輪車）									
	●歩行者保護対応ボディ															
		●ISO FIX CRS用アンカレッジ														
		●コンパティビリティ対応ボディ														
			●ニーエアバッグ													
				●プリクラッシュシートベルト												
						●ポップアップエンジンフード										

写真 2.1 クラッシュテスト

　以上のような対策などにより、交通事故死亡件数は大幅に減少してきています。

　この他、安全には使用時だけでなく製造時での要素も含まれてきます。

2.1.2 Comfort（快適性）に含まれる項目例

　自動車の快適性の考え方としては、主な使用者は男性か女性か、その年代層、家族構成、自動車購入の決定権者など、多くの要素を組み合せて、開発しようとする車種ごとにターゲットを絞り込んで考えていく必要があります。

　具体的な内容については、第9章「走る・曲がる・止まる」クルマの基本諸元の中で記述していますので参考にしてください。ここでは一般的な自動車の車室内の要素を例に快適性について説明します。

騒音低下と音創り

・車室内騒音低下に向けた高機能吸音性不織布

・「心地よい音創り」自動車加速音

・ドア閉まり音

むれ感、べたつき感、硬さ感覚、人の皮膚感覚

・むれ感、べたつき感、結露解消の吸湿素材

・硬さ感覚や皮膚感覚を大事にした内装素材

香りの嗜好性、におい

・自動車内装樹脂材料のVOC低減技術（VOC／揮発性有機化合物吸着剤による車室空間のアルデヒド低減とにおい対策）

快適な乗り心地と操作性

・乗り心地快適化に向けたクッション性、形状、調整機構等を備えたシート

・各種スイッチ類の操作性の向上

高級感、上質感を演出する感性デザイン

・自動車インテリアにおける高級感・感性デザイン

・ユーザーの心をとらえる質感表現と素材

　具体的な要素を一部集めただけでも、Comfort（快適性）に関して多くの要素があることが判ります。

2.1.3 Environment（環境）に含まれる項目

　Environment 環境に含まれる項目は幅広く、考え方により多方面に広がりがあります。その事例として第1章の最後に環境問題を取り上げていま

す。また本書の目的の1つとして、地球環境問題に対して役に立つ教育を盛り込んでいることから、ここでは具体例は省きます。本書の随所に具体例が示されていますからしっかり学んで下さい。

2.2 PIUSの開発計画立案

2.2.1 PIUSの開発

PIUSの教材開発を手掛けたのは独立行政法人国立高等専門学校機構　一関工業高等専門学校（一関高専）と、車両の試作・モデル製作を行う㈱モディーです。両者が共同で「地域イノベーション戦略支援プログラム（東日本大震災復興支援型）」の具体的な取組みとして教材開発を行いました。

モディーは自動車関係の製品をはじめとする多様な製品の試作開発を行っている企業で、東北のカロッツェリア（伊：carrozzeria）として、EV開発の先駆者でもあり、東北でEV開発を行っている研究開発型の企業です。この教材開発では、モディーが開発した組立式一人乗りのEVキットカー「PIUS（ピウス）」をベースに産学が連携し、ソフト面を一関高専の教授陣が担当、ハード面をモディーが担当し、「産学双方の技術ノウハウを融合した、次世代モビリティの開発技術者を育成するための教育プログラム（教材）の開発」を目的としました。

2.2.2 PIUSの開発コンセプト

開発の第一歩は「PIUS」のコンセプトを明確にすることからはじめました。

対象とする製品、この場合は「PIUS」の狙いを明確にし、それを把握、理解することから計画がスタートしました。

この中には、対象とするユーザー、販売価格、販売戦略、競合商品の理解も含まれます。また、生産台数や既に持っている商品との共用などの計画の前提条件も明確にしました。

「PIUS」は実習教材ですので、実習授業を受ける受講生のSafety（安全性）を最優先に確保しなければなりません。例えば、飛び出して取り付けられた部品の角に触れ、けがをしないように対応しています。これなどが、「S: 安全性」です。

具体例として「教材開発」のソフト面を担当した一関高専では、次のようにコンセプトを明確化しました。

人材育成ビジョン：「地域で求める次世代モビリティのコンセプトを立案し、モビリティ車両全体の技術構想書をまとめられる人材を育てる」

教材開発コンセプト：構造が比較的シンプルなEVをベースに、自動車の基本である「走る・曲がる・止まる」を実体験により学べる教材。

ハード面を担当するモディーの開発陣は「誰もが安全で容易に組立／分解が可能な電気で走るキットカー」とコンセプトを明確化しました。

2.2.3 明確になったコンセプトを目標値に置き換える

ユーザーの使用用途に合致した乗車人員、室内空間、ラゲッジスペース（荷物空間）、排気量（馬力）などを数値に置き換えます。例えば、競合の製品があった場合はこれらのBM（ベンチマーキング）も必要です。何より自らが持っているスキル（技術水準）が目標値設定の水準になります。これらが車両開発計画の重要なポイントになります。

「PIUS」は教材として限られた教室または実習室での実習授業を行いますので、おのずとその大きさ、乗車人員が決められました。

一関高専では具体的構想として目標値が定められました。

① 次世代モビリティ関連産業分野を担う人材育成に向けて、EV車両を教材として導入し、各部品や制御方法を習得します。

② 開発や改良・改善能力が身につく教育プログラムを開発します。

一方、車両製作時における決め事として、

① クルマとしての機能を最低限備えていること

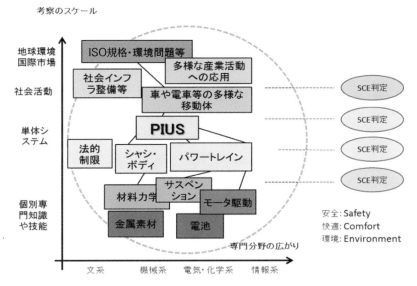

図 2.3 本教材における「実践的・創造的開発者」として学ぶ内容

(「走る・曲がる・止まる」、これをドライバーがなに不自由なく快適に行えること)。

② 教室に入るコンパクトな車体寸法で組立／分解が容易に行え、必要とされる要件を満たせるようカスタマイズ可能なシンプル構造にします。

③ どこの地域においてもメンテナンスしやすいことと、生産コストを最小限に抑えることを目標に部品を一般市販製品で補うようにします。

この目標は、図2.1のPIUS要素の上の部分、多様な移動体(学校での開発研究用)、産学分野(教育分野)の独特なニーズに対するSCEを検討した結果、設定したものです。

図2.3にPIUS教材を中心とした学習要素の関係図を再度示します。この図の縦軸は設計時に検討するスケール・規模の大きさです。PIUS教材そのものもそうですが、PIUSで使う部品もすべて、地球環境や法制度を検討しています。一方、横軸は専門分野別の要素を示し、経営などの文系分野でも、やはり地球規模から個別部品に至る検討項目があります。機械・電気等の専門分野でも、同じ視点があります。

この要素の関係図は、以下の方針で作成しました。

① 人が乗る車のような単位システムは、そのシステムおよび部品がすべて地球環境から個別の要素にいたるまで最適な選択により開発されていることを学べること。

② 横方向は専門分野にわかれた要素の知識であり、その時代の最も適切な選択を行なうことを示します。縦方向は時おり設計者にとっては背景となる教養や常識という関係を作るものです。

③ 縦方向の要素の意味のつながりは、一般にSCEの判定により行なわれます。このSCEは縦軸により表現する言葉が違います。

④ 本教材の学習目的は、モノを設計する人、モノを生産する人、また全体をマネジメントする人のすべてが、このような図の認識があることをめざします。

なお、最近の技術者育成として「実践的・創造的技術者」という教育目標があります。この実践的・創造的技術者とは、図2.3の縦軸の要素間を自在に検討できるスキルを持つ、例えばひとつの部品設計のために、地球環境に至る配慮をし、一方では規格立案するレベルは個別専門知識を十分に発揮するような技術者です。本教材はこのコンセプトによる指導を行っています。

2.2.4 主要コンポーネントの仕様を立案する

「PIUS」は約100点のコンポーネントで構成されています。これらの仕様、主要諸元、目標重量、目標原価などの計画を立案します。

性能達成の予測には、そのメカニズム、設計モデルの理解が必要になります。

ここで車両全体の計画構想のイメージを具現化する全体構想図をまとめます。また、各部位、コンポーネントに対する、重量、原価の概略配分を行います。

ここから、ディテール（各要素、部位）の概略検討・計画を進めます。各分野の専門的知識を確認しながら、最適な計画に押し上げます。これらを、全体構想図に反映し、製品「PIUS」としての目標達成に関する予測を行い、車両計画としての成立性を確認します。ここで、目標未達の場合は再度、検討・計画に戻ります。モノづくりにおいては、初期の目標設定を見直さなければならないこともあります。「PIUS」の狙いに照らして、全体としての最適化を進めます。

具体的構想では多くの要素技術や多くのコンポーネントや機構を検討し、教材の仕様を次の通り目的に合わせた仕様としました。

PIUS（PIUS Education Ver）は図2.4のような教育体系となっています。

図2.4 PIUS（PIUS Education Ver）の3つの教育

①自動車工学の基礎（Basic）

高校生からでも学習できるよう、生産管理の基礎（5S・3現主義の実習）、工具の使い方から、自動車工学の基礎、電気自動車の技術、生産技術や開発技術の基礎にいたるまでの、モノづくりの基礎となる知識を総合的に学習します。

②地域貢献活動を通した共育（Community）

本教材と、教材で学習した知識を地域のイベントで、模擬授業や試乗体験イベントとして活用します。生徒、学生たちは学ぶ側から教える側に立ち、地域の方たちにPIUSの分解/組立や試乗を体験してもらいます。生徒、学生は教えること、イベント企画や運営方法を学ぶことができ、地域の方たちはモノづくりの楽しさを体験し、生徒、学生たちの学習の様子をうかがい知ることができ、共に学ぶ共育が行えます。

③研究、開発による創造学習（Development）

本教材で学習した知識を活かし、発展させ、自らの研究、開発を実現します。本教材はそのベース車両として使用することもでき、技術検証や開発をサポートします。

Basicによる基礎教育に対して、学生たちが主体となって学習を進めるCommunityとDevelopmentを創造教育と呼びます。

基礎教育を学習するPIUSの教材構成は図2.5となります。

図2.5 教材構成

・Standardキット

Standardキット（図2.6）は本教材にあたります。本教材は総合的な学習を目的とし、生産管理の基礎（5S・3現主義）や工具の使用方法などの工学系学習の導入部にも重点を置いていますが、本教材より、さらに自動車について理解を深めるためのOptionがあります。

図 2.6 Standard キット

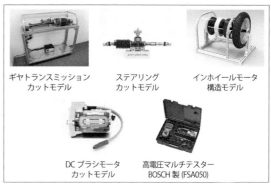

図 2.8 Visualization（見える化教材）

・Advance キット

標準パーツとは設定や仕様の異なるパーツを用意しています（図 2.7）。これらのパーツを PIUS に組み付けることで、標準パーツとの違いや走行性能を、体験を通して確認することができます。それぞれの役割を理解し、そのパーツに適した用途や使用シチュエーションなどの考察を深めることができます。これらは商品開発力や企画、技術開発力の基礎を養うものとなっています。

以上、教材の共通仕様として、機械科や電気科、情報工学科、ソフトウェア学科、教育学部などの学科間の垣根と、産業界での業種の垣根を越えた異分野融合型の教材として確立することを目標としました。

2.2.5 構想書の立案とロードマップの作成

前項で構築した内容について、それぞれ整理（1ペーパーにまとめることが大切です）したものが図 2.4、図 2.5 です。

基本ユニットを例に説明しましょう。基本ユニットは Basic Type と名付け、SCE を教育の基本として、「生産管理の基礎」（5S、3 現主義の実習・習慣化）「自動車の基礎構造」「電動車両の仕組み」「工具の基礎知識・使用法・作業になれる」ことを通して、「モノづくり体験や開発の基礎知識の習得」を目的に構成しました。

この様に実際に「モノづくり」をするには、構想書を作成します。構想書には事業構想書、企画構想書、技術構想書等があります。

次に教材構成（図 2.5）をもとに表 2.3 に表した技術構想書をまとめます。開発する教材のコンポーネントごとに「目的」「内容」そのコンポーネントで「何を学ぶのか」、「問題点や課題」を明確化し、優先順位を決めます。

優先順位が決まったら、「ロードマップ」としてコンポーネントごとのスケジュール、検証や試験、販売開始時期までをまとめます。

各構想書をまとめる時に意識することは、誰が

図 2.7 Advance キット

・Visualization（見える化教材）

カットモデルを通して、通常みることのできない内部を観察し、パーツの原理や構造をよりわかりやすく学習することができます。また、高電圧マルチテスターにより、電流の流れや取扱い、電気系統の安全性について知識を深めることができます。これらは開発力や設計力の基礎を養うものとなっています（図 2.8）。

表2.3 技術構想書

次世代モビリティ開発・技術者育成プログラムの開発
（一関高専発オリジナルEV学習教材の開発）
人材育成ビジョン：「地域で求める次世代モビリティのコンセプトを分析し、モビリティ車両全体の技術構想書をまとめられる人材を育てる」
教材開発コンセプト：構造が比較的シンプルなEVをベースに、自動車の基本である「走る」「曲がる」「止まる」を実体験により学べる教材。
具体的構想：次世代自動車関連産業分野を担う人材育成に向けて、EV車両を教材として導入し、各部品や制御方法を習得する。・開発や改良・改善能力を身につけさせる教育プログラムを開発する。
対象：大学生・高専生・専修校生・工業高校生・訓練センター生及び企業技術者
Advance（アドバンス・キット）応用体験教材

NO.	製品名	教材区分A 基礎・応用	教材区分B 曲・止・走・他	使用目的 座学・実習	優先度	教材の目的	教材の内容	教材に対する課題
1	PIUS Ed ver. 本体+カウル	基礎教材	その他	実習	1	分解組立試乗を通して自動車を理解	PIUS Ed ver. ベーシックタイプ 分解組立方式の電気自動車教材キット「PIUS」約100コンポーネント部品数を使用し、講義と分解組立実習を通して自動車の基礎構造と電気自動車の仕組みを学ぶ。その結果、次世代の自動車関連人材の育成を行う。日本の工業系の学校のカリキュラムに沿った基礎教育や演習ができるキットとして開発した。授業時間は、講義2コマ100分×6～8回（学科により選択可）、分解作業は2コマ100分×3回、組立作業は2コマ×3回ある。	既存の教室や実験室での演習を想定したサイズになっているが、継続した演習授業のために、約10m×10mの作業及び部品保管の空間等が必要である。演習人数はPIUS1台につき5～10名程度である。
2	部品マット	基礎教材	その他	実習	1	・分解部品の明確化（名称表記）・継続授業の再確認・作業手順に沿った部品配置		
3	作業マット	基礎教材	その他	実習	1	・作業安全の確保（配置等）・継続授業の再確認・作業に使用する道具類の整理整頓		
4	工具セット	基礎教材	その他	実習	1	・工具保管・作業ごとに使用する工具の明確化（工具ごとに番号表記）		
5	リジッドラック（ジャッキ付）	基礎教材	その他	実習	1	・安全作業に必要な車体支持台		
6	分解用テキスト	基礎教材	その他	実習	1	・分解時の工具の名称と使い方・安全な作業のために（高圧電気等）・作業の指示と役割分担・部品の名称と用途（一覧表）		
7	組立用テキスト	基礎教材	その他	実習	1	・法規制にのっとった組立作業の注意・使用工具と部品の名称・作業の指示と役割分担・走行前の点検方法		
8	モータコントローラ入力装置	基礎教材	その他	実習	1	試乗体験により、モータ制御を学習		
9	教科書「開発基礎を学ぶ」	基礎教材	その他	座学	1	・「自動車」について・自動車工学の基礎・電気自動車の基礎		
10	Advanceキット本体	応用教材	その他	実習	1	自動車の「走る・曲がる・止まる」それぞれの特性・要因の違うkitを組み合せて、車両特性・走行性能の違いを学習出来るApplied Experience kit（AE-Kit）	車両は48V仕様になっており、車両のサスペンションの種々の組み替え、各種モータやミッションを積み替えるkitを組み合わせての違いによる車両特性を体験学習出来るよう制作されています	
11	モータ&ミッション駆動カットモデル	基礎OP・応用	走る	座学	1	駆動モータからデファレンシャルギヤを経て、ドライブシャフトからタイヤへの伝わる構造を見現し、デファレンシャルギヤとDCモータの構造を理解する	・DCモータ内部の構造とデファレンシャルギヤの内部構造を駆動を通して目視できる・実際の駆動により、悪路、雪道走行時のデファレンシャルギヤの可動状況を疑似実験できる教材	・ギヤBOXは大・中・小・技術構想書をまとめる時に必要なものを考えた。動力性能を考えたギヤを選びたい。
12	トランスミッション教材Kit	応用教材	走る	実習	1	ギヤ比と動力性能（加速性能、最高速度）との関係を学ぶ	PIUSに搭載するギヤBOXを開閉に組み替えて大中小3種類のギヤ比の違いを試乗体験できるKit	
13	デファレンシャルギヤFunction Training	応用教材	走る	座学	0	各種のギヤに触れて体験する	受講者が触れて体験できるKit（小原歯車で使用していた）	
14	モータ&ミッション駆動 テキスト	基礎OP・応用	走る	座学	未定			

見ても判ること、ポイントは1ペーパーに記載すること、要点をまとめる力をつけるには、総合的に考察できるよう広い視野を持つことです。

2.3 PIUSの試作・開発

各構想書がまとまると、次にコンポーネントごとの素材や構造、機能、設計のポイントを検討します。主なコンポーネントについて、実際の開発ストーリーを紹介します。

① フレーム構造について

(1) 構造がシンプルかつ、施工が容易なこと。
(2) フレームからボディが取り外せること。

検討においては、類似の電気自動車や各種車両を基に検討しましたが、参考になるものは無く、オリジナルフレームを製作することを決定しました。試作車両の製作では、できる限りのシンプルな構造としました。

試作段階では、車両の重量バランスを考え、コントローラボックスをフロントとリヤに分けて設置したため配線が、複雑なものとなってしまいました。そのままでは教材として相応しくないため初代フレームを改良し、リヤにコントローラボックス用のフレームを追加し現在の形状となりました。

② ボディ構造について

当初、計器盤とスイッチ類はボディ側に一体化された構造でしたが、試作車で教材としての評価をした際、分解に手間がかかりすぎること、またシャシだけでテスト走行が出来ないことは改善が必要であると判断し、計器盤とスイッチ類はシャシ側に取り付ける変更をしました。

他にも部品共通化などからブラケット取り付け位置の修正などを行いました。

③ ステアリング機構について

シンプルな構造を求め当初ストレートシャフトを採用しました。しかし、現在は以下の点からユニバーサルジョイントの一種であるダブルカル

ダンジョイントを採用することとしました（図2.10）。

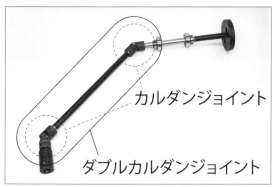

図2.10　PIUSのステアリングシャフト

(1) ハンドルの角度がトラックのように水平気味であり、操作性を乗用車の様にしたかったこと。
(2) 実際の自動車と同じ設計思想を持たせたかったこと。
(3) ダブルカルダンジョイントを実際に見てもらい、受講生にどのように曲がるのか、その力をどのように伝えているのか機能性を見てもらいたいと考えたこと。

PIUSではステアリングシャフトからステアリングラック（図2.11）に回転力を伝えるために結合部にステアリングシャフト用キーを用いました。

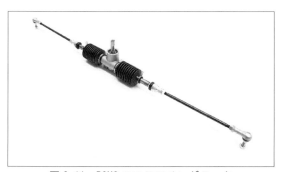

図2.11　PIUSのステアリングラック

これは一対の回転軸が同一軸上にあるとき、一方の軸から他方の軸へ回転力を伝達する場合に使用するものです。ステアリングのメカニズムについては第4章4.5.1節を参照下さい。しかし、自動車では同様に同一軸上に回転力を伝える場合、より伝達力の強いスプライン方式を用いています。これは歯車状の形状からより大きな力を伝えることができますが、PIUSの場合においては、車両重量が軽いこと（ステアリング操作力が軽い）と、また、キー方式に比べ、スプライン方式の方が製作コストが高いことや流用品の関係からスプライン方式を用いず、シンプルで必要十分な機能をもつキー方式を採用しました。これはリヤハブのキーにおいても同様の理由です。

④　フロントサスペンションについて

タイヤとボディをつなぐサスペンションには様々な形式があります。ストラット式、ダブルウィッシュボーン式、マルチリンク式など、それぞれに特徴があります（第3章1.3節参照）。部品点数、コストを抑えるといった場合、ストラット式が最適と考えられますが、部品選定の関係からPIUSはダブルウィッシュボーン式を採用しました。

ストラット式の場合、ダンパーはサスペンションアームの一部としての機能も持ち、横方向の荷重に対しても耐えられるようシャフトが太い構造になっています。市販されている乗用車のフロントサスペンションの多くはマクファーソンストラット式を採用しています。

PIUSは、サイズ、重量、スペックから流用品としてバイク用（主にスクーター）のパーツを用いています。ダンパーについても同様で、バイク用のダンパーを使用しました。そのため、アッパーアームとロアアームを持つダブルウィッシュボーン式を採用し、横方向の荷重に対して耐えられる構造をとらなければならなかったのです。バイク用のダンパーは、上下方向の荷重に対しては強いが横方向の荷重に対しては強くない構造となっています。これはバイク自体の構造によるものです。バイクはカーブの時、ハンドルを曲げるだけではなく、車両を傾斜（lean）させるため横方向の荷重がかかりにくくなっています。そのためスト

ラット式のダンパーとして利用するには向かないのです。自動車はダンパーの取付け位置からカーブや発進/停止の時、横方向への荷重が大きくかかるからです。

またPIUSに採用しているダブルウィッシュボーンのロアアームの固定については、テンションロッドを用いず、その機能をアンチロールバーが担っています。

ロアアーム単独では車両に対して前後方向の荷重に弱く、タイヤがぐらついてしまい直進性を失います。そのためタイヤの位置を固定するテンションロッドが必要となりますが、PIUSの場合、車両重量が軽いことと、部品点数を抑えたいことから、アンチロールバーにその機能を持たせています。このように同様の方式をとった車両としてスーパーセブンのごく一部のモデルがあります（ロアアームの固定、タイヤの直進性の安定化にはテンションロッドまたはコンプレッションロッドが使われていますが、一般的に引張り方向に強いとされるテンションロッドをPIUSでは採用しています）。

⑤ リヤサスペンションについて

リヤについては、流用するギアボックスの形状からリジッドアクスルとしました。条件として下記の様に設定しました。

⑴ 流用するギアボックスに適したリジッドアクスルサスペンション（以下リジッドアクスル）

⑵ ダンパーはフロントと共通部品とする

⑶ シンプルで部品点数も少ないこと

そこで、ボディとの取付けにはトレーリングアーム（バネ板）。上下方向の荷重に対する支えをダンパーで、横方向の荷重に対する支えをスイングアームで対応しました。リジッドアクスル形式はシンプルかつ頑丈な構造からトラックなどに用いられ、トラックにおいては板バネで取り付けられています。

トレーリングアームをバネ板ではなく、丈夫な部品に変えることでスイングアームを利用しなくても良いと考えることもできます。しかし、バネ板としたのは、横方向に荷重がかかったとき、フレーム側の取付け軸と、リジッドアクスル側の取付け軸との間で矛盾が生じるためです。このときバネ板がねじれることによりゴムブッシュと同じように矛盾を補正するのです。そのため、横方向の荷重に対応するため、中央にスイングアームを使用しているのです。トレーリングアームの形状も、スイングアームの働きも相互作用し、互いに最適な形状となり必要不可欠となっています。このような形式は自動車でも多くみられます。また、軽自動車（ジムニー）の場合、スイングアームではなく、パナールロッド（ラテラルロッド）が用いられています。

これは居住スペースに影響してくるからであると考えられます。PIUSの場合は一人乗りであること、取り付け位置がフレームの前方向にしかないこと、またリジッドアクスル上にモータが取り付けられていることから、スイングアームを採用しています。

⑥ ブレーキについて

ブレーキのタイプにはドラム式とディスク式とありますがPIUSの場合、自動車でも多く採用されているディスク式を採用しました。

また、ブレーキは安全性にかかわることから、信頼性の高いパーツを採用し、PIUSのスペック的に十分に性能を満たすことから、バイク用のブレーキキャリパーを採用しました。

⑦ タイヤ/ホイールについて

PIUSのスペック上、自動車のタイヤ/ホイールではなくバイク用のタイヤを採用しました。しかし、繰り返しテストすることで、強度的な問題がある事がわかり、ホイールの材質をアルミから強度の高いスチールに変更し、変形、コスト増加などの問題点を改善することになりました。

この他、スピードメーター、DC/DCコンバータ、モータ、パーキングブレーキ※などSCEの視点で選ぶ要素は多岐にわたりました。

※PIUSでは運転席のサイドに設置されているこ

とからサイドブレーキと呼びます。

2.4 PIUSの開発完了

各方面からの検討、評価により、製品「PIUS」としての目標達成、成立性が確認されたとき、計画（図）の完成となり、目標性能、目標重量（配分）、目標原価（配分）を決定されます。

コンセプトを作り、技術構想書をまとめ、ロードマップを作成し、数多くの試作検討、実証試験を繰り返し行い約3年の時をかけ完成したPIUSについて説明します。

写真2.4をご覧下さい。「PIUS」は、自動車の基本構造をシンプルに構成しており、サスペンション、ブレーキ、ステアリング装置は、普通乗用車と同様の設計思想に基づいて設計開発されたものです（写真2.2、写真2.3、図2.12）。

また、「PIUS」は写真2.5のとおり約100点のコンポーネントで構成していることから、分解／組立が容易で電気自動車などの基礎知識を理解しやすくしています。

2.4.1 PIUS開発陣の想い

車両開発だけでなく、教材開発を進めるにあたっては、工具の選定、取扱い、手順書の妥当性、または組み立てやすさなどの作業性も検討しなければなりませんでした。失敗の繰り返しに改善が働くとき、選択肢が一つしかない場合もあるし、複数あるときもあり、複数の場合はその時の選定基準は設計者の頭の中にあり、その思考のめぐりを知ることで、技術的な知識とは別に、設計者がSCEの視点でどのように考えていたかを知ること

写真2.2 ボディカウル装着（試作車）

写真2.3 ボディカウルなし（試作車）

主要諸元表

駆動形式			ギヤ減速式後輪駆動
寸法・重量	全長	mm	2500
	全幅	mm	1230
	全高	mm	885
	ホイールベース	mm	1500
	トレッド FR	mm	1130
	トレッド RR	mm	920
	最低地上高	mm	120
	車両重量	kg	220
	乗車定員	名	1
性能	最小回転半径	m	3.4
	一充電走行距離	km	25
原動機	種類		直流モータ
	定格出力	kW	0.6
駆動用バッテリ	種類		鉛電池
	電圧	V	36
	電池容量	Ah	38
走行装置	サスペンション形式 前/後		ダブルウィッシュボーン／リジッドアクスル
	主ブレーキ形式 前/後		ディスク／ディスク
	タイヤサイズ 前/後		3.00-10

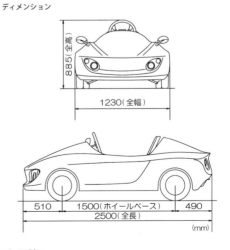

図2.12 PIUSの主要諸元

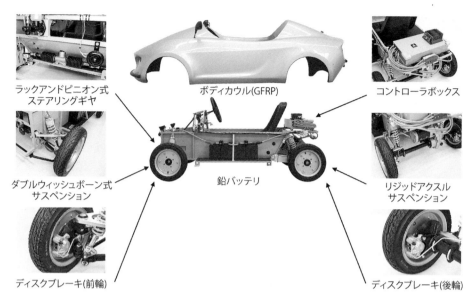

写真 2.4　PIUS に搭載される主要コンポーネント（試作車）

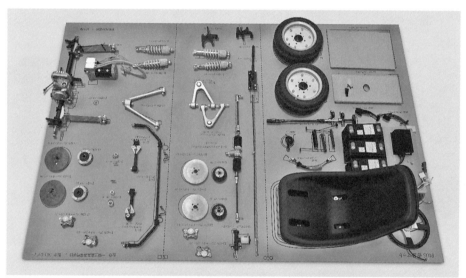

写真 2.5　分解後の展開図（部品用マット使用・試作部品）

ができます。

　自身が開発当事者となったとき、作業の真似だけでなく、その思考の真似をすることで、開発者としての楽しさや自覚を認識して、素晴らしい開発創造型の人材として成長できるのではないかと感じています。

2.4.2　PIUS 開発の中の SCE

　製品開発の技術者が行う製品「PIUS」計画の達成は、「S：安全性」「C：快適性」「E：環境」を常に意識して作業を進めることで得られるのです。

　これまで説明した手順で進められる製品「PIUS」の開発において、それぞれのステップで、「なぜそうしなければならないのか？」「ほかの案や方法はないのか？」等、その必要性を常に考えて検討、計画、評価を行っています。これらをモノづくりの現場では VE（バリューエンジニアリング）といいます。提供しようとしている製品やサービ

ス、ここでは「PIUS」がそもそも誰のためのものであるのか、そのユーザーにとって何のためのものであるのか（＝機能）を検討・明確化し、そして商品やサービスの「価値」を、その「機能」と「コスト」の関係で表し、最低のコストでユーザーの求める価値を実現させることを目的としています。

3者の関係は次のような式で表されます。

$$価値（value）= \frac{機能（function）}{コスト（cost）}$$

この、価値（value）を高めるために、ただ単に機能（function）、コスト（cost）と表された言葉の中に「S：安全性」「C：快適性」「E：環境」が含まれているのです。実習教材としての「PIUS」はこれらを判りやすく顕在化させて、モノづくりの学習に役立てるために作られました。

2.4.3　PIUSのメカニズム

自動車が備えている基本性能には「走る・曲がる・止まる」という3つの要素があります。この性能を果たす為に必要なメカニズムについて説明していきましょう。

図2.13は自動車のメカニズム全体を表しています。自動車が「走る」には図2.13で示した太い線の走行系と操舵系のメカニズムが主に必要になります。走行系では動力源になるモータ、そのモータにエネルギーを供給するバッテリ、モータからの生み出された力（トルク）をタイヤに伝える機構をパワートレインと呼び、動力がトランスミッションを介して、タイヤに伝える機構が備わっています。操舵系ではドライバーの意思に沿って自動車の進路を決める、ステアリングからの動きをタイヤに伝達させるステアリングギヤボックス等のステアリング機構から成り立っています。

次に、自動車が「曲がる」には、前述の操舵系機構に加え、ボディ（フレーム）やその車体を支え走行時車両を安定させるサスペンション機構等が含まれるシャシ系の機構（「走る」にも関わってきます）が必要となります。

次に、自動車が止まるには、前述のシャシ系機構にディスクブレーキやサイドブレーキで構成される停止系（静止系ともいいます）機構により成り立っています。

自動車が安全に走行するためには、これらの各機構が必要であり、これらの機構がSCEの観点を基本としてバランスよく設計されているからこそ、優れた性能を備えた自動車が出来るのです。

それぞれの機構について、その内容についてPIUSをベースに項目ごとに説明していきます。

2.4.4　主要コンポーネントの分類

これから本書で学ぶ自動車が構成されているコンポーネントについて、PIUSをベースに主な構成部品を、図2.14以降に示します。

PIUSが人を乗せて走行できるのは、シャシや、

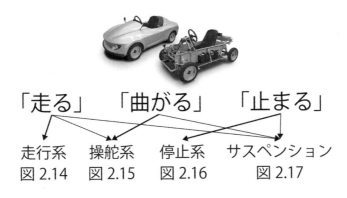

図2.13　自動車のメカニズム

ボディがその目的通りきちんと設計されていることはもちろんですが、そのシャシやボディに見合った駆動力の発生部分の設計が必要です。PIUSで使用している主要構成部品を主に三つに分類して紹介します。

図2.14は「走る」を掌る「パワートレイン」の主要コンポーネントです。

パワートレインの構成は①アクセルペダルを踏むことでエネルギー源である②バッテリ (battery)、バッテリより供給された電気を制御するモータコントローラ (motor controller) (③のコントローラボックス内)、モータコントローラからのエネルギーによって駆動力を生み出す④モータ (motor)、その駆動力を⑤デファレンシャルギヤ (differential gear) を経て⑥タイヤ (tire) に伝える「ドライブトレイン」で構成されています。

図2.15は「曲がる」を掌る主要コンポーネントです。

ステアリング機構は①ステアリングホイールと、ドライバーのステアリングホイールの操作を伝える②ステアリングシャフト、そのステアリングシャフトより伝わった回転運動を直線運動に変換する③ステアリングギヤボックス、さらにその直線運動をナックルに伝達する④タイロッドで構成されています。

図2.16は「止まる」を掌るシャシ系のブレーキ装置の主要コンポーネントです。

運転を停止させようとした時、最初に操作するのが①ブレーキペダルです。ブレーキペダルを踏み込むとその先にあるマスターシリンダーから②油圧ブレーキ機構が働き、④ディスクブレーキが働くことで、走行している車を安全に停止させる重要な役割を担っています。

この他ブレーキ装置には、車の停止状態を維持させる③サイドブレーキが装備されています。

図2.17は「走る・曲がる・止まる」の全てに重要なサスペンション機構の主要コンポーネントです。

車体を支えている「サスペンション機構」には関連した部品としてフロントは①アッパーアーム、②ロアアーム、③ダンパー、④アンチロールバーなどがついておりリヤも各コンポーネントから成り立っています。車が走る時の走行姿勢、ス

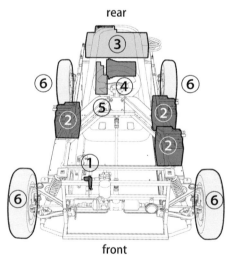
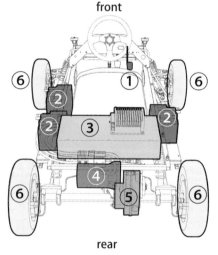

① アクセルペダル(accelerator)
② バッテリ(battery)
③ コントローラボックス(controller box)
④ モータ(motor)
⑤ デファレンシャルギヤ(differential gear)
⑥ タイヤ(tire)

図2.14　走行系（走る）

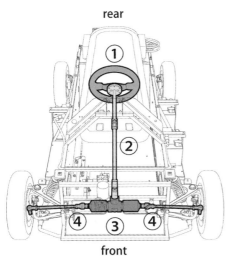
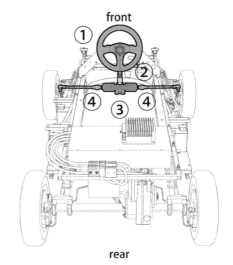

① ステアリングホイール(steering wheel)　③ ステアリングギヤボックス(steering gearbox)
② ステアリングシャフト(steering shuft)　④ タイロッド(tie rod)

図 2.15　操舵系（曲がる）

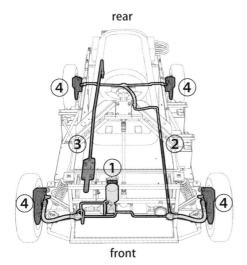

① ブレーキペダル(brake pedal)　③ サイドブレーキ(parking brake)
② 油圧ブレーキ(hydraulic brake)　④ ディスクブレーキ(disk brake)

図 2.16　停止系（止まる）

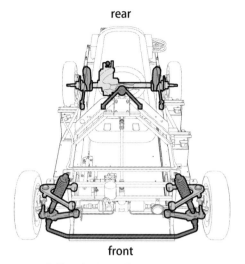
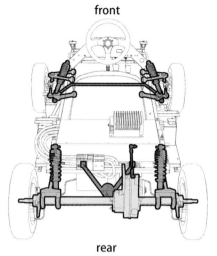

フロントサスペンション(front suspension)
① アッパーアーム(fr suspension upper arm)
② ロアアーム(fr suspension lower arm)
③ ダンパー(fr damper)
④ アンチロールバー(anti-roll bar)

リヤサスペンション(rear suspension)
⑤ rr サスペンションアセンブリ
  (rr suspension assy)
  ⑤-1 リジッドアクスル(rigid axle)
  ⑤-2 トレーリングアーム(trailing arm)
⑥ ダンパー(rr damper)
⑦ スイングアーム(rr swing arm)
⑧ トルクロッド(torque rod assy)

図 2.17 サスペンション機構（走る・曲がる・止まる）

ムーズなコーナリング性能と、車が止まる時の安定性を整え、乗車する人の快適性、乗り心地をよくするなどの役割を担っています。

図 2.14～図 2.17 に自動車を構成している各機構とコンポーネントの関係をあらわした通り、自動車で備えている「走る・曲がる・止まる」の基本性能を PIUS も備えています。

さらに図 2.1 の「多様な移動体」という要素からみると、移動体が構内運搬車、農機具、福祉用移動車であった場合、「走る・曲がる・止まる」は、それぞれの分野で長年積み重ねてきた独特の部品が存在します。また、すべての移動体には、パワートレインという機能が存在しますが、その用途に応じた SCE による部品選択の理由があります。

本書では「走行系（走る）」のエネルギー源であるバッテリについては第 8 章「蓄電デバイス」で学び、バッテリからモータコントローラ、モータ部分は第 6 章「パワートレイン 1」においてひとつの事例を学ぶものと考えてください。

この他、「停止系（止まる）」のブレーキ関係と、「操舵系（曲がる）」は、第 4 章「シャシ 2」にて、「サスペンション機構（走る・曲がる・止まる）」は第 3 章「シャシ 1」にて説明します。

2.5 課題

本章で学んだ知識を再確認する目的で、以下の課題に取り組んでください。なお、説明を求める課題は、1 課題について 400 文字以上 800 文字以下にまとめ、適宜、図を使ってください。

1. 自動車の開発設計において、安全・快適に関する検討すべき項目名をそれぞれ 3 つあげ、その項目に該当する具体的な内容を説明しなさい。

2．具体的な自動車開発の事例としてPIUSを例に、SCEの視点で検討した内容をそれぞれ2つあげ、説明しなさい。

3．PIUSのフレーム、ボディには、どのような工夫が行われているか、3つあげて説明しなさい。

4．PIUSのステアリング、サスペンションには、どのような工夫が行われているか、3つあげて説明しなさい。

5．PIUSの分解、組立て作業を行うための作業環境を構築するために、注意すべきことがらを3つあげて、説明しなさい。

6．PIUSを構成する主要コンポーネントを3つあげて、そのコンポーネントはどのような機能があり、具体的にどのような部品が含まれるか、説明しなさい。

7．バリューエンジニアリング（VE）とはどのようなものか、説明しなさい。

第3章　シャシ（サスペンション）

本章で学ぶ内容

自動車はシャシ、ボディ、パワートレインで構成されていますが、本章ではシャシの重要性について、サスペンションを代表例として学び、またホイールアライメントを学びます。これらの部品も図3.1で示すSCEの視点で選択されていることを理解します。

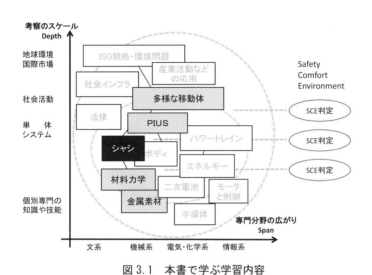

図3.1　本書で学ぶ学習内容

3.1　サスペンションと操舵

シャシ構造におけるサスペンションについてSCEの考え方に沿って説明していきます。

図3.2は主に「曲がる（コーナリング）」はたらきを実現するシャシ系のサスペンション機構の主要コンポーネントです。

車体を支えている「サスペンション機構」には関連した部品としてストラットやサスペンションアームがついており、車が走る時の走行姿勢、具体的にはスムーズなコーナリング性能を整え、乗車する人の快適性、乗り心地をよくするなどの役割を担っています。

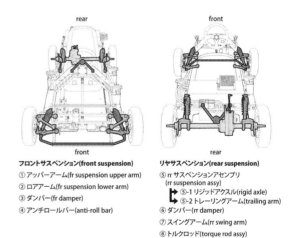

フロントサスペンション(front suspension)
① アッパーアーム(fr suspension upper arm)
② ロアアーム(fr suspension lower arm)
③ ダンパー(fr damper)
④ アンチロールバー(anti-roll bar)

リヤサスペンション(rear suspension)
⑤ rrサスペンションアセンブリ(rr suspension assy)
　⑤-1 リジッドアクスル(rigid axle)
　⑤-2 トレーリングアーム(trailing arm)
⑥ ダンパー(rr damper)
⑦ スイングアーム(rr swing arm)
⑧ トルクロッド(torque rod assy)

図3.2　サスペンション機構の主要コンポーネント

3.1.1　サスペンション

サスペンション（suspension、懸架装置）には

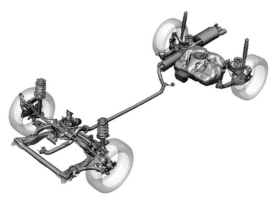

図3.3　サスペンションの例

2つの機能があります。1つは車両において路面の凹凸を車体に伝えない緩衝装置（クッション）の機能です。これはC（快適性）を重視した機能となります。もうひとつは車輪、車軸の位置決め、車輪を路面に対して押さえつける機能です。これは乗り心地や操縦安定性などのS（安全性）、C（快適性）を重視した機能となります。自動車の登場以来、さまざまなサスペンションの機構が考案され使われてきました（図3.3）。

　一般的な自動車のサスペンションは、基本的構成として車軸の位置決めを行うサスペンションアーム、車重を支えて衝撃を吸収するスプリング、スプリングの振動を減衰するショックアブソーバー（ダンパー）で構成されます。欧米ではスプリングとショックアブソーバーが一体となった部品をコイルオーバー（Coilover）と称することもあります。（図3.4）

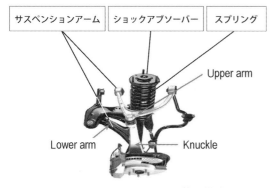

図3.4　サスペンションの基本構成

3.1.2　サスペンションの構成部品解説
(1)　スプリング
　スプリングはサスペンションを構成する部品で渦巻き状のバネのことです。このスプリングが伸び縮みすることで路面からのショックを吸収します。通常、スプリングの長さが短くなると車高も下がります。また、スプリングの硬さも車には大きな影響があり、ある程度硬くすることでコーナーリングなどの安定につながりますが、乗り心地はゴツゴツして悪くなります。

(2)　ショックアブソーバー（ダンパー）
　ショックアブソーバーは、スプリングの特性による揺り返し現象（周期振動）を制御するために使用されます。スプリングは伸び縮みでショックを吸収してくれますが、力が加わるとしばらくの間、伸び縮みを繰り返してしまう性質があります。これを抑える役目をするのがショックアブソーバーです。加減速時、旋回時の姿勢安定、また路面の不整に対する乗り心地の向上に広く利用されています。現在は液体の粘性抵抗を利用したオイル式のショックアブソーバーが広く普及しています。（P52の図3.16を参照）

(3)　サスペンションの特性
　サスペンションの特性は同じ方式でも一様ではなく、使われる部品の固さや寸法に大きく依存します。一般に「サスペンションが硬い」と表現されるものは、車重に比してばね定数が高い場合やダンパーの減衰力が高い場合が多いです。俗に「サスペンションがへたる」と表現される現象は、ほとんどの場合はショックアブソーバーの減衰力が低下したり、サスペンションアームの軸部に用いられているブッシュの弾力性が失われたりすることで発生します。

　サスペンションは固定車軸方式と独立懸架方式に分けられ、更に一般的な車両では、次にあげるサスペンション構造が主に使用されています。低コストなストラット式が最も多く用いられ、乗り心地の向上やタイヤの接地条件やクルマの姿勢（ロールセンターやアンチダイブ、アンチスクワッ

トなど）を細かくコントロールする目的で、ジオメトリー自由度の大きいダブルウィッシュボーン式や、さらなる安定性を得るためにマルチリンク式なども多く用いられています。

3.1.3 サスペンションの種類

(1) 固定車軸方式サスペンション

リジットアクスルサスペンションとも呼ばれ、左右のタイヤと1本の軸で連結されています。トラックやFF車のリヤに採用されることが多く、構造が単純で耐久性もあり、コスト削減などのメリットがあります。反面、両方のタイヤが1本の軸で連結されているので、片方のタイヤが受けた動きが、もう片方のタイヤにも影響するなど路面追従性や乗り心地は悪いというデメリットがあります。

(2) 独立懸架方式サスペンション

左右のサスペンションがそれぞれ独立して動くシステムで、固定車軸方式に比べてタイヤの追従性は格段に向上しています。1つのサスペンションに対して1つの機構を設け、その車種に合った細かな調整が可能で、現在ではさまざまな車種に採用され、サスペンションでは主流になっている方式です。

独立懸架方式の特徴は、左右両輪（車軸）をそれぞれに独立して上下させる構造により路面の凹凸に対する追従性が向上します。

後輪駆動車両（FR/MR/RR）の場合には左右両輪（車軸）の駆動力を効率よく路面に伝達することができ効果的です。

独立懸架方式では固定車軸方式に対して、Safetyを考えた操縦安定性、Comfortを考慮した乗り心地と快適性に優れており、次のような利点があります。

① 左右の両輪が一緒に動く固定車軸方式に比べ、バネ下重量（動作部分の重さ）を軽くすることが可能で、路面への追従性が向上します。

② 操縦特性を変えることが可能です。

③ 車軸が共に上下する固定車軸方式に比べ、フロアパンの車軸部を低くすることが可能です。

欠点としては、固定車軸方式に比べて構造が複雑、製作コストが高い、車両の荷重移動で、抜重側にジャッキング（ジャッキアップ現象）が起こる等があげられます。

(3) ストラット式サスペンション

ストラット式サスペンションとは、ショックアブソーバー自体を懸架装置とし、それにばねと車輪を取り付けた構造のものです（図3.5、図3.6）。考案者のアール・マクファーソン（Earl Steele MacPherson、1891 - 1960 アメリカ フォード社）にちなんでマクファーソン・ストラット（MacPherson Strut）式とも呼ばれます。

簡潔でコンパクトな構造を長所としており、安価なことから、自動車用の独立懸架としては1970年代以降、世界的にもっとも多く自動車に利用されています。

図3.5 ストラット式サスペンションの例

図3.6 ストラット式サスペンション模式図

(4) ダブルウィッシュボーン式サスペンション

写真3.1に示すとおり、上下2組からなる鳥のWishbone（又骨＝サコツ）の形状に似かよったアームを使用していることから「ダブルウィッシュボーン」と呼ばれるようになり、上側のアッパーアーム、下側のロアアームでタイヤを支持するサスペンションの総称となっています。「4節リンク」に分類される構造です。2組のアームは車体側から横方向に路面に対してほぼ水平に取り付けられ、車軸やハブを上下から挟むような構造になっています。アームと車軸やハブとで平行四辺形のように構成しながらストロークすることで、車体が上下に揺れた場合でも車軸やハブに取付けられたタイヤは路面に対してほぼ垂直に保たれる構造となっています。

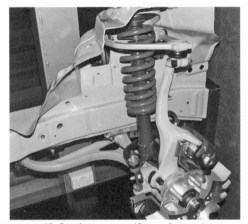

写真3.1　ダブルウィッシュボーン式サスペンション

(5) マルチリンク式サスペンション

ダイムラー・ベンツ社がダブルウィッシュボーン式にリンクを1本追加したリアサスペンションを開発し、マルチリンクサスペンションと命名しました。マルチリンク式は複数のアームから構成されているサスペンションで、全てのアームが物理的に離れた存在となることで配置の自由度が増し、よりきめ細やかなセッティングが可能です。また、数本のアームによって支持することによってアライメント変化に強く、タイヤを路面に接地させる能力をアップさせることができます。その

ため、高速領域で不安定になりやすい高性能FF車や、ハイパワーのFR車のトラクションを確保する目的でリアサスペンションに採用されることが多くなっています。性能に比例してコストも最もかかるサスペンション構造です（図3.7）。

1982年に発表されたメルセデス・ベンツ 190E（W201）に初めて搭載され、以後現在までその構成を大きく変えることなく、主なメルセデス車のリヤサスペンションとして採用されています。

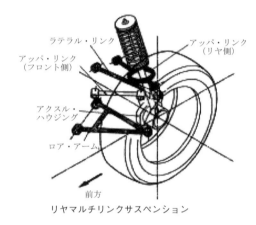

図3.7　マルチリンク式サスペンションの例

(6) その他のサスペンション
①セミトレーリングアーム式サスペンション

セミトレーリングアーム式サスペンションは車軸がスイングアームで位置決めされたスイングアーム式サスペンションの一種です（図3.8）。スイングアーム式とは、一端を回転可能に支持されて他の端に部品を固定するなどの機能を持たせる構造の事をいいます。自動車のスイングアームは車体に2点で回転可能となるように支持されていて、その回転軸は車体中央に向かうほど後退する角度が付けられ、同時に水平に対して車体中央側が若干高くなる角度が付けられています。これにより、旋回時に外輪のサスペンションが縮んだ際にはキャンバー角がネガティブ方向に、トーがイン方向に変化する設定が可能となっています。こうしたジオメトリ変化を利用して操縦安定性を高くできることから、FRレイアウトの車種にリ

ヤサスペンションとして広く採用されました。

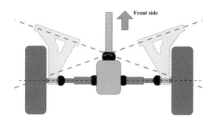

図3.8　セミトレーリングアーム式サスペンション構造

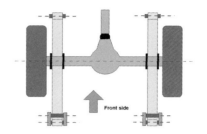

図3.9　リーフスプリング式サスペンション構造

②リーフスプリング式サスペンション

　リーフスプリングとは、長さの違う細長い板状の鋼を何枚も重ね合わせたタイプのサスペンションで、この板がたわむことで路面からの衝撃を吸収します（図3.9）。丈夫で部品点数が少なく、スペースもとらない上に板の枚数を変更することにより、ばねレートを自由に調整できるなどのメリットがあります。デメリットは乗り心地が悪いということです。

　構造が単純かつ堅牢（頑丈）であり、ほかの方式に比べ安価であるため、自動車では重量物を積載するトラックの後部やバス（とりわけ路線バス）などの大型輸送車、小型商用車（特に軽トラックや小型トラック）に使用されます。

　1970年代後半まではカローラやサニー、ランサー、コロナ、ブルーバードなどの小型乗用車の後輪部（ただしコロナとブルーバードの各タクシー仕様車は1990年代半ばまで）に、1980年代前半まではダイハツ製の一部の軽乗用車（2代目クオーレなど）および小型乗用車の初代シャルマンに、1980年代後半まではスズキ製の一部の軽乗用車（6代目フロンテの前期モデル、2代目セルボなど）および小型乗用車のカルタスなどの前輪駆動車の後輪に一枚リーフ板ばねを多く用いており、コストは安く性能上も十分としていたが営業上の理由からその後取りやめています。自動車の他にも、鉄道車両や建設機械、戦車などでも使用されます。

③エアー式サスペンション

　エアー式サスペンションとはショックアブソーバー部分に空気を利用したもので、エアバッグ、バルブ、エアゲージ、エアタンク、コンプレッサ等で構成されており、スイッチで容易に車体を上下させることが可能です（図3.10）。

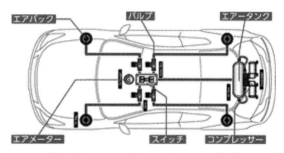

図3.10　エアー式サスペンション構成

　大型トラックやバス等では構造がシンプルで廉価なリーフスプリング式サスペンションが主流として使われてきましたが、近年、路線バス等ではバリアフリー化の推進により乗降性の改善を目的とした車高調整機能として低床車両を中心に採用車両が増加しています。

　ノンステップバス等では前後の扉に対し、乗降時にエアー式サスペンションの構造を活かし前後の扉側にあるサスペンションを下げ乗降しやすいようSCEに配慮した「ニーリング機構（左右）」や「クラウチング機構（前後）」と呼ばれる機構を採用しています。

　この他、トラックやバスにおいては段差を越える場合や荷加重に応じた場合、悪路条件に合わせたエアー式サスペンションの機構を利用しています。

図3.11 サスペンション方式の一覧

(7) まとめ サスペンション

図3.11をご覧ください。この図はサスペンションの設計時に考える要素について、横軸に特性、縦軸にコストを取り相互関係についてまとめたものです。

PIUSで採用しているダブルウィッシュボーンは、構造上、サスペンションの剛性を確保する事が容易で、設計の自由度が高く、アライメントの微調整が可能で、F1などのレーシングカーにおいて採用されています（写真3.2）。

写真3.2 レーシングカー

反面、タイヤと路面間のグリップ力（摩擦力）の変化が少ないことがメリットである反面コストも高く、高級グレード車両等大きなボディをもつ車両に採用されています。

次に位置しているのがストラット式サスペンションで、ショックアブソーバーとスプリング、ロアアームで構成されています。考案したフォードのエンジニアの名前から、マクファーソン・ストラット式サスペンションとも呼ばれており、自動車用のサスペンション方式としては現在販売されている車両の主流を占めています。

コイルスプリング式リジットアスクルは、コイルスプリング（渦巻き状のバネ）で構成されており、コイルスプリングが伸び縮みすることで路面からのショックを吸収します。通常、スプリングの長さが短くなると車高も下がり、スプリングの硬さも車には大きな影響をおよぼすことから、ある程度硬くすることでコーナーリングなどの安定につながりますが、乗り心地はゴツゴツして悪くなります。

最後にリーフスプリング式リジットアスクルは、リーフスプリングという長さの違う細長い板状の鋼を何枚も重ね合わせたタイプのサスペンションで、この板がたわむことで路面からの衝撃を吸収します。リーフスプリングの枚数を変える事により、ばねレートを自由に調整でき、丈夫で部品点数が少なく、スペースもとらず、コストも安くトラック等で多く採用されてきましたが、近年はエアーサスペンションへと移行しつつあります。

以上のように、サスペンションには、コストや性能の違いがあり、設計しようと考える車両に適したものを選ぶ必要があります。

3.2 PIUSで採用しているサスペンション

3.2.1 PIUSのサスペンション構造とその設計に必要な要素

サスペンションは、アーム類の構造部品やスプリング、ショックアブソーバー、ブッシュ等の繊細なチューニングを必要とする部品まで、設計は様々なものに及びます。サスペンションは「走る、曲がる、止まる」クルマの基本性能を支える重要な要素で、クルマの性能に大きな影響を与えます。図3.1の「多様な移動体」の要素内容、例えばスポーツカー、トラック、ゴルフカート、福祉車両、

また教材用などのニーズに応じて各部品をどの様に配置し、チューニングしていくかが設計時の最大のポイントで、十分な強度を維持して品質を保証すること、部品の造りやすさやコストをいかに抑えることも重要な課題です。このような多様なSCEの検討を経て、それぞれの部品が出来あがり完成していきます。さらに一台のクルマとして組み上がった時、評価が設計段階での評価と異なることもあります。操縦安定性や乗り心地の最適設計を行うためには、実験や部品メーカーと連携をとり、クルマの評価を部品に反映させていくことが重要です。

それでは実際にPIUSのサスペンション構造をみながら設計ポイントについて説明しましょう（写真3.3）。

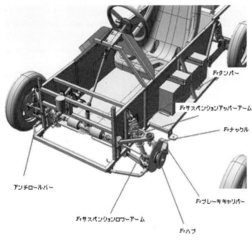

写真3.3　サスペンションの構造

3.2.2　ホイールアライメント

写真3.3は自動車のフロントサスペンションについて説明したものです。

シャシ（車両フレーム）とタイヤを固定するハブを取り付けるために、アッパーアームとロアアームを使いハブを連結させるナックルという部品を組付けています。

アッパーアームとロアアームは自動車の車輪が上下運動出来るようブッシュを挟み込み上下に稼働するよう出来ています。このように車のそれぞれのホイールには、これらのサスペンション部品によって、さまざまな方向に大小の角度がつけられています。これらの角度を適正な状態にそろえる事（整列具合）をホイールアライメント（Wheel Alignment）と言います。

ホイールアライメントはサスペンション部品やステアリングのシステムを構成するそれぞれの部品が、どのような角度関係で自動車に取り付けられているかを示すものです。

Safety（安全性）、Comfort（快適性）を考慮し、走行時におけるステアリング操作（舵取り操作）を滑らかにし、自動車が直進する時や旋回する時、コーナーを曲がる時の走行（走行条件・積載量・走行速度等の条件により）を安定させる事を目的に良好な状態となるよう調整・設定されています。アライメントの設定は走行性能に加えEnvironment（環境）を考慮し、タイヤの摩耗・偏摩耗を軽減する側面も持ち合わせているのです。

3.2.3　ホイールアライメントの基礎

ホイールアライメントはキャンバー角、キャスター角、キングピンアングル、トーイン＆トーアウトの四つの要素で構成されています。

それぞれの要素を具体的に説明しましょう。

(1) キャンバー角

タイヤをクルマの前面から見ると、地面に対して垂直ではなくほんの僅かながら外側（又は内側）に傾いてます。この傾斜したタイヤの中心面と垂直線のなす角度をキャンバー角（camber angle）といいます（図3.12）。表示の単位は度分であらわします。このキャンバーが、垂直線に対して車両外側へ傾いているのをポジティブキャンバー（プラス・キャンバー）といい、数値で表す場合は符号＋はつけません。その逆に内側へ傾いているのをネガティブキャンバー（マイナス・キャンバー）といい、数値の前に符号－をつけて表示します。

キャンバーの役割はコーナーリング性能の向上

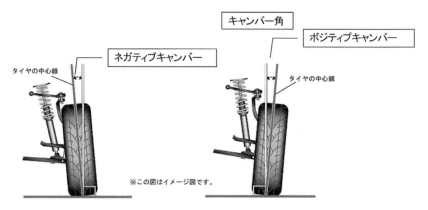

図 3.12　キャンバー角

「PIUS Education Ver. 応用教育ユニット (Advance)
自動車技術検証＆開発 Kit」より出典

写真 3.4　アライメント調整

（対地キャンバー）、ステアリング操作力の低減（スクラブ半径）、荷重変化への対応となります。キャンバー角によってはタイヤの片減り、ステアリングのふらつき、左右差によるハンドル流れ、前後差によるステアリング（ステア）特性の変化などがあげられます。

(2)　キャスター角

クルマの前輪には進行方向を変えるためのステアリング機構が付いています。このタイヤがある軸を中心として向きを変える事となります。この軸をキングピン軸といいます。（現在の乗用車はボールジョイントで形成されている）このキングピン軸はクルマの進行方向に対して後へと傾いています。このキングピンの前後方向への傾斜角をキャスター角（caster angle）と呼びます（図3.13）。

表示の単位は度分を使い、キングピン軸延長線の路面交点とタイヤ中心に対する垂線の路面の交点との距離（前後関係）をキャスター・トレールといいます。左がフロント側としたとき、図はプラスキャスターとなります。

FF 車は、サスペンションに横置きのエンジンの重さが加わることから、キャスター角を大きくするとサスペンションを痛めることになります。

キャスターの役割は車両が旋回した後の直進状態への復元力の向上があげられます。

キャスター・トレールによりキングピン軸上には、常に復元モーメントが発生し、直進時はタイ

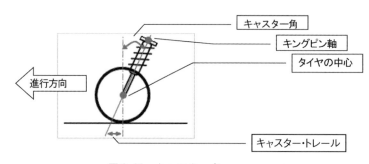

図 3.13　キャスター角

ロッドで打ち消し合っています。旋回時になると、外側車輪のモーメントが大きくなり、直進しようとする復元力となります。

次に車両旋回性能の向上（旋回時の対地キャンパー角変化）が上げられます。

進行方向に対してプラス側にキャスターを設定すると、旋回時、内側車輪のスピンドル（車軸、回転軸）は路面との距離が短くなりますが、車両本体の荷重による反力でスピンドルは上方へ持ち上げられようとします。その結果、内側車輪に復元力が発生し直進性を高めることになります。（風見鶏や風向計と似た原理でもあります）

適正なキャスター角になっていない場合、ハンドルのふらつきや左右差によるハンドルを切った時の戻り方の違い、ハンドルの流れや取られなどが上げられます。

3.2.4 PIUS アライメント調整 Kit

PIUS では教材のオプションにキャンバー角とキャスター角の違いを実際に体験できるアライメント調整 Kit を準備しています。

この Kit ではキャンバー角、キャスター角を 0.5 度単位で任意に調整可能で、それぞれの角度を任意に変えて走行・操舵性能の違いを体験できる仕様になっています。

(1) キングピンアングル（角）

キングピンアングルは自動車を正面からみてストラット上部と下部ボールジョイントの中心を結ぶ直線が垂線に対して傾斜している角度をいいます。（図 3.14、角度は設計理念により 4 度～ 20 度まであります）

直進性を確保するため作られたもので単独では調整できません。キングピンアングルがないとステアリングを切っても車軸の高さが変化しない、キングピンアングルがあるとステアリングを左にきると車軸の先端が下がり車体を持ち上げる方向に力が作用するようになり、FF 車の場合、ステアリングホイールを元の位置に復元する役目があります。

(2) トーイン ＆ トーアウト

トーとは足のつま先のことで自動車を真上から見た時のタイヤの角度を表わします（図 3.15 参照）。

前すぼみの時はトーイン（Toe-in ポジティブトー or ＋トー）と呼びます。

前開きの時はトーアウト（Toe-out ネガティブトー or －トー）と呼びます。

一般的に車両はトーゼロかトーインになっています。

トーの役割は直進安定性の確保、タイヤ横滑り量の低減（摩耗、燃費）、ステアリング特性の確保があげられます。車両においてトーアウトになっている場合はタイヤの片減り、ハンドルのふ

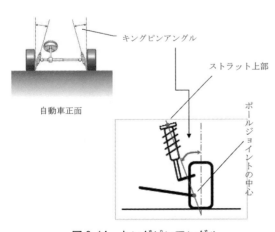

図 3.14　キングピンアングル

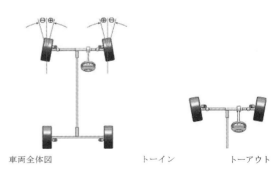

図 3.15　車両全体図

らつき、ハンドルの位置ずれ、ハンドルの振動、前後差によるステアリング特性の変化といった影響があらわれます。

サスペンションの基本であるホイールアライメントを理解し、確認作業をすすめながらアッパーアームとロアアームを使いハブを連結させるナックルという部品を組付けます。

〈PIUSのアライメント〉

トーイン、キャンバー角、キャスター角は使用するシャシ、サスペンション部品が決まっている場合には、このアライメントは決まった値になっています（表3.1）。

自作で取付け部品を開発する場合には、このアライメントの値に注意する必要があります。

表3.1　PIUSのアライメント

項　　目	値
キャスター角	5°
キャンバー角	0°
トーイン	0 mm

3.2.5　ショックアブソーバー（ダンパー）

ショックアブソーバーは別名ダンパーと呼ばれ、その目的は車両の走行時におけるSafety（安全性）と乗車する搭乗者のComfort（快適性）を考慮し、道路事情や車両環境等のEnvironment（環境）に対応した強度を必要としたものを選定する必要があります。

ショックアブソーバーは衝撃や振動エネルギーを長時間にわたって吸収または緩和する役割があります。装置の構造は流体の導圧抵抗、粘性抵抗、固体摩擦などの抵抗力を利用しており、その目的に応じ多様な種類形状・形式があります。

最も多く使われるのは、図3.16に示す油圧緩衝器（ダッシュポット機械抵抗）と呼ばれるもので、シリンダ内にピストンで押込められた油が、オリフィス（細い径の穴）を通って逃げるときの抵抗力を利用しているものです。PIUSに装着されているショックアブソーバーはタイヤの奥に一輪につき一本（車両によっては複数本ついているものもあります）ついています。基本的には伸び縮みする棒のような形をしています。一般的な車両においては、ほとんどの場合スプリングを乗せるためのお皿がついていて、スプリングと組み合わせられています。PIUSでは、ショックアブソーバーとスプリングを合わせて、ダンパーと称しています。PIUSを見て判る通り、車体はサスペンションの上に乗っています。そして、走行中に拾う路面の凹凸をスプリングの力で吸収しているのです。つまり、路面が凹んでいればタイヤを下げ、出っ張っていればタイヤを引っ込めて車体へ路面の荒れを伝えないようにしているのです。

もしサスペンションがなくて、タイヤが車体に直付けになっているとすると、路面の荒れが全て車内に伝わるなどして大変乗り心地が悪くなります。搭乗者のComfort（快適性）を求めるとサスペンションが必要となるのです。ところが、スプリングだけでボディを支えていると、何らかの衝撃が加わって一度揺れ始めてしまうと、ずっと揺れ続けるという現象（バウンシング）が起きてしまいます。試しにどんなスプリングでもいいですから単体の状態で軽く弾いてみてください。結構いつまでも揺れ続けるでしょう。これでは具合が悪いので、その揺れを止めるためにスプリングの動きを制限しなくてはなりません。その仕事をしているのがショックアブソーバーなのです。ショックアブソーバーは縮める力や伸びようとす

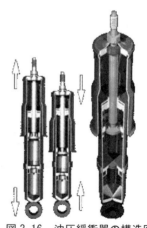

図3.16　油圧緩衝器の構造図

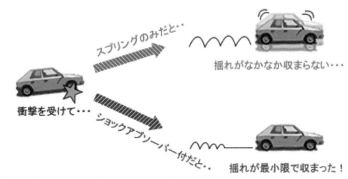

図 3.17　ショックアブソーバーの働き

る力が加わったときにはそれに対して抵抗するため、スプリングの揺れをある程度のところで収束させることができるのです。

普通に真っ直ぐ走っているときには、路面の荒れを吸収したスプリングの余計な揺れを抑える役目があります。それから、ブレーキを掛けたときにはクルマは前のめり（ダイブ）に、コーナリング時には外側に、発進時には後ろ下がりに傾きます（スクォート）が、傾くときに一気に行かないようにゆっくり動かす役目もあります。傾いたボディはスプリングの力で元に戻ろうとするのですが、この時に一気に戻ってこないようにしています。つまり、クルマの動きを緩やかにする仕事もしています。こういったショックを緩和する能力を減衰力という言い方をするのですが、この減衰力が高いほど大きな衝撃を受け止める力があるということになります（図 3.17）。

3.2.6　ばね定数による走行性能の違い

ばね定数（ばねていすう、ばねじょうすう、spring constant）は、ばねに負荷を加えたときの、荷重を伸び量または縮み量で割った比例定数です。フックの法則にあらわれます。なお、自動車で使うスプリングでは、ばねレート（spring rate）と呼びます。

もっとも一般的なばねである圧縮コイルバネの場合、ばねの寸法とばね定数の関係は次式で表されます。

$$k = \frac{P}{\delta} = \frac{Gd^4}{8N_a D^3}$$

k：ばね定数（N/mm）
P：荷重（N）
δ：変位（mm）
G：ばね材料の横弾性係数（N/mm²=MPa）
d：ばねの線径（mm）
N_a：有効巻き数
D：平均コイル径（mm）

ばねの線径が太いとばね定数は大きい。巻き数が多く、コイル径が大きいと（ばねを伸ばした時の線の長さが長くなると）ばね定数は小さくなります。

SCE の C の観点で考えると、一般的には、ばね定数が大きいとゴツゴツとした乗り心地になり、ばね定数が小さいと、ふわふわとした乗り心地になります。

PIUS エデュケーション Ver. のオプションの Advance キットでは 3 種類のダンパーが用意されており、それぞれのダンパーを PIUS に組み替えて Standard キットのダンパーとの乗り心地の比

写真 3.6　PIUS ダンパーコンバージョンキット

較が出来る様構成されています。

写真3.6に教材のオプションのダンパーコンバージョンキットの写真を示します。PIUSのエデュケーション Ver. Standard キットに標準で装着されているばねレートは、表3.2のNo.0のものです。これは黄色のダンパーに付属しているばねの特性を示しています。この表の中の、ばねをダンパーに組み込むときには、ばねの自由長（※1）に対し、予め「ある程度の長さ」を縮めた状態で取り付けます。この「ある程度の長さ」を縮めるのに要した荷重を、初期荷重（プリロード）といいます。PIUSのダンパーでは、ばね取付部（スプリングシートという部分）を移動させることで、ばねの自由長に対し、4mm、7.5mm、11mm、14.5mm、18mm、と3.5mm刻みに5段階の長さを予め縮めて取り付けることができます。つまり、プリロードを5段階に調整することができるということです。これにより、ばねレート（後述）の変化や、車両重量の変化に合わせて、車両姿勢や車高を、静的な状態において一定に調整することができます。

※1 ばねの自由長とは、ばねに荷重をかけていない時の、ばねの全長のこと。

ばねレートとは、「ばねのたわみにくさ」を表す言葉であり、ばねの長さを1mm縮めるためには何Nの力が必要か？という単位（N/mm）で表されます。ばねには、ばねレートが一定のものと、ばねの縮み量に応じてばねレートが変化するものがあります。PIUSに使用しているばねは、ばねの縮み量に応じてばねレートが変化するタイプのものです。PIUSエデュケーション Ver. Standard キットに標準で装備されているばねでは、ばねにかかる荷重が724N以下の状態でのばねレートは17.65N/mmであり、724N以上の状態でのばねレートは32.66N/mmとなります（図3.18。但し、ばねにかかる荷重が724Nを超えたとたんに、ばねレートが急変するのではなく、実際は、724N付近を中心として徐々に変化して行きます）。また、ここでは、ばねレートの小さいほうの値を1次ばねレート、大きいほうの値を2次ばねレートと区別して呼んでます。荷重724Nまでのばねレート17.65N/mm（1次ばねレート）のばねは、比較的柔らかい特性を持ち、荷重724N以上でのばねレート32.66N/mm（2次ばねレート）のばねは、硬い特性を持っています。

図3.18は、PIUSエデュケーション Ver. Standard キットの標準ダンパーと、オプションのAdvanceキットのダンパーコンバージョンキットのかたい、ふつう、やわらかいの合わせて4つの特性を表しています。

標準では、1G状態（運転手（乗員）が乗車して、平坦な路面上に接地した状態）ではばねレートは1次ばねレートの範囲にあり、これよりばねが縮むと、徐々に2次レートの範囲に移行していく、という特性になっています。

かたい、ふつう、やわらかいの3種では、1G状態ですでに2次ばねレートの範囲（1次と2次の移行範囲）にあるため、ばねレートの差異を体

表3.2　ダンパー仕様

No.			スプリング色	Fr プリロード	Rr プリロード	1次ばねレート	2次ばねレート	備考
0	標準	ノーマル	黄色	1	1	17.65N/mm ± 5%	32.66N/mm ± 8%	※1
1	かたい	ハード	黒	1	1	17.65N/mm ± 5%	32.66N/mm ± 8%	※2
2	ふつう	ミディアム	青	2	1	17.65N/mm ± 5%	17.65N/mm ± 5%	
3	柔らかい	ソフト	赤	5	1	8.80N/mm ± 5%	8.80N/mm ± 5%	

※1と※2は、1次〜2次ばねレート変化点が異なる

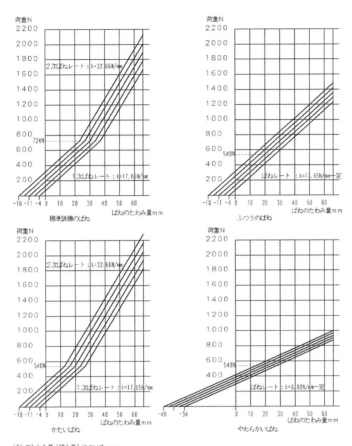

ばねのたわみ量（縮み量）について・・・
ばねのたわみ量においてマイナスの値は、ばねに初期荷重を与えるためにダンパーにばねを組み込む時にばねを縮めた量である。
ばねをダンパーに組み込んだ状態で、荷重が0のとき、ばねのたわみ量を0とする。
1G状態でのばねのたわみ量は、約30～35mmである。

図3.18　PIUSダンパーコンバージョンキットスプリング特性グラフ

感しやすくなっています。これは、使用目的（ゆっくりと走行する、あるいはスピードを競う）によって、運転車にSafetyやComfortを提供するものになります。

(4) アンチロールバー（Anti-rollbar）

アンチロールバーとはサスペンションを構成している一要素で、別名スタビライザーともいいます。独立懸架方式サスペンションの場合、左右のサスペンションを結合し、図3.19（丸棒断面のねじりばね）を介して左右の動きを連携させて、車体を地面に良好に接地させます。

ロール剛性を変更し、接地特性を調整できるアジャスタブル構造（調整可能タイプ）が競技車両等では使用されています。

一般的な車両には図3.19に示すように取り付けられています。

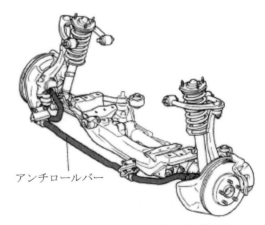

アンチロールバー

図3.19　アンチロールバーの取付け部

PIUSに取り付けられているアンチロールバーは図3.20のとおりです。車体のロールを抑制するために、平面で見るとコの字形のトーションバースプリングを用いています。端末をサスペン

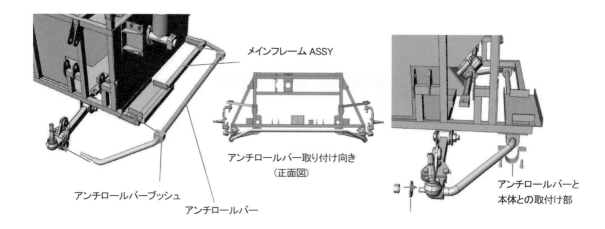

図 3.20　アンチロールバーの取付け部

ションの左右リンクに連結して取り付けます。

　カーブを曲がるときに身体が横に放り出されそうな感覚になります。この横方向への動きをロールと言います。また前後への動きをピッチと言います。

　一般的な車にとって、アンチロールバーは、車体の傾きをできるだけ減らす目的で使われています。アンチロールバーはこの部品全体でねじり棒ばねを構成しており、左右の車輪の地面からの高さが同じになるように調整します。この結果コーナリングで車体が極端に傾くことのない状況にできます。アンチロールバーはスタビライザーとかスウェイバーと呼ぶこともあります。

　本章ではサスペンション、ダンパー（スプリング＋ショックアブソーバー）、アンチロールバーの要素を説明しました。これらの部品は図3.1で示すように使用目的（最高速度、道路等の使用環境）に応じて適切な特性の部品を、Safety、Comfort、Environment の視点で選ぶことが大切です。

3.3　課題

　本章で学んだ知識を再確認する目的で、以下の課題に取り組んでください。なお、文書作成による課題については、400文字以上800文字以下にまとめ、適宜、図を使ってください。報告書は、以下の課題から3つ選んで提出してください。

1．サスペンションの機能とはどういうものか述べ、その種類を2つあげて説明しなさい。

2．スプリングとショックアブソーバーの機能について述べ、それぞれが持つ特性項目を2つあげ、説明しなさい。

3．PIUSで採用している「ダブルウィッシュボーン・サスペンション」の特徴について説明しなさい。

4．ホイールアライメントの3要素とは何か。その要素の調整は走行にどのような影響を及ぼすか、説明しなさい。

5．ばね定数の式を示しなさい。平均コイル径とはどういうことか説明しなさい。

6．ロール剛性とはどういうものか説明しなさい。

第4章　シャシ（タイヤ・ホイール・ブレーキ・操舵系）

本章で学ぶ内容

　本章ではシャシの中心的な要素となるタイヤとブレーキについて、開発の視点を学びます。シャシにはこの他にハンドルの回転をタイヤに伝える「操舵」の要素があります（写真 4.1）。タイヤは運転者の加速、旋回、減速（走る・曲がる・止まる）の指示を路面に伝える役割を持ちます。その開発方法がどのようになっているか、PIUS を事例に SCE の視点で分析しながら学びます。

写真 4.1　タイヤとブレーキの例

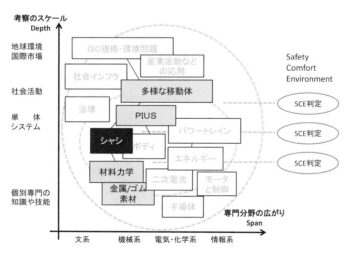

図 4.1　本章で学ぶ学習内容

4.1　タイヤの基礎

　自動車が安定した走行をし、目標地点でしっかり止まり、搭乗者の Comfort（快適性）を考慮した基本的な動きをするには、「タイヤ」は欠かすことが出来ません。

　自動車と路面の間に位置し、わずかな路面との接地面積で車体をしっかり支え、ドライバーの思う方向に滑らかに進むことが出来るのはタイヤの様々な働きによるものです。

　タイヤは、自動車を支えるだけでなく、ドライバーや同乗者の SCE を担うとても重要なパーツであると言えます。

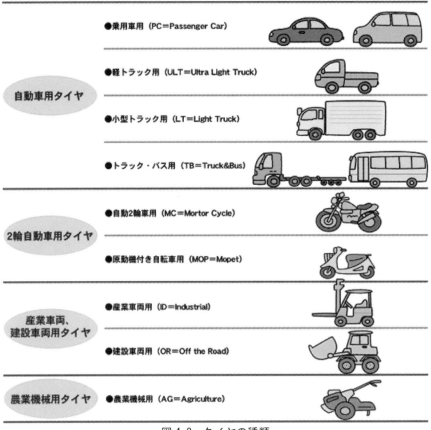

図4.2 タイヤの種類

自動車に限らず、自転車、農機具あるいは航空機にも移動手段としてタイヤが使われています（図4.2）。

タイヤには4つの重要な機能があります。順に説明していきましょう。

A. 車体の荷重をしっかり支える！（荷重支持機能）（写真4.2）

写真4.2 荷重支持機能

自動車の重さ（車体の重量、ドライバー、同乗者、積荷など）を支える働きをしており、Safety（安全性）を考慮したものです。

B. スムーズに走る！ギュっと止まる！（駆動・制動機能）（写真4.3）

写真4.3 駆動・制動機能

自動車が走ったり止まったりするには、動力源からの駆動力やブレーキなどの制動力を的確に路面に伝える必要があります。タイヤは路面との摩擦によって、その重要な役割を担っておりSafety（安全性）、Comfort（快適性）を考慮しています。

C. 自由に曲がる！（進路保持機能）（写真4.4）

写真4.4　進路保持機能

　直進域での安定感、カーブでのバランス、グリップ力といった、自動車が自由自在に走るために欠かせない機能でSafety（安全性）、Comfort（快適性）を考慮しています。

D. 乗り心地の快適さを保つ！（緩衝機能）（写真4.5）

写真4.5　緩衝機能

　走行時に発生する路面の凹凸による衝撃を吸収・緩和し、快適な乗り心地を保持する働きがありComfort（快適性）を考慮しています。また、周囲への騒音を少なくし、Environment（環境）にも考慮しています。この技術開発の背景にはさらに、スパイクタイヤを使わない、ひびが入ったり異常にすりへったタイヤを使わない等の法律面のニーズもあります。

　タイヤメーカーのダンロップ社を例にタイヤ開発に対するSCEの取組みについて紹介します。

Safety（安全性）（写真4.6）

　ダンロップ社は、ドライバーと同乗者の安全を徹底的に追求し、安心して運転できるタイヤを作り続けています。

　ダンロップ社は、クルマの進化と共に数々の最先端技術を発表してきました。それは常に先を見据え、時代のニーズに合ったタイヤテクノロジーです。

　100年もの長い歴史の中で常に最先端を走り続けることは容易なことではありませんが、それでもダンロップ社がタイヤの進化をリードする理由、またその原動力は、ドライバーと同乗者の安全を徹底的に守りたいという揺るぎない精神です。

　安全なクルマ社会にするために、ダンロップ社は日々努力し続けています。

　具体的な取組みは、世界で初めてハイドロプレーニング現象（自動車が水の溜まった路面を走行中、タイヤと路面の間に水が入り込み、車が水の上を滑るようになりハンドルやブレーキが利かなくなる現象）を発見したのがダンロップ社です。

　タイヤの溝でスムーズに排水し、路面にトレッド面がしっかり接地することで、雨の日でも安全・安心に走れる状態を保つウェットテクノロジー技術、パンクをしても一定速度で一定距離を走れるランフラットタイヤ技術、自動車の冬季間の走行を支えるスタッドレスタイヤ技術等があります。

　ダンロップ社の取組みはタイヤだけに限らず、乗用車のタイヤとの摩擦で音を発生させるように舗装路面に溝を切り込み、路面上を一定の速度で走行すると音楽が流れるよう細工を施したメロディーロード等、タイヤ安全プロジェクトに取組んでいます。

写真4.6　安全性への取組み

Environment（環境）（写真4.7）

　「For you, for the earth」（あなたのために地球の為に）に根ざし、様々な段階で、環境への問題に取り組んでいます。

　また、地球温暖化問題が深刻化する現在、更なるCO_2排出量の削減が急務となっています。ダン

ロップでは、開発や、物流における CO_2 の削減はもちろん、全社をあげた緑化活動など、様々な段階でこの問題に取り組んでいます。

CO_2 の削減では、どんぐり拾いを通して自然とふれあい、集めたどんぐりを育てて緑の森を増やしていこうという地域の緑化活動を推進する「どんぐりプロジェクト」。物流面においても、トラック輸送から、より環境負荷の小さい鉄道コンテナ・フェリー便へ移行するモーダルシフトの推進を通して CO_2 の削減に取り組み、工場内からの廃棄物をゼロにするゼロエミッション事業、廃タイヤのリサイクル事業への取り組みなど、多分野にわたり具体的に取組んでいます。

この他、車両環境配慮製品として、石油外天然資源比率、転がり抵抗値、軽量化、耐摩耗性能など、ダンロップ独自の厳しい環境基準をクリアした商品を「eco line up」と定め、更なる環境性能の強化に努めています。

写真 4.7　環境への取組み

Comfort（快適性）（写真 4.8）

車内外へのノイズの徹底軽減、乗り心地の追求など快適性を向上させる技術を日々開発しています。

タイヤには様々な機能がありますが、その中の重要な要素の一つとして「快適性を保つ」ということがあります。

長時間の運転でも快適に走れることは安全を考慮する上でもとても重要なものと考えます。

快適性を提供するダンロップ社の技術として、特殊吸音スポンジによるタイヤ内の空洞共鳴音の低減化があります。タイヤパターンノイズの発生要因は大きく2つあり、ひとつはパターンブロックが路面を叩いて生じる振動によるインパクトノイズ、もうひとつはタイヤ溝内の空気がタイヤの接地により路面にふさがれた後、離面により開放

されることによるポンピングノイズで、タイヤが走行する際に発生する2つのノイズをシミュレーションすることにより、従来の評価方法では観察することが難しかった音の発生源や発生メカニズムの解明が可能にしたノイズシミュレーション技術です。デジタイヤは、走行中のタイヤ部材そのものの動きまで分析可能にし、綿密な車両データとタイヤモデルを組み合わせた実走行シミュレーションによってタイヤ内部構造の動きを分析するスチールベルトダンピングシミュレーションにより、乗り心地とハンドリングのバランスに優れたスチールベルト構造の開発が実現しました。

また、実車走行シミュレーションを行い、精密な車両データとタイヤモデルを組み合わせ、クルマの挙動によって変化する4本のタイヤ荷重変動を分析することにより、新素材 FRR（繊維強化ゴム）の開発が実現しました。この新素材 FRR をタイヤサイド部に貼り付けることで背反するハンドリングと乗り心地の両立に成功しました。

※ FRR（繊維強化ゴム）とは、ゴムとスチールコード／有機繊維の複合材料です。

写真 4.8　快適性への取組み（快適性の提供）

（ダンロップ社の Web、http://tyre.dunlop.co.jp/csr/safety より引用。）

4.2　タイヤの構造

4.2.1　タイヤの属性

移動体をどのような環境下、移動目的で移動するかにより、多様な属性をもつタイヤが開発されています。例えば雪道ではスタッドレス・タイヤのような属性のものを使います。この属性は、上記の4つの機能（A～D）に従い、図4.3のようにまとめることができます。

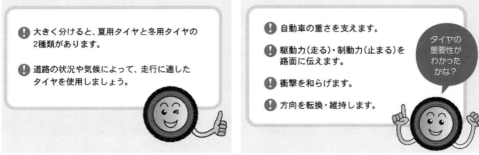

図4.3 タイヤの属性

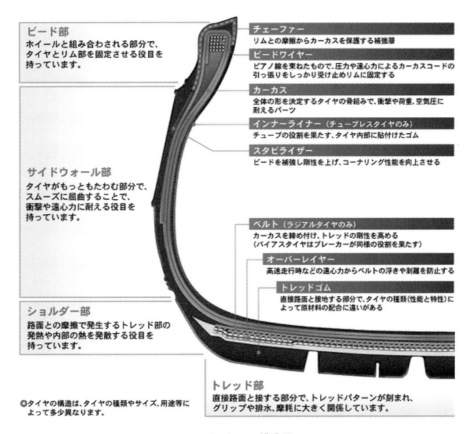

図4.4 タイヤ構造図

4.2.2 タイヤの構造

タイヤの構造をまとめると図4.4のようになります。

クルマの安全にも大きく関わる重要な役割を担い、高速回転や熱、衝撃、変形にも耐えなければならないタイヤの構造は緻密です。

ただ単に強靭なばかりでなく、しなやかさも同時に必要なタイヤは、ワイヤー・繊維・ゴム等が精密機械のように、複雑に組み合わされています。

4.2.3 トレッド部

図4.4のタイヤ構造図において、路面に設置する部分にはトレッド部がありそれぞれの用途によって立体的にトレッドパターン(模様)が刻まれています。

トレッドパターンの役割は、車の駆動力、制動力等を路面に伝え、雨の日には路面の水を排水し、トレッド部を路面に密着させる役割があります。他にSCEのSafetyの観点から車両走行時ス

表 4.1 トレッドパターン

	リブ型	ラグ型	リブラグ型	ブロック型
パターンデザイン				
特徴	良路（舗装路・高速道路）走行に適したパターン ●直進安定性が高い ●排水性が高い ●横滑りに強い ●転がり抵抗が少ない	悪路（非舗装路）走行に適したパターン ●駆動力・制動力が高い	良路・悪路両方の走行に適したパターン ●リブ型とラグ型の両性能を合わせ持つ	氷雪路や悪路走行に適したパターン ●駆動力・制動力が高い ●オールシーズン用にも適している
主な用途	●乗用車 ●小型トラック ●トラック・バス など	●トラック・バス ●小型トラック ●建設車両 ●産業車両 ●農耕車両　など		

リップや横滑りを抑制し操縦安定性を向上させ、Comfort を考えた乗り心地の向上、Environment を考慮した走行時の騒音抑制等の重要な役割がトレッドパターンにはあります。

トレッドパターンは表 4.1 に示すとおり大きく 4 つに分類されます。

一般車両やトラック・バス等においては、直進安定性、横滑りに強く、アスファルト舗装路や高速道路での高速性能において転がり抵抗の少ないリブ型が使用されています。

工事用車両や産業車両、農耕車両では駆動力や制動力を求められる悪路走行が主体になることからラグ型が採用されます。

寒冷地域で使用されるスタッドレスタイヤは駆動力や制動力の他オールシーズンに適したブロック型に細かい切り込み（サイピング）が施され、太い溝でも排除しきれなかった水を、細かい溝で吸い取り、路面とタイヤをより密着させ、サイピングが細かく動くことでエッジ効果を発揮し氷雪路走行を向上させる等、SCE の観点に沿って役割を担っています（図 4.5）。

（グッドイヤー社のタイヤの基礎知識 http://www.goodyear.co.jp/faq/advanced06_4.html より引用。）

4.2.4　ラジアルタイヤとバイアスタイヤ

タイヤは基本構造が統一されていますが、タイヤの骨格部分にあたる図 4.4 の構造図にあるよう

図 4.5　タイヤのサイピング例

表 4.2　カーカス

	ラジアル構造	バイアス構造
構造	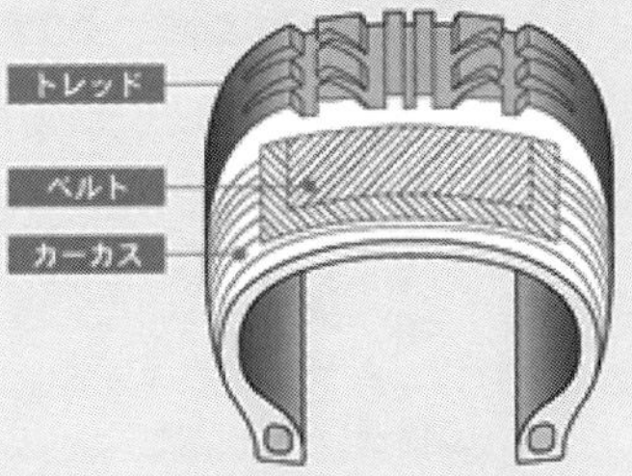 ●カーカスがタイヤの中心から放射状（RADIATION）に配置され、それをベルトで締め付けているのが「ラジアル構造」です。	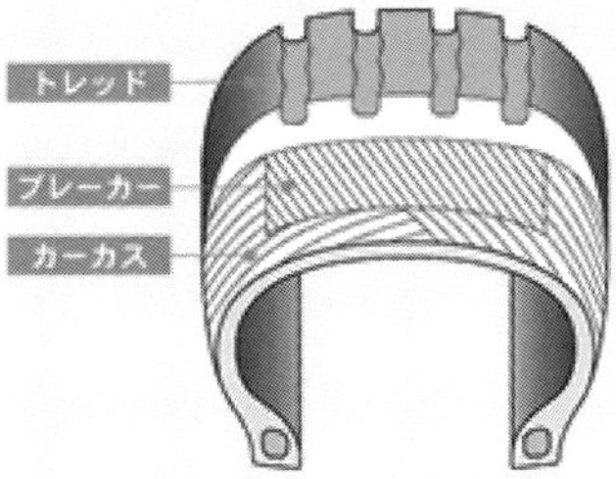 ●カーカスを斜めに配置し、1枚ではねじれてしまうため逆方向に複数重ね、それをブレーカーで締め付けているのが「バイアス構造」です。
材料	**カーカス** ●乗用車用タイヤ：主にポリエステル ●トラック・バス用タイヤ：主にスチール ●小型トラック用タイヤ：スチールまたはナイロンまたはポリエステル **ベルト** ●乗用車用タイヤ：スチールやアラミド ●トラック・バス用タイヤ：主にスチール ●小型トラック用タイヤ：主にスチール	**カーカス** ●いずれも主にナイロン **ブレーカー** ●いずれも主にナイロン
メリット	●高速耐久性に優れる ●発熱が少ない ●グリップ、操縦安定性に優れる	●乗り心地に優れる

（GOOD YEAR タイヤの基礎知識より）

にカーカスの配置方法の違いにより、ラジアル構造とバイアス構造という2つの構造に分けられます。

バイアス構造は空気入りタイヤが世の中に出現した時の構造で、その60年後に性能が良い構造としてラジアルタイヤが開発されました。

バイアス構造は製造方法が容易な事から、コスト重視の自動車等に適しているのです。その違いや特徴について、表4.2にまとめてあります。

4.2.5 タイヤの各部分の名称 （図4.6）

① タイヤ外径
② 断面高さ（H）
③ リム径
④ タイヤ総幅
⑤ 断面幅（W）
⑥ トレッド部
⑦ ショルダー部
⑧ サイドウォール部
⑨ リムガード部

図4.6 タイヤ各部の名称

4.2.6 チューブレスタイヤとチューブタイヤ

タイヤには中にチューブが入った「チューブタイプタイヤ」と、チューブのない「チューブレスタイヤ」の2種類があります。チューブが無くても空気が漏れない不思議なチューブレスタイヤは、乗用車用タイヤのほとんどが採用しており、小型トラックやトラック・バス用タイヤも最近ではチューブレスが多くなっています。

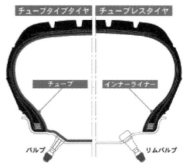

図4.7 チューブタイプタイヤとチューブレスタイヤの構造

2種類のタイヤ構造を比べると次の図4.7のようになります。

チューブレスタイヤは、タイヤ内部にチューブの代役を果たしている「インナーライナー」というゴムシートが貼付けられています。これがチューブの役割りを果たし空気漏れを防いでいるため、チューブが必要ないのです。

チューブレスタイヤのメリットを図4.8に示します。

●パンクしても（クギをふんでも）急激な空気漏れを起こしにくい。

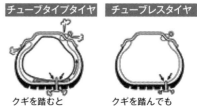

●タイヤ内の空気がリムに直接接しているので放熱効果が高くタイヤ温度が低くなる

●チューブが無いのでチューブに起因するトラブルが無い
例えば
◎チューブの劣化。
◎リム組み時にチューブにシワがより、ダメージとなるなど

図4.8 チューブレスタイヤのメリット

デメリット

・取り扱い時にビード部を傷つけると、空気漏れの原因となる。
・空気圧不足やパンクしていても、見た目ではわかりづらい。
・リム（ホイール）の変形や錆・キズによっても空気漏れを起こすことがある。
・パンクしたり、空気が抜けたまま気付かずに走行した場合、タイヤ損傷につながることがあるため、こまめな点検が必要です。

4.2.7 タイヤの外観表示

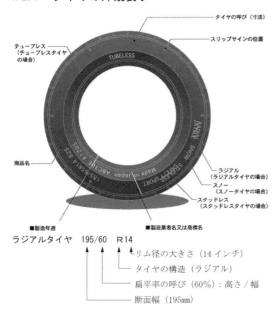

図 4.9　タイヤの外観表示
（グッドイヤータイヤの構造より）

扁平率の計算式は次の通りです。

扁平率（％）とは、タイヤの断面幅（W）に対する断面高さ（H）の比率を表す数値です。

扁平率(%) = 断面高さ(H) ÷ 断面幅(W) × 100

ロードインデックス（負荷能力）について

ロードインデックスとは、規定の条件下で、そのタイヤに負荷することが許される最大の質量を表す指数です。車検証記載の軸重とタイヤ空気圧に密接な関係があり、アルミホイールのインチアップの際には、純正タイヤの最大負荷能力を下回らないよう注意する必要があります。

4.2.8 タイヤの適正な空気圧

タイヤには空気が詰められており、その空気圧は SCE に大きく影響を与える要素です。

図 4.10 は空気圧と燃費・摩擦寿命、摩擦寿命と荷重との関係を示しています。図 4.10（a）に示すとおり、燃費指数（規定空気圧を 100％ 充填した時、自動車メーカーが試験した燃費が 100％ 得られる）は、空気圧が 20％ 低いと燃費は 3％ 低下します。空気圧が高いと燃費は向上（規定空気圧 100％ まで）しますが、図 4.10（b）に示すとおり、規定空気圧を超えた場合タイヤの寿命が短くなる為、規定空気圧を保つことが大切です。

また、荷重とタイヤの寿命を示した図 4.10（c）をご覧ください。タイヤの負荷率 100％（推奨荷重=100）の時、タイヤの寿命指数は 100％ 発揮されますが、タイヤの負荷率が 100％ を超えると大幅にタイヤ寿命が短くなります。

4.2.9 タイヤの運動性能の特性

タイヤの運動性能を理解して車両設計に活かしましょう。

タイヤは万能ではなく、グリップ力には限界があり、それを超えようとすると滑り出してスピンします。たとえばコーナリング中に、少しブレーキやアクセルを踏んだだけで、リアが流れることがあります。これは、コーナーで横方向にかなりの割合でグリップ力を使っているとき、ブレーキやアクセルなど縦方向に使えるグリップ力がわずかしかないからです。つまりグリップは縦と横でトレードオフ（一方を追求すれば他方を犠牲にせざるを得ないという状態）の関係にあるのです。

また、タイヤは急激な荷重変動に大変弱いのです。荷重が小さくなると、グリップの能力が急激に低下します。逆に荷重が増えるとグリップの能

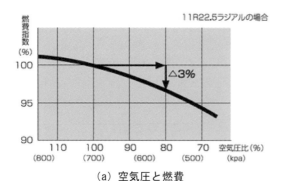

(a) 空気圧と燃費

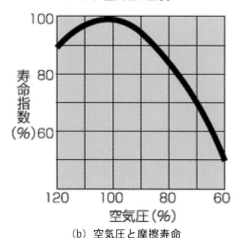

(b) 空気圧と摩擦寿命

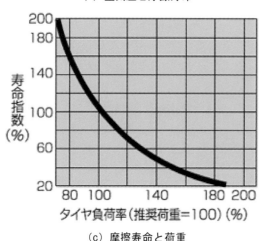

(c) 摩擦寿命と荷重

図4.10　タイヤの基礎

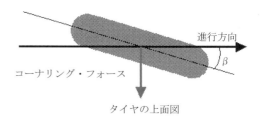

タイヤの上面図

スリップ・アングルがついたときのタイヤの変形

図4.11　コーナリング・フォース

力が高まります。

(1) コーナリング・フォース

クルマを旋回させる時はハンドルをきりますが、それに応じてタイヤには進行方向に直交する横向きの力が生まれます。この力をコーナリング・フォースと呼びます。クルマはコーナリング・フォースを利用して旋回するので、車両は必ずしもタイヤの向いた方向に進んでいるわけではないのです（タイヤの向いた方向から、若干逸れた方向に車両は進みます）。

進行方向（旋回円の接線方向）とタイヤの傾きがなす角度 β をスリップ・アングルと呼びます。

タイヤが、スリップ・アングルがついた状態で回転すると、図4.11の様に変形し、この時に接地部に発生する反発力がコーナリング・フォースとなります。

スリップ・アングル（β）が約0°～20°までは、コーナリング・フォースはスリップ・アングルに比例します。この時の比例定数をコーナリング・パワーと呼びます。

スリップ・アングルがある程度以上大きくなると、コーナリング・フォースが低下してしまうという特性をタイヤは持っています。つまり、曲がろうとしてステアリングを切れば切るほど曲がりにくくなるのです。

補足すると旋回中にこそ素直な操舵特性が必要ですが、同じステアリング角でも車速が大きいほど旋回半径が大きくなり、アウト側に持っていかれることをアンダー・ステアと呼びます。

旋回半径が小さくなり、イン側に持っていかれることをオーバー・ステアと呼びます。

一般に各クルマによって、いずれかの特性を持つのが普通です。

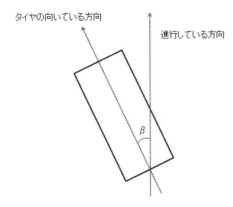

図 4.12　スリップ・アングル β

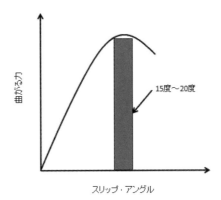

図 4.13　スリップ・アングル β と曲がる力の関係

　オーバー・ステアが強すぎると旋回中にスピンを起こすので、市販車はアンダー・ステアに設定しています。

　アンダー・ステアの場合、曲がり切れなければハンドルを更に切ることで良いといいます。（慌てて急減速すると、見かけ上オーバー・ステアに近い現象が起こるので、教習所では「旋回時は、一定速で徐行せよ」と教えます）

　アンダー・ステア、オーバー・ステア特性が現れる原因は、コーナリング・パワーが前後の車輪で異なるためです。傾向としては以下のようになります。

　アンダー・ステア：前輪のコーナリング・パワー ＜ 後輪のコーナリング・パワー

　オーバー・ステア：前輪のコーナリング・パワー ＞ 後輪のコーナリング・パワー

　(2)　スリップ・アングル（スリップ角）

　「スリップ・アングル」は、日本語では「横滑り角（スリップ角）」と訳され、車の走行時ハンドルを切ると「タイヤが向いている方向と、実際にタイヤが進んでいる方向がなす角」です（図4.12）。

　スリップ・アングルがゼロになるのは車が直進している時のみで、それ以外はすべてスリップ・アングルがあるという事です。（第3章トーイン＆トーアウトがゼロの時）

　スリップ・アングルがあるという事は、直線走行以外では、フロントタイヤが向いている方向と同じ方向にタイヤが転がって進む事は無いという事になります。

　車が曲がるのはスリップ・アングルにより車体にヨーイングが発生し、ヨー軸の回転力により車体が回転するということです。その結果、車にも進行方向に対するスリップ角がつき、これによって操舵していない後輪のタイヤにもスリップ角が発生して曲がるということになります。

　コーナリング・フォースというのは、スリップ・アングルが発生することにより、ゴムと路面の摩擦が発生し、横軸方向の応用で変形したトレッドが元に戻ろうとする力等により発生します。

　次に重要な事は、このスリップ・アングルには最適値が有るという事です。

　小さすぎても大きすぎても大きなヨー角が発生します。つまり曲がらないという事になります。ラジアルタイヤでは、15度から20度位が一番曲がる角度だと言われています。

　このスリップ・アングルについては、具体的には図4.13のイメージになります。

　スリップ・アングルと曲がる力の関係は図4.13のグレーゾーンが一番曲がる所で、ここを外れて右側のエリアの大きな角度になると、ハンドルを切り更に切っても余計曲がらずに、いわゆるアンダーステアだと感じる事が有ります。

　アンダーステア、オーバーステアは、具体的に計る事は出来ませんが、運転していてハンドルを切っても曲がらない、あるいはそれほど変化が無

いと感じるところが、大体スリップ・アングルが20度を超えた所だと確認してください。

もう一つの判りやすい方法は、タイヤは正しいスリップ・アングルを超えたかどうかを知るために「音で判断」出来る様作られています。スリップ・アングルが大きくなり過ぎるとタイヤから、「ゴリゴリ」系の音が出てきます。普通はスキール音の「キュー」という音が出ます。

タイヤを切り足してゴリゴリと言ってきたら、スリップ・アングルが大きすぎという事になります。

スリップ・アングルについて目で見て判るのがフロントタイヤのショルダー（外の角）部です。ここが削れていると、スリップ・アングルが大きすぎる証拠となります。新品のタイヤであるなら、一度走って、すぐに車を下りて、削れたてホヤホヤのタイヤのショルダー部を見ると良いでしょう。

(3) スリップ比

タイヤ回転方向の滑り量を示す指標で、スリップが発生している（$V \neq R\omega$）なら制動時は$V > R\omega$、駆動時は$R\omega > V$の関係になります。駆動時と制動時に分けて次の式によって定義します。

制動時：$(V - R\omega) \div V$

駆動時：$(R\omega - V) \div R\omega$

ここで、V：車速

R：タイヤ半径

ω：タイヤ回転角速度

駆動時の摩擦係数は、スリップ比の増加の初期に急増し、おおよそ0.1〜0.3程度で最大値になり、それ以上では漸減します。路面との摩擦を適切に保つためには、大きな駆動、制動力が必要な場合においても、スリップ比を最適に保つことが重要になります。

(4) タイヤの摩擦円理論

車両は、4輪のタイヤと路面間の摩擦力によって、「走る・曲がる・止まる」という運動を行っています。車両が加減速を伴いながら旋回する場合、図4.14に示すようにタイヤは加減速のためのタイヤ進行方向の力（以下、駆動力と表記）Dと、旋回のためのタイヤ進行方向に垂直な力（以下、コーナリング・フォースと表記）Cとを、タイヤと路面間との摩擦力で同時に受け持つ必要があります。

タイヤの摩擦円理論というのは、一言でいえばタイヤのグリップを理論的に説明しているもので、雨の日は晴れの日に比べるとクルマが滑りやすくなります。グリップがきいていない状態とも言います。

マンホールの上や雪の日は恐る恐る走っても、グリップがほとんどきかない状態ですのですぐに滑ってしまいます。

グリップという言葉を分かりやすく言えば、「滑りにくさ」と表現でき、グリップ力の成分は大きく分けて二つあります。

1つ目はアクセルを踏んで進んだりブレーキを踏んで停止する場合に発生する縦方向の成分の力です。

2つ目はハンドルを左右に切る事で発生する横方向の成分の力です。

タイヤと路面間の最大摩擦係数μ、タイヤの垂直荷重をF_zとすると、タイヤで発生する最大摩擦力F_fは次の式で表されます。このF_fが上で説明したグリップ力になります。

$$F_f = \mu F_z$$

タイヤは路面との接触中心点から任意の方向に、最大摩擦力の範囲内で合力を伝達できると仮定したのが図4.14に示すタイヤ摩擦円モデルです。このモデルではタイヤの最大摩擦力が円の半

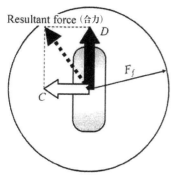

図4.14　タイヤ摩擦円モデル

径として表され、これをタイヤの摩擦円半径と呼びます。摩擦円半径(グリップ力)と駆動力D、コーナリング・フォースCとの間には次の式が成り立ちます。

$$F_f^2 \geqq D^2+C^2$$

次に雪の日の摩擦円は図4.15に示すグリップ力をご覧下さい。この円の大きさはタイヤの限界グリップ力のイメージを示しています。μが小さくなるのでF_fも小さくなり円が小さくなります。

晴れの日には可能だった限界操作が、雪の道路ではタイヤのグリップ限界値に達してしまうため、慎重な操作が必要になります。

この摩擦円(タイヤのグリップ限界値)の大きさは路面状況によって変化します(外側の晴天時の黒い点)。最大は晴れの日で路面温度が高い日で、最悪なのが雪の日や凍結路面です。

また、タイヤの性能次第でこの摩擦円の大きさは変わってきます。例えばサーキット走行などでも使用できるハイグリップタイヤは比較的大きな摩擦円になりますし、とにかく安さを売りにしたタイヤは言うまでも無く摩擦円が小さくなります。

さらに、タイヤの幅によっても摩擦円は変わってきます。

移動体の用途をよく考え、アクセルを踏んでいる量やブレーキの強さに応じてハンドル操作の限

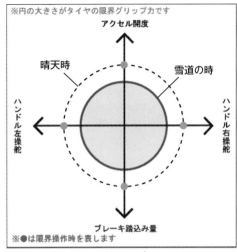

図4.15 グリップ力の限界

界がかわるなどパターンを考えながら、必要に応じたタイヤを選定する事が重要な要素になります。

4.2.10 PIUSのタイヤにみるSCE

(1) PIUSに使用しているタイヤの概要

PIUSの標準タイヤの構造はバイアス、タイプはチューブレスです。

タイヤのサイズは3.00-10 42Jで、タイヤ幅が3インチ、ホイールリム径が10インチということです。

タイヤはチューブレスタイプですが、ホイール構造によりチューブを併用しており、空気圧は

以下は、PIUSのタイヤホイールサプライヤーの見解です。

PIUSにご採用頂いておりますタイヤはバイク用タイヤです。このカテゴリーのエコタイヤ(転がり抵抗を小さくして燃費改善をめざすタイヤ)は各社に存在しておりません。また、現行品タイヤメーカー(台湾:DURO社)は当該タイヤに対し、環境に対するメリットは謳っておりません。バイク用タイヤは路面とのグリップ力を高めるために、エコタイヤと言う概念はあまり求められていないのが現状です。なぜかと言うと、グリップ力(路面に対しての粘着力)とエコ(転がり抵抗低減)は基本的には相反関係にある為です。グリップ力が高いタイヤは路面との摩擦抵抗を高くし、グリップ力を大きくしています。転がり抵抗低減タイヤは路面との摩擦抵抗を低くし、転がり抵抗低減をはかっています。二輪車の場合は四輪車に比べ安全面に一定以上のグリップ力が求められている為、エコに対して各社においては開発があまり進んでいないのが現状だと思われます。しかし住友ゴム工業は約3年前に業界初のバイク用エコタイヤの販売(125cc以上のバイク)を開始しました(採用タイヤは50cc用)。これは近年のエコ傾向に対し、自社の技術力を広める為だと思われます。

写真4.9　PIUSのタイヤ

200kPaに指定されています。

(2) PIUSのタイヤの負荷能力について

「タイヤサイズ　3.00-10　42J」という表記の中の「42」が負荷能力（ロードインデックス）を示す指数です。また、負荷能力はタイヤ空気圧によっても変化します。

日本タイヤ協会規格（JATMA）では、タイヤサイズ　3.00-10　42J、空気圧200kPaの場合の負荷能力は、125kgfとされています。これは、PIUSにおける1名乗車時1輪最大荷重よりも大きく設定されています。

グリップ力とエコ、これはコラムに示したように、相反関係にある為、各社の開発力が試される場となっており、非常に高度な技術力が求められております。

以上の内容からタイヤもSCEにより検討された要素が盛り込まれ生産されている事が判ります。

教材のオプションであるAdvanceキットでは、タイヤの径の違いによる走行性能の違いについて学ぶために径の大きなホイール＆タイヤを取り揃え体験できるようにしています（写真4.9）。

4.3 ホイール

4.3.1 ホイールの持つ役割

ホイールとは、モータからデファンシャルギヤを経て、動力が地面に接しているタイヤに伝わるまでのタイヤと動力を伝達する中間にあるパーツの一つです。タイヤとホイールは一体となり、車両は走行できます。

ホイールはタイヤと同様に機能性の向上と同時に、車両のエクステリア（外装）のドレスアップツールとして、Safety（安全性）、Comfort（快適性）の両面を考慮されています。

4.3.2 ホイールに求められる特性

① 強度……車両のSafety（安全性）を求められる主力コンポーネントの一つとして、耐衝撃性、耐疲労性に優れた性能を有していなければなりません。亀裂が入ったり曲がったりしてしまうととても危険です。

② 精度……車両のSafety（安全性）を求められることから、精密に仕上げられている事が大前提です。

③ 意匠……運転者や同乗者のComfort（快適性）を備え、車両のドレスアップを意識したファッション性に優れたものでなければなりません。

④ 重量……Safety（安全性）、Comfort（快適性）を満たし、強度を満たした上での軽量化をする。例としてアルミホイールはこのような観点により開発されました。

スチールホイールは硬くて丈夫につくられています。しかし、最近はアルミホイールを装着している自動車が増えてきています。それは、自動車のタイヤ・ホイール・足回りをさすばね下重量（走行中に常に動いている部分）がEnvironment（環境）の面で重要視されているからです。

ばね下重量の軽減には自動車の運動性能向上や燃費向上に大きな効果があり、ばね下重量を1kg軽減することにより、車両重量を約15kg軽減したことと同等の効果といわれており、ホイール1本あたり1kgの軽量化をすると、4本分で約60kg、成人1人を降ろした事と同じ効果が表れることから、各自動車メーカーもアルミホイール装着率が上がって当然だということです。

4.3.3 ホイールの構造について

ホイールにはリムがついており、その形状は写

　　フォーミュラータイプ（凹）　　リバースタイプ
写真4.10　ホイール構造

　写真4.10に示すようにフォーミュラータイプとリバースタイプの2種類があります。

　フォーミュラータイプは純正や写真4.11の1ピースによく見るタイプで、リバースタイプは、写真4.12の2ピース、写真4.13の3ピースによく見るタイプです。

　フォーミュラータイプの場合、横から見ると表側寄りにリム部分のドロップと呼ばれる凹み（タイヤを組み付けるために必要な構造）があります。このドロップが裏側寄りにあるホイールがリバースタイプです。

4.3.4　アルミホイールの構造

　アルミホイールの構造には、1ピース、2ピース、3ピースの3種類があります。

　1ピース構造とはリム部分とディスク部分が一体になっており、スポーツホイールに多い構造で、鋳造後、加工し仕上げる為、精度が高く軽量に作る事ができます。

写真4.11　1ピース構造

　2ピース構造とはリム部分とディスク部分を溶接して一体とする構造で、オフセットの自由度が高く、ディスク部分のデザインも自由度が高く、近年は主流となっています。

写真4.12　2ピース構造

　3ピース構造とは表側リム部分・裏側リム部分・ディスクをピアスボルトで固定して組み立てる構造です。

　デザインの自由度は一番高く、ファッション性を追求したホイールに多く採用されています。

写真4.13　3ピース構造

4.3.5　サイズの読み方について

　ホイールサイズの読み方と各部の名称は図4.16のとおりです。

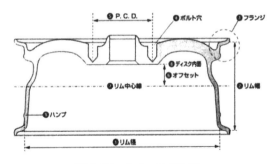

図4.16　ホイール断面図

　次にホイールサイズの表示例について説明します。

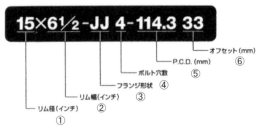

図 4.17　ホイールサイズの表示例

① リム径（mm）

同一インチのタイヤを組み込み出来ます。表記はインチで 1 インチ 25.4 mm となります。

② リム幅（mm）

規定された適用幅のタイヤを組み込む事ができます。小数点以下は 1/2 と表示されている場合、0.5 インチを意味します。

③ フランジ形状

J、JJ、B 等が規格で規定されています。リム幅を何 J と表示されているのは何インチの J フランジ形状ということです。

④ ボルト穴数（Hole 数）

3 穴、4 穴、5 穴、6 穴、8 穴 etc

⑤ P.C.D（mm） Pitch Circle Diameter

ボルト穴ピッチ円直径のことです。
100、112、114.3、120、139.7 etc

⑥ オフセット（mm）

ホイールリムの中心線とディスク取付面の距離でセンターより外側が＋、内側が－となります（図 4.18 参照）。

4.3.6　ホイールを取り付けるハブについて

車体側のホイール取付面にはハブと呼ばれている箇所があります（図 4.19）。

図 4.19　一般的なハブ

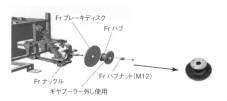

図 4.20　PIUS に採用されているハブ

ホイールのハブ穴と車体側のハブを噛合わせてホイールとハブの中心を高い精度で合わせられるホイールやそのようなホイールとハブの組み合わせのことをハブセントリックと言います。

PIUS のハブについては図 4.20 に表されている様にディスクブレーキとハブを組み合わせナックルにハブナットにより固定されています。

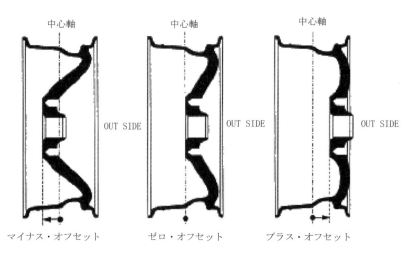

図 4.18　オフセット

4.4 ブレーキ

ブレーキは走行を停止させる機構でSafety（安全性）を考慮して作られています。

ブレーキの構造にはディスク式とドラム式の2つがあり、求められる性能は操作性がよく、Comfortも考慮され、ドライバーの信頼性があり、耐久性に優れ、ばね下重量の増加を考慮し軽量でコンパクトであること（軽量化）、更にコスト面においても要求を満たす必要があります。

次にその構造について説明していきましょう。

4.4.1 ディスクブレーキ

図4.21には、ディスクブレーキの例を示します。

制動装置の一種であり、自動車の他、航空機、オートバイ、自転車、鉄道車両等に使用されています。

構造は車輪とともに回転するブレーキディスク（金属の円盤）を、ブレーキキャリパーに内蔵されたブレーキパッドを油圧（ブレーキフルード）で両側から挟み込むことによって制動します。一般的に円盤はディスクローターとも言い、挟み込む機構はブレーキキャリパーと称されます。

特徴としてはディスクブレーキの長所は、主要構造が外部に露出していることから通風が良く、ローター自体の放熱性が良好であるため、ドラムブレーキに比べてフェード現象（ブレーキが効きにくくなる）が起こりにくい点です。

またディスクローターに水が付着した場合でも、ローターの回転で水を弾き飛ばしてしまうためウォーターフェード現象（水の介在で摩擦係数が大幅に低下する現象）が起こりにくいこと、摩耗粉がたまりにくく、開放状態でローターとパッド間の隙間が少なく制動初期からロックまでコントロールしやすく（いわゆるカックンブレーキにならない）安定した制動力が得られる等の点があげられます。

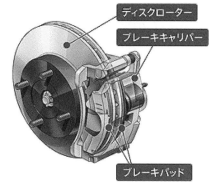

図4.21　ディスクブレーキ

4.4.2 ドラムブレーキ

図4.22に、ドラムブレーキの例を示します。ドラムブレーキとは、自動車の他オートバイ等に使われるブレーキ方式の一種で、車輪と一緒に回転する円筒形ドラムの内側面、外側面にブレーキシューを押し付け、制動力を得るものです。それぞれを内拡式ドラムブレーキ、外部収縮式ドラムブレーキと呼びます。内拡式はホイールの内部に装着するのに適し、ブレーキシューの作動方式により、リーディングトレーリング式、ツーリーディングシュー（2L）式、およびデュオサーボ式などの種類があります。種類ごとに効きの指標である制動内部効力係数が異なるので、前後軸の適切な制動力配分を得るように種類を選択できます。ハイドロリックブレーキとエアブレーキのいずれにも使用できるので、乗用車、トラック、バスに広く採用されています。ハイドロリックブレーキとは、操作ペダルと車輪の間を油圧で結んだものです。ドライバーがペダルを踏み込むと油圧によりブレーキがかかり車両を停止させます。一方エアブレーキは、圧縮空気でブレーキシリンダーを動かし車両を停止させる構造です。外部収縮式はプロペラシャフトに作動し、駐車ブレーキに使用します。

ドラムブレーキはディスクブレーキと異なり、エンジン吸気負圧や油圧による倍力装置などに頼らずとも構造上、自己倍力作用を持ち、強い制動力を発揮します。この利点を生かし、大型のトラック・バスの主ブレーキとして採用されています。

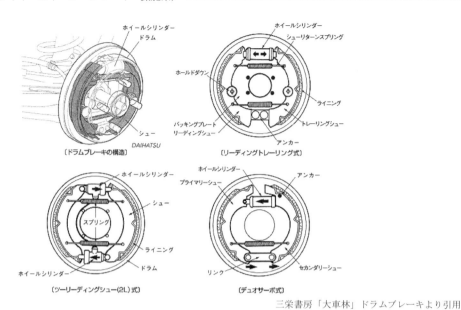

図4.22 ドラムブレーキの種類と構造（矢印はブレーキシューの動作方向）

また、コスト面で見るとディスクブレーキに対し低コストで製造できるうえ、ディスクブレーキよりも小型・軽量にできるため、乗用車では後輪用ブレーキとして多く採用されています。

乾燥路面での制動性能に優れる反面、短所としてブレーキ内部に水分が入った場合の回復の遅さや、放熱性が悪くディスクブレーキよりフェード現象が起きやすいなどの点があります。

放熱性に関しては、ドラムをアルミ製にしたり、放熱フィンを設ける（アルフィン式ドラム）などでの対策である程度は改善できます。ドラムとシューのクリアランス（隙間）を一定に保つ自動隙間調整機構がついていない車種の場合、シューの磨耗により隙間が大きくなると、シューの食い込み量が大きくなるため、初期制動力の立ち上がりが急激となり、素早い操作が難しくなります。このような症状のことを、「カックンブレーキ」という俗語で呼ぶことがあります。液圧式の場合、本格的な制動の前に、ブレーキペダルを極浅く、1－2回踏み込む（ダフる）ことで、それぞれの車輪のブレーキシューの隙間のばらつきを無くすことができ、「片効き」や、「カックン」を防ぐことができます。

4.4.3 制動性能（ブレーキ）の設計

ブレーキの設計を行う時は実際の制動動作を考えなければなりません。図4.23をご覧下さい。ドライバーが対象物を認知して、ブレーキを踏み込み車両が停止するまでを停止距離といい、ドライバーが対象物を認知してからブレーキを踏み込むまでの距離を空走距離、ブレーキが利き始めてから停止するまでの距離を制動距離といいます。

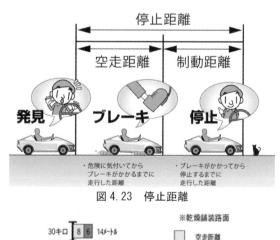

図4.23 停止距離

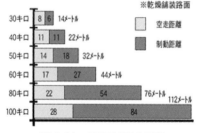

図4.24 速度別停止距離

また、車両の走行スピードによって、停止距離は図4.24の通り変化します。車両の停止距離はドライバーの認知度、判断特性等がそれぞれ違う事からはじまり、着座姿勢からくる視認性、ブレーキペダルの位置、操作性ではペダルを踏み込む時重かったり、軽かったりブレーキの操作性が関係してきます。

次に具体的なブレーキの設計では、各車輪を同時にロックさせるためのブレーキ配分、ブレーキ減速度、目標とした制動距離等を実現するためのブレーキ容量を概算でもとめていきます。

(1) ブレーキ減速度と停止距離

ブレーキを設計する時、サスペンションの変位によるタイヤの接地性がブレーキの制動性能に深く影響を及ぼすことを考え設計を進めます。

平坦路における急ブレーキ時の減速度は次の式で求められます。

(自動車アセスメントのブレーキ試験による考察)

$$F = ma$$

$$t = \frac{V_0}{a}$$

$$S = V_0 t - \frac{1}{2}at^2$$

$$= V_0 \frac{V_0}{a} - \frac{1}{2}a\left(\frac{V_0}{a}\right)^2$$

$$= \frac{V_0^2}{2a}$$

F：ブレーキ力（N）
m：自動車の質量（kg）
a：加速度（減速度）（m/s²）
V_0：初速度（m/s）
t：制動時間（s）
S：制動距離（m）

ブレーキ試験では、初速度と制動距離が既知であることから

$$a = \frac{V_0^2}{2S}$$

により、平坦路における減速度を計算で出す事ができます。表4.3にその例を示します。

表4.3 平坦路における減速度の例

車種	初速度 (km/h)	初速度 (m/s)	制動距離 (m)	減速度 (m/s²)	減速度 (G)
マツダ RX-8	100	27.78	38.6	9.99	1.020
日産 スカイライン	100	27.78	42.8	9.01	0.920
ホンダ エディックス	100	27.78	40.7	9.48	0.967
三菱 デリカ	100	27.78	42.8	9.01	0.920

(2) 路面状況を考慮した制動距離の求め方

摩擦係数と減速度の関係は$a = \mu g$となることから、必要なブレーキ力は次の式で表されます。

$$F = ma = \mu mg$$

μ：路面状況による摩擦係数
g：重力加速度 9.81（m/s²）

ここで、

$$a = \frac{V_0^2}{2S}$$

により、路面状況による制動距離は次の式で求められます。

$$S = \frac{V_0^2}{2\mu g}$$

次に路面状況によるタイヤの摩擦係数の値を表4.4に示します。

なお、各路面状況によるタイヤの状況は良好なタイヤを想定しています。

表4.4 路面状況によるタイヤの摩擦係数 μ

「自動車事故工学」技術書院出版

路面状況	摩擦係数 μ
乾いたアスファルト or コンクリート	0.6～0.8
濡れたアスファルト	0.45～0.6
濡れたコンクリート	0.5
砂利道	0.55
乾いた未舗装道路	0.65
濡れた未舗装道路	0.4～0.5
固くなっている雪路	0.15

第4章 シャシ（タイヤ・ホイール・ブレーキ・操舵系）

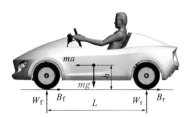

W_f：前輪動的荷重，　W_r：後輪動的荷重，　h：重心高，
L：ホイールベース，　B_f：前輪制動力，　B_r：後輪制動力

図 4.25　荷重と重心

(3) 制動力配分

　車両はフロント・リヤの左右に合わせて（合計）4輪あり、4輪それぞれに発生した力を合わせたものが車両の制動力となる。

　車両ではアクスルやブレーキ部品、車輪（タイヤ・ホイール）等、サスペンションより下部に配置されているコンポーネントの重量をバネ下荷重と呼び、サスペンションより上部に配置されているボディ（内外装）やエンジン等の内燃機関等の重量をバネ上荷重といいます。

　車両走行時では、バネ上荷重は車体の運動による荷重移動の影響を受けることから、操縦性、安定性を確保し、なおかつ最短でブレーキを制動させるには荷重移動を考えた設計が必要となります。

　荷重移動から制動力配分の基本的な考え方について、路面状況は平坦路を前提とし、サスペンション変位も限定し、前後2輪のPIUSを使用し車両の直進制動について説明していきます。

　車両には中心面を通る前後、上下方向の力のみが作用する（左右方向の力は考慮しない）と考え、図4.25にPIUSをモデルにした制動時の作用力を模式化しました。

　ボディの中に車両重心を記入し、そこに働く慣性力を記載する事で、ダランベールの原理（動力学の問題は静力学の問題に帰結できるという原理。動力学とは、加速度を持っている物体を記述する力学、静力学は加速度を持っていない物体、すなわち"釣り合いの状態"にある物体を記述する力学）により、制動運動時においても釣り合い状態にある事がいえます。

　仮にPIUSが一定した加速度aにより走行している時、前後の輪軸荷重（直進での検討により左右軸の荷重を合算したものを軸荷重とする）は次の式になります。

$$W_f = W_{f0} - ma \cdot \frac{h}{L}$$

$$W_r = W_{r0} + ma \cdot \frac{h}{L}$$

m：車両質量（kg）
W_f：前輪動的荷重（フロント荷重）(N)
W_r：後輪動的荷重（リヤ荷重）(N)
W_{f0}：前輪の静的荷重（停止時の荷重）(N)
W_{r0}：後輪の静的荷重（停止時の荷重）(N)
h：重心高（車両の重心の高さ）(m)
L：ホイールベース（m）

　以上の式から、車両重量が一定の時、重心の高さが高く、ホイールベースが短いほど荷重移動量は増加し、重心の高さが低く、ホイールベースが長いほど荷重移動は減少するといえます。

　ブレーキを均等に加える目的では、荷重移動量は出来る限り少なくする事が望ましく、仮に大きな荷重移動量が起こる車両では、増加した鉛直荷重（重力によって鉛直方向に作用する荷重）に見合う制動力を前輪から発生させれば制動力は満足するが、前後輪で発生可能な最大摩擦力が異なる事から、後輪で発生可能な制動力が低下し、制動時の方向安定性等を維持する事が難しくなります。

　また、前輪で大きな制動トルクを発生させることによりブレーキ性能を向上させる必要が求められ、より大きなブレーキ装置の干渉を防ぐために、一定以上のホイール径しか選択できなくなることから、制動により発生する荷重移動量を低減させる必要があります。

　次に各車軸動的荷重に対応して前後輪より制動力B_f、B_rが発生するが、ブレーキを踏み込み動作する際には、車輪がロックすると車両の操縦性と安定性に悪影響を与える事から、前後輪から発

4.4 ブレーキ

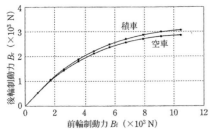

積車 $W_{f0}=8\,790$ N, $W_{r0}=6\,710$ N, $h=0.500$ m, $L=2.44$ m
空車 $W_{f0}=7\,690$ N, $W_{r0}=5\,610$ N, $h=0.505$ m, $L=2.44$ m

図4.26 理想制動力配分線（乗用車）

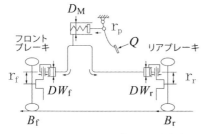

図4.27 PIUSブレーキ構造

生する制動力の比を適切に設定する必要があります。

小さい制動では、各車輪にロックを発生させないように各車輪に制動力を配分する事が望ましく、逆に表現すると物理的限界に達した時、全車輪が同時にロックすることが、理想的な制動力配分ということになります。

では、理想的な制動力配分を求めるには、前項で求めた動的荷重の割合で前後に制動力を配分する必要があります。

$B_f = \mu W_f$

$B_r = \mu W_r$

B_f：前輪制動力（N）
B_r：後輪制動力（N）
μ：スリップ比Sに対応するタイヤと路面間の摩擦係数

図4.26に理想制動力配分線の例を示します。

図4.27に示す通り、PIUSの油圧ブレーキ機構（倍力装置や液圧制御システムを搭載していないシンプル構造）の場合、ブレーキペダルのストロークにより、マスタシリンダへ伝達され、マスタシリンダのピストンを押します。マスタシリンダは内部構造が2分割されており、ピストンを押す事により内部に圧力上昇が起こり、その圧力は配管を介して4輪に取り付けられているブレーキキャリパー側のキャリパーシリンダに均一に伝達され、キャリパーシリンダはブレーキパッドを車輪と共に回転するブレーキディスクを挟み込み、パッドとディスク間において摩擦が生じ車輪に制動トルクが働き車両は停止します。

この一連の流れを計算式で表すと次の通りとなります。

$$B_f = \frac{Q \cdot r_p}{\pi \cdot D_M^2/4} \cdot \frac{\pi \cdot D_{wf}^2}{4} \cdot BEF_f \cdot \frac{r_f}{R_t} \cdot 2$$

$$B_r = \frac{Q \cdot r_p}{\pi \cdot D_M^2/4} \cdot \frac{\pi \cdot D_{wr}^2}{4} \cdot BEF_r \cdot \frac{r_r}{R_t} \cdot 2$$

Q：ブレーキ踏力
r_p：ペダル比
D_M：マスタシリンダ径
$D_{w\,(f\cdot r)}$：キャリパーシリンダ径
$r_{(f\cdot r)}$：パッド有効径
R_t：タイヤの有効径
$BEF_{(f\cdot r)}$：ブレーキ効力係数（ブレーキ装置の入力と出力の比）

PIUSに搭載されているディスクブレーキは、ブレーキ形式の中で摩擦係数に対してBEFの変化が少ない事から、リアルなフィーリングを実現する事が出来ると言われております。一般車両におけるディスクブレーキは、0.6～0.9付近の値を取っています。また、ペダル比r_pは一般の乗用車では3～7程度が標準的です。

基本的には前後制動力の配分比（B_f, B_r）はペダル踏力によらず一定値となる事から、高い減速度を発生しようとしてブレーキペダルを強く踏むことによってもその制動力配分比は固定のまま前後のブレーキが作用する事になります。

この他、ブレーキ制動力についての考え方は車両特性に合わせ考慮していく必要があり、詳しい記述は専門書等を研鑽し学ばれる事をお勧めします。

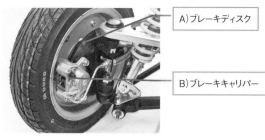

写真 4.14　PIUS フロント部分

(4) ブレーキコンポーネントの構成部品の選定

ここではブレーキ装置に使用されている構成部品について、具体的に選定する考え方について説明します。サイズや径については実動力配分に沿ってローター径、キャリパー方式、パットサイズ、材質などを決めていきます。

A) ブレーキディスク（ローター）

ブレーキディスクはその材質により温度依存性が変化する事から、最大摩擦力を発生させる時の温度状態などをチェックし選定します。この Safety の検討により、高温時にもきちんとブレーキがかかるようになります。

通常市販されているブレーキディスクの素材は鋳鉄品やアルミ合金が主な材料となっています。ただし、PIUS では鋼板を使用しています。

B) ブレーキキャリパー

ブレーキディスクに対してブレーキパッドでしめつける装置のことで、市販されているキャリパーは固定式とフローティング式等の形式があります。

キャリパーピストンは片押し式、対向式に分かれており、ピストン数は 1 〜 6（対向式）まで様々な種類があります。

ピストン数は多くなるほどひとつのピストン径を小さくできる事から、ディスクの外側にピストンの中心を配置できるようになりますが、キャリパーが大型化してしまう弊害もあります。必要な有効半径とホイールの内径を考え、形式それぞれに特徴を持っている事から、車両特性に合わせ選定します。

PIUS では固定・対向式を採用しており、固定式の取り付け部分については設計を独自に行い取り付けています。

C) ブレーキパッド

ブレーキパッドはその材質により初期制動時の摩擦や温度、対摩耗性等の耐久性が変わってきます。

ブレーキパッドは 10 〜 20 程度の複数の材料を成型した複合材料で出来ており、その成型方法により、樹脂による成型（レジンモールド材）、焼結材（粉体治金）の 2 種類に大別されます。

レジンモールド材は、主に骨格材料としてチタン酸カリウム（アスベスト代替素材）・金属繊維、コークス・グラファイト・金属硫化物等の潤滑材料、金属酸化物・鉱物・金属等の研削材、ダンピング材（ゴム類）、PH 調整剤（消石灰等のアルカリ性物質）、充填材（安価な粉体）等をフェノール樹脂等で焼き固めたものです。

普通乗用車、2 輪車等の軽負荷の用途では、樹脂を用いていることから、高温状態にて樹脂が分解し、フェード現象が起こりやすい特性があります。

焼結材では、銅系合金・アルミ系合金等の金属類、研削材、潤滑材を高温にて焼結させた合金の様なもので、温度依存性の低さ、効きの安定性、耐摩耗性から新幹線やレーシングカー等の特殊用途に採用されています。

PIUS におけるブレーキ設計では、ブレーキペダルの取付位置、取付方法について十分な強度を持たせて設計しています。強度不足に陥るとペダルの取付部分が変形してブレーキ操作に支障を来します。また、キャリパーの特性として片効きになり首振りになることから、十分な取付け強度を持たせて設計しています。

この他ブレーキ配管の取り回し、キャリパーの取付位置等においても走行時の破損や発熱する部品との取付位置の関係、車両条件を考慮して設計する必要があります。

本書では、「自動車開発・製作ガイド　学生フォーミュラーカーを題材として」自動車技術会

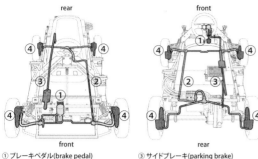

① ブレーキペダル(brake pedal)
② 油圧ブレーキ(hydraulic brake)
③ サイドブレーキ(parking brake)
④ ディスクブレーキ(disk brake)

図 4.28 PIUS にみるブレーキ構造

著を参考に基本的に必要だと思われるところを記載しています。

4.4.4 PIUS にみるブレーキ構造

PIUS が制動状態から停止するまでの構造を図 4.28 を用いて説明しましょう。

運転者が運転状態で、PIUS を停車させようと図 4.28 ①のブレーキペダルを踏み込みます。

その運動が油圧ブレーキ用のマスターシリンダー（写真 4.15）を押し込み、油圧が 4 輪均一にブレーキキャリパー（写真 4.16）に伝わり、④ディスクブレーキが制動して止まる構造で Safety（安全性）を担保するよう製作されています。

PIUS の場合は、油圧機構を用いて、3,696N の

写真 4.15 油圧ブレーキ用マスターシリンダー

写真 4.16 フロントブレーキキャリパー

力をブレーキシューに与え、乗員含め 300kg の重量物が車速 30km/h で走行している場合、1 秒以内で停止できる性能を持っています（章末の「ブレーキ力の計算」参照）。

この時、熱として 10,334J のエネルギーが消費されています。このエネルギーを回生制動として活用できると考えられますが、PIUS ではブレーキパッドを通じてすべて熱になって空中に放散する仕組みになっています。なお、このエネルギー評価のために、後述の章では温度計測記録の方法を示しています(章末の「ブレーキの熱エネルギー J（ジュール）の計算」参照)。

PIUS のディスクブレーキでは、ブレーキペダルから油圧管、ブレーキシューに至る系統の一部でも故障すると安全な停止はできないことから、構内実験を想定しているとはいえ、この性能の点検は重要であり、走行前点検を実施してから走行を開始する事が重要です（第 9 章走行前点検参照）。

4.4.5 パーキングブレーキ

パーキングブレーキ(英：parking brake)とは、
① 機械の動作や移動をとめるための手動式の制動機構。または、その機構で止める行為。
② 自動車のブレーキ機構のひとつ。駐車ブレーキとも表記されています。また、運転席の横にあるものは和製英語でサイドブレーキとも呼ばれています。

英語では、通常のブレーキが効かない場合に非常用として使われるためエマージェンシーブレーキ（emergency brake）とも、また手で操作する物はハンドブレーキ（hand brake）とも呼ばれています。
③ いずれも止めるための仕組みは摩擦ブレーキで、多くの場合、動作はてこ、ねじ、カムなどによって倍力されます。また、操作の伝達もロッドやケーブル、歯車やチェーンによる機械式となっています（写真 4.19）。
④ PIUS では運転席のサイドに設置されてい

写真4.17　PIUSのサイドブレーキ

写真4.18　PIUSのギヤボックス横のブレーキ部

写真4.19　PIUSのサイド摩擦ブレーキの構造

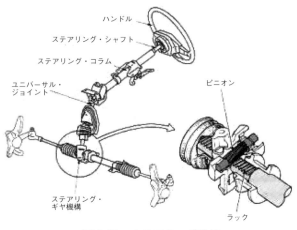

図4.29　ステアリング機構
（ラック・アンド・ピニオン式）

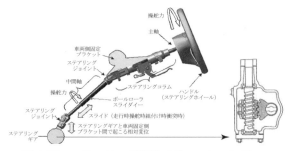

図4.30　ステアリング機構（ボールナット式）

出典：日本精工株式会社　https://www.jp.nsk.com

ることからサイドブレーキと呼んでおり、摩擦ブレーキの構造でギヤボックスの横についており、操作の伝達方法はワイヤを使用しています（写真4.17および4.18）。

4.5　操舵系

4.5.1　操舵系のメカニズム

ステアリングは、走行中にクルマの向きを変えるための重要なシステムでSafetyの面による確実な動作はもちろんですが、復元力や遊びのマンマシンインターフェースも大事な要素です。

ステアリングの構造は大きく分けてラック・アンド・ピニオン式とボールナット式の2種類に分かれており、それぞれについて説明していきましょう。

(1)　ラック・アンド・ピニオン式

ステアリングシャフトの先端にピニオンギヤを取り付け、それをシャフトに刻まれたラック（歯）と噛み合わせることでピニオンギヤの動きを横方向に変換しステアリングの操作をホイールに伝達します。構造自体が簡単なため、軽量なシステムを作り出すことが可能です。また、ステアリング操作時の剛性が高く、応答性にも優れているため、スポーツモデルなどにも積極的に採用されています（図4.29）。

ラック・アンド・ピニオン（rack and pinion）とは歯車の一種で、回転力を直線の動きに変換する。ピニオンとよばれる小口径の円形歯車と、平板状の棒に歯切りをした（歯がつけられた）ラックを組み合わせたもの。ピニオンに回転力を加えると、ラックが歯すじ設定された末端まで水平方向に動く構造のことを言います。

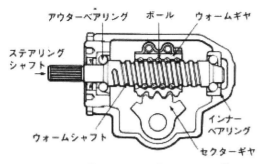

図 4.31 ボールナット式ステアリング
出典:三栄書房「大車林」ボールスクリュー式ステアリング

図 4.32 ステアリングジョイント
出典:GMB 株式会社 http://www.gmb.jp

(2) ボールナット式

もうひとつは、ボールナット式と呼ばれるシステムです。これは、ラック・アンド・ピニオン式と比べるとパーツ数が多く、構造が複雑になるデメリットがあります。しかし、動作がスムーズで、かつステアリングのギヤ比を大きくできるというメリットがあるため、大きな操作力を必要とするトラックなどのステアリング形式に適しています(図 4.30、図 4.31)。

(3) パワーステアリング

一般車両では近年、パワーステアリング機構(power steering、略称パワステともいう)という自動車の運転時、運転者の操舵を補助する機構で、この機構により、運転者は軽い力で操舵することが出来るシステムが搭載されています。市販車両(社用車用の法人向けモデルや最廉価グレード以外)にはほとんど装備されており、装備されていない車を、対比的にノンパワまたは重ステ(おもステ)と呼ぶことがあります。

パワステは油圧式と電動式の 2 種類に大別されます。油圧式は、エンジンの出力を利用してポンプを作動させ油圧を取り出し、その油圧により操舵力を補助する方式で、ラック・アンド・ピニオン式とボールナット式に大別されています。機構上、エンジン停止中は全く機能しません。

一方の電動式はモータ等を使用し電気由来の力で操舵を補助する方式です。単に電動式といったときは、モータの回転で直接に補助する方式を指すことが多く、モータの力により発生させた油圧で補助する電動油圧式のものもあります。パワーステアリングの採用は SCE の Safety(安全性)、Comfort(快適性)に加え、エンジン出力を直接に利用するわけではない事から Environment(環境)面では、1997 年の京都議定書議定後省 CO_2 削減の観点より注目され、急激に普及が進みました。2010 年代以降は大型高級車においても日本車・輸入車問わず純粋な電動式が主流として採用され、モータによりアシストを行う場所の違いによりコラムアシスト型、ピニオンアシスト型、ラックアシスト型などの形式に大別され、ラック・アンド・ピニオン式の補助機能として装備されています。コラムアシスト型では、大きな力は出すことができないが小型車に向いた構造で、ピニオンアシスト型はコラムアシスト型よりも比較的大きな力をアシストするのに向いており、ラックを直接アシストするラックアシスト型は大きな力をアシストすることができるため大型車に向いているといわれています。

(4) 部品解説

ステアリングコラム(steering column)

自動車のハンドル軸のこと。最近は衝突時にドライバーの胸を打たないよう、コラプシブル(=衝撃により途中でつぶれる)になっている。

ステアリングホイールとはハンドルのことを言います。

ステアリングジョイント(図 4.32)とは限られたスペース内においても駆動軸と従動軸をフレキシブルに連結することができ、スムーズなトル

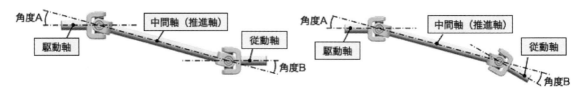

図4.33　同一作動角となるように配置

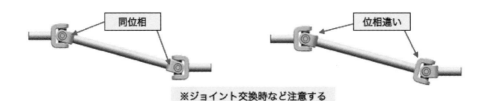

※ジョイント交換時など注意する

図4.34　同位相となるように設置

出典：GMB株式会社　http://www.gmb.jp

ク伝達が可能になります。

　一般的には1本のシャフトでステアリングジョイントは2個1対で使用されます。組付けに際して、駆動軸と従動軸とを等速にするため、①同一作動角、②同一平面内、③同位相になるような配置にすることが重要です。

シャフト組付の基本事項〜等速回転条件

- 同一作動角：屈折角度A及びBは同一角度となるように配置する（図4.33）
- 同一平面内：駆動軸、中間軸（推進軸）、従動軸は同一平面上に配置する
- 同位相：駆動軸と従動軸のヨークは同方向で、同一直線上に設置する（図4.34）

　ステアリングジョイントはヨーク形状・材質(剛性)・寸法によって組付け後の性能が変化します。

4.5.2　PIUSのステアリング機構

　PIUSのステアリング機構はラック・アンド・ピニオン式を採用しています。図4.35をご覧ください。

　ステアリングホイール①を回します。

　ステアリングシャフト②（ステアリングコラム）にトルクが加わります。

　ギヤボックス③内のピニオンが回り、ステアリングタイロッド④を経てタイヤの向きを変え進行方向を変えます。

　ステアリング機構部分を拡大すると図4.36になります。ステアリングホイール1をまわすとステアリングシャフト2が回り、その先にあるピニオン3が回転し、ラックの横方向の動きに変える。ラック両端にはタイロッド5があり、ホイールを左右に動かす構造になっています。

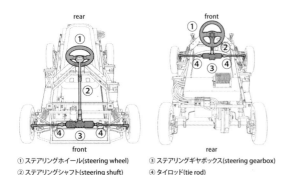

① ステアリングホイール(steering wheel)　③ ステアリングギヤボックス(steering gearbox)
② ステアリングシャフト(steering shuft)　④ タイロッド(tie rod)

図4.35　PIUSにみるステアリング機構

図4.36　PIUSのステアリング機構

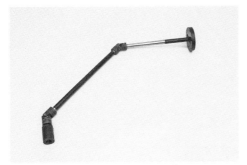

図 4.37 PIUS のステアリングシャフト

図 4.38 PIUS のラック・アンド・ピニオン式ステアリングシャフト

図 4.39 ラック・アンド・ピニオンカットモデル

図 4.40 PIUS の Fr ナックル

PIUS に使用されているステアリング部品はステアリングの動きを伝達するステアリングシャフトが図 4.37 に示したものです。このステアリングシャフトと結合されているラック・アンド・ピニオン式ステアリングシャフトを図 4.38 に示しています。

このラック・アンド・ピニオン式ステアリングギヤを拡大したものが図 4.39 に示したステアリングカットモデルで実際に PIUS に使用されているものを理解しやすいようギヤ部分を見えるようカットしたもので、実際に触れて体験してみましょう。

ラック・アンド・ピニオン式ステアリングギヤの先にはタイロッドという部品が組み付けられており、そのタイロッドが図 4.40 のナックルを経てハブ〜タイヤへと回転を伝達する構造になっています。

4.6 課題

本章で学んだ知識を再確認する目的で、以下の課題に取り組んでください。なお、説明を求める課題は、1 課題について 400 文字以上 800 文字以下にまとめ、適宜、図を使ってください。

1．タイヤの 4 つの機能とは何か述べ、それぞれの機能に関係する用語を 2 つ説明しなさい。

2．タイヤの運動性能に関する用語を 3 つあげなさい。その 3 つに含まれる特性用語を 1 つ選び、説明しなさい。

3．PIUS のタイヤのもつ特性を 3 つ上げて、説明しなさい。

4．ホイールに求められる特性を 3 つあげ、それぞれの特徴を述べなさい。

5．ホイールのサイズを示す用語を 3 つあげ、どのようなものか説明しなさい。

6．ブレーキの種類を 2 つあげ、それぞれの特徴を説明しなさい。

7．操舵系（ステアリング）の主要部品を 3 つあげ、それぞれの機能について説明しなさい。

ブレーキ力の計算

ブレーキ力は、主に以下の4点によって決まります。
1. ブレーキペダルを踏む力
2. ペダルとマスターシリンダのレバー比
3. マスターシリンダの受圧面積
4. ブレーキキャリパーの受圧面積

1. ブレーキペダル踏力：Q
   仮に490N（50kgf）とします。

2. ブレーキペダルのレバー比：r_p

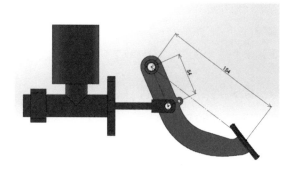

レバー比とは、
　回転軸からペダル踏面中央までの距離：154mm
　回転軸からマスターシリンダロッド連結点までの距離：54mm
上記2つの距離の比のことであり、54/154 = 0.35となります。

3. マスターシリンダの受圧面積：A1
   マスターシリンダのピストン径：19.05mm より
   面積は　$(19.05/2)^2 \times 3.14 = 298.5 \text{mm}^2$

4. ブレーキキャリパーの受圧面積：A2
   ブレーキキャリパのピストン径：32mm より
   面積は　$(16/2)^2 \times 3.14 = 803.8 \text{mm}^2$

ブレーキシューに与えられる力は、$(Q/r_p) \times (A2/A1)$ という式で表されます。
　$(490/0.35) \times (803.8/298.5) = 3770 \text{N}$

ブレーキの熱エネルギーJ（ジュール）の計算

時速30kmで走るPIUSが、ブレーキをかけて停止するまでに発生する熱エネルギーを求めます。

ブレーキは、走行している車両を減速または停止させる装置ですが、言い換えれば、車両が持っている運動エネルギーを熱エネルギーに変換する装置、と言う事もできます。

まず、時速：V = 30km/h（8.3m/s）で走る車両重量：M = 2940N（300kgf）のPIUSの運動エネルギー：Eは、
　$E = MV^2/2$ （kg・m²/s²）で表され、
　$E = 300 \times 8.3^2/2 = 10333.5 \text{J}$　となります。

このとき、PIUSの運動エネルギーが、ブレーキによりすべて熱エネルギーに変わったと考えると、運動エネルギー＝熱エネルギーであり、
　熱エネルギーは10333.5J　となります。

但し、実際には、車両が持っている運動エネルギーは、ブレーキの熱エネルギーに全て変換されるのではなく、車両の転がり抵抗（タイヤと路面との摩擦による抵抗）や空気抵抗などによって運動エネルギーにも変換されるので、ブレーキの熱エネルギーとして変換されるエネルギー量は、運動エネルギー全体の量よりも小さくなります。

第5章 ボディ

本章で学ぶ内容

私たちが自動車を開発、設計する際、重要な構成要素となるのがボディと、そのデザイン（意匠）です。ボディはその構成する要素が広範囲にわたるため、本章では図5.1に示す要素に焦点をしぼり、ボディタイプの紹介と、構造、デザイン（意匠）にわたるSCEの考え方を学びます。

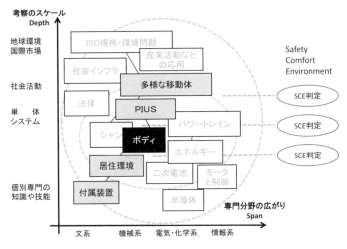

図5.1 本章で学ぶ開発技術の概要

5.1 ボディ

1）ボディの歴史

ボディ（車体）は自動車の形態と機能に大きく影響する重要な部品であり、ボディを構成する要素は広範囲におよびます。具体的には自動車の要となる「走る、曲がる、止まる」要素を搭載するプラットフォーム（シャシ、フレームを含む）以外のことを指します。

かつて自動車がまだ存在していなかった時代、人々の移動手段は馬車でした。馬車は、車両を製造するメーカーの他、走るために必要な構造を備えたプラットフォーム部分をシャシメーカーが、居住空間を示すボディをボディメーカー（コーチビルダー）が製造していました。その名残から、自動車が登場した当時も、エンジンや駆動系統、シャシを製造するシャシメーカーと、ボディを製作するボディメーカーとが存在しました。自動車はシャシメーカーが製造したシャシに対して、ボディメーカーにボディの製作を依頼することが一般的でした。このような製造方法は1940年代まで続きました。主なシャシメーカーはダイムラー、プジョー、フォード、フェラーリ、マセラティ、アルファロメオ、ランチアなどです。ボディメーカーはフォゼリエ、カルマン、ピニンファリーナ、ベルトーネ、ザガートなどがその例で別名カロッツェリアとも呼ばれています。1940年以降、シャシメーカーは自社でボディ設計を行うようになりました。先に述べたシャシメーカー名からも現在あるいくつかの自動車メーカーの前身はシャシメーカーであったことがわかります。この流れは、シャシとボディが一体となったモノコックボディ（後述）が開発され、ボディ構造の主流となったことが要因のひとつとなっています。

付記　プラットフォームについて

自動車メーカーは多くの種類の自動車を販売して

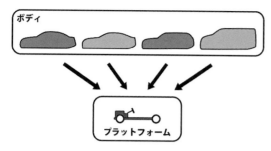

図 5.2　ボディとプラットフォーム

表 5.1　ボディの機能

機能	主な設計上のポイント
安全で快適な居住スペース	クラッシャブルボディ 乗員保護システム（エアバッグ含む） 室内衝撃保護システム 広い視界 広い居室・荷室スペース 操作性・乗降性（人間工学的配慮） 空調・換気効率 高剛性ボディ 遮音・制震
エンジン等のユニットの搭載	軽量化 リサイクル・リユース・リデュース 取付け部剛性・強度 遮音・制震 耐熱・冷却性 整備性・修理性
美しいスタイリングの具現化	部品配置（レイアウト） 車体及び部品精度 部品取付け構造 シーリング構造 成型性 塗装

います。現在、各社とも所有しているプラットフォームは数種であり、1 台のプラットフォームに複数のボディを載せ替えることで、車種を増やしています（図 5.2）。このような手法は 1970 年代にフォードが開発したフォックス・プラットフォームが始まりと言われています。複数の車種を 1 台のプラットフォームで共有化することによって、共通部品を増やし設計工数、コストを削減させながら、ユーザーのニーズの多様化に対応しています。日産自動車とルノーは、より効率的でニーズの多様化に対応するため、プラットフォームをさらにコックピット部、エンジン部などいくつかのモジュール単位で構成する「CMF（コモン・モジュール・ファミリー）」を共同で開発し、2013 年には量産車に採用されています。これにより、コスト削減の向上と、より細かな自動車の性格付けを可能にし、ユーザーのニーズに対応しています。

2）ボディの機能

ボディの機能は大別すると三つに分けられます（表 5.1）。

①安全で快適な居住スペース

乗員の乗るキャビンは、快適で静粛であると同時に、運転という操作をする上で機能的であることが重要です。加えて、快適な空間を演出するインテリアデザインも美しいことが大切です。また、万一の衝突に際しては、ボディが変形して、衝撃時のエネルギーを効率的に吸収することと、堅牢なキャビン構造で、乗員への衝撃を最小限にすることが重要です。

②エンジン等のユニットの搭載

エンジンの駆動力を路面へ正確に伝達し、路面からの反力を受ける強度と剛性が必要となります。その反面、部品からの振動や音をキャビンに伝えない静粛性が保たれている設計となっていることも重要です。このほか、燃料の供給や冷却のためのシステム構成も考慮されていることが重要です。

③美しいスタイリングの具現化

ボディはスタイリングと切り離して考えることはできません。スタイリングは消費者の購入意欲を刺激する重要な要素だからです。そのため、エンジンレイアウトや車体構造の制約、また乗降性やキャビン空間の確保など乗員の快適性を保ちながらいかに、美しくまとめるかということが重要です。

3）ボディ形状（車型）の分類と特徴

自動車が、人や荷物を運ぶ動力を「生物に頼らない車」として誕生し、普及してから、自動車は移動する乗り物としてだけではなく、人々の生活に密着し、また人々の生活を豊かにし、彩るモノへと発展してい

きました。中でも、車型はユーザーの用途、ニーズによってさまざまなタイプが発生しました。ひとつのタイプをとっても、さらにその中で一般大衆車や、高級車など、多くの種類が存在し、ユーザーのあらゆるニーズに応えています。ボディ形状の名称は時代とともに遷移し、国によっても異なり、多様化した現在においてはすべてを正確に分類することは困難となっています。ここでは、ISO（ISO 3833-1977）JIS（JIS D 0101-1982）による分類を基本に、代表的なボディ形状を紹介します（表5.2）。自動車の外装には、その形状と、外装パネルの他、灯火類が備わっています。夜間走行時の前方を照らすためだけでなく、相手に存在を知らせるためなど、いくつかの種類があり、それらはすべて道路運送車両の保安基準が定められています。色や照度、取り付け位置、面積などにいたるまで、その基準に則って仕様が確定します。

灯火類の種類は、前照灯（ヘッドランプ）、車幅灯（ポジションランプ）、補助前照灯（ドライビングランプ

表5.2 代表的なボディ形状

形状	特徴	名称	
2D	2〜4人乗りでセダンに比較して車高も低くスポーティーな外観を有する車体を言う。	クーペ/HT	
		オープン ソフトトップ 着脱トップを含む	
2BOX	4〜5人乗りで、セダン以上の車高で2列の座席を有し後席の居住も充分に考慮されている。後部座席は折畳み・収納することで大きな荷室となり大型開口部を持つ。	3/5D	
		ハイトワゴン	
4D	4〜5人乗り2列の座席を有し前・後席の居住性も充分である乗用車。荷室はトランクとして独立している。	セダン	
ステーションワゴン	車体後部の形状は車室容量が大きくとれるように設計されており大型開口部を持つ。	ワゴン	
ミニバン	6人乗り以上3列以上の座席を有し全席の居住性も充分である常用ワゴンタイプ。後部座席部は折畳み・収納することで大きな荷室となり大型開口部を持つ。	乗用	
		ユーティリティ	
クロカン	オフロード走破性を有する乗用タイプの車両。乗用性能または本格オフロード走破性に重きを置くかで分類される。	ライト	
		ヘビー	

等)、霧灯(フォグランプ)、側方照射灯(コーナリングランプ等)、尾灯(テールランプ)、制動灯(ブレーキランプ)、補助制動灯(ハイマウントストップランプ等)、後退灯(バックランプ)、後部霧灯(リアフォグランプ)、最後部側方灯(サイドマーカー)、方向指示器(ターンシグナルランプ)、補助方向指示器(サブウインカー)、後部反射器(リフレクター)、番号灯(ライセンスランプ)があります。

公道を走行するすべての自動車は、この保安基準を満たしています。

4)ボディの構造

自動車のボディの構造はモノコックとフレーム式があります。モノコックは航空機の技術であり、1950年代に自動車に採用されてから多くの自動車に普及し、現在ではほとんどの自動車がモノコックボディとなっています。モノコックボディはそれまで、シャシフレームとボディを別々に作っていたものを、一体にしたものです(写真5.1)。

モノコックボディが登場するまでボディの構造はフレームの上に居住空間を形成するボディを載せていました。このフレームとして一般的なのはラダーフレームです。ラダーフレームはサイドメンバ(縦通材)と、数本のクロスメンバ(横材)が組み合わされて構成されています。ボディの床下にフレームがレイアウトされるため、地上高が下げられないデメリットがありますが、高い強度や剛性をフレーム単体で確保できます(写真5.2)。

モノコックボディの特徴は走行中の入力をボディ全体で分散してボディの強度を保っていることと、シャシフレームとボディを一体化したことで軽量化と低床化ができることです。その反面、衝突による入力がボディに発生すると、影響はボディ全体におよび修復が困難になります。また、ボディにエンジンなどを固定するとその振動もボディ全体で吸収してしまいます(その衝撃の入力に対しては、その衝撃を緩和するために、サブフレームや、ゴムマウントなどが用いられています)。

※自動車に搭載する部品の中で一番の振動物であるエンジンを搭載していない電気自動車の場合、振動を抑えるために用いられていた部品がどのように扱われるのか、またそれによる影響がどのように現れるのかを考えてみるのも、おもしろいかもしれません。

また、フレーム式構造はフレーム単体で強度、剛性の確保ができることから、積載用途に応じてさまざまな形状の荷台(平ボディ、バン、ダンプ等)を持つトラックで採用されています。

モノコックボディが自動車に採用された当時はフレーム式と比較し、強度や剛性が保てないことが短所としてあげられてきました。近年では構造や素材の開発が進み、乗用車における強度比較は大差がなくなってきています。そのため、高い強度や剛性が必要とされたクロカン、SUVなどについても、モノコックボディの採用が多くなってきています。また、これはクロカンや、SUVがオフロード走行よりも、街乗りとし

写真5.2 ラダーフレーム (リンカーン ナビゲーター)

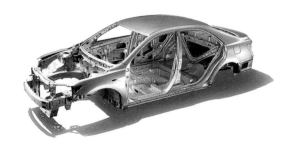

写真5.1 モノコックボディ (トヨタ カムリ)

表5.3 モノコック構造とフレーム式構造

	モノコック構造	フレーム式構造
構造の特徴	シャシ部品（エンジン、サスペンション等）を直接ボディに取りつける構造。薄板で構成することを基本とするが、シャシ部品取付け部の応力緩和やボディの剛性確保などのために部分的にメンバを備える。シャシ部品を一旦部分フレームに取りつけ、それをボディに組みつける方式も含まれる。	車両全長にわたりボディとは別個に形成され骨格の役目をもつ厚板のフレームを備え、これにシャシ部品（エンジン、サスペンションなど）を組みつける構造。薄板で構成されるボディはゴムマウントを介してフレームに取りつけられる。
長所	①重量が軽く、全体の曲げ・ねじり剛性が高い。②車室床面が低く、車両全高が下げられる。③薄板加工が中心で、点溶接を多用できるため、量産性に優れる。	①ボディがゴムマウントを介してフレームと結合しているので路面やエンジンなどからの騒音・振動がボディに伝わりにくい。②フレームという骨格があるのでボディの改造設計が容易。
短所	①路面、エンジンなどからの騒音・振動がボディに伝わりやすい。②ボディ全体で剛性を確保しているので改造が難しい。	①一般に重量が増加する。②車両全高が高い。③大規模のフレーム生産設備が必要。

て使用されることが多くなっている事も要因の1つです。

ボディの構造においても、自動車の用途、ユーザーの使用環境に応じた設計がされていることがわかります。モノコックとフレーム式の構造の比較を表5.3に示します。

5) 安全性

1993年1月に「道路運送車両の保安基準」が改定され、前面衝突試験が義務付けられ、居住空間を守るためのボディ構造が求められました。ボディが衝撃をより吸収するよう壊れやすくしてあるクラッシャブルゾーンを設けるなど、各社が対策をとっています（図5.3）。現在では居住空間の安全性のみならず、衝突の相手側に対する安全性対策もとられるようになりました。自動車はより安全な乗り物、存在へと進化しています。

6) ボディの素材（外装）

自動車の外装は主に鋼板を溶接して製造されています。ここでは、外装に使用されている素材を紹介します。

(1) スチール（鋼）

自動車のボディで多く使われている素材です。安

図5.3 ゾーンボディの構造 （日産自動車 スカイライン）

価で成型性に優れ、強度がありますが、比較的比重が大きいのが特徴です。1990年代に衝突安全基準が厳しくなり、自動車は衝突性能の向上と、強度の向上や、操縦安定性の向上などのための剛性の向上が求められました。それらを対応するに当たっては従来の鋼板のままではさらに重量が増加することが見込まれました。そのため、自動車メーカーでは、自動車に使用されていた軟鋼板から、強度の高い高張力鋼板（引張の強さを高めた板）を使用して、強度を確保したうえで板厚を薄くしたり、ドアやトランクなどの開閉物にアルミ合金を用いたりするなどの対策をとり、軽量化を図っています。また鋼板の接合方法についても、従来のスポット溶接から、レーザーやプラズマによる溶接などに変更するなど、様々な対

策が取られています。また接合すると電解腐食が生じ相性が悪いとされてきたアルミニウムとの溶接技術が開発されるなどして、軽量なアルミニウムとの組み合わせによる軽量化が図られています（本田技研工業）。

(2) アルミニウム

アルミニウムはその強度に対して、比重が軽い素材として以前より注目されてきました。しかし、生産コストが高いことや、成型性、また一度変形させると修正が難しいこと、スチールと違い金属疲労の問題があり（スチールにも金属疲労はあるものの疲労限度が存在し、小応力であれば断続的に力が続いても疲労破壊にはいたりません）、実際の自動車への採用は遅れていました。しかし、近年、各社とも技術を進化させ、スチールパネルとの組み合わせによる部品毎の採用や、アルミニウムの特性にあわせたボディ形状を開発し、ボディにアルミニウムが徐々に採用されるようになりました（写真5.3、写真5.4）。

※金属の疲労限度について

金属には疲労限度という特性があります。疲労限度（fatigue limit、endurance limit）とは、材料の疲労において、材料が振幅一定の繰返し応力を受けるとき、何回負荷を繰り返しても疲労破壊にいたらない、またはそのようにみなされる応力値のことです。材料の疲労強度特性の検討や設計応力の検討を行う際の重要な特性の1つとされています。

写真5.4　100％アルミニウム製のコンセプトカー（Audi ASF）

材料は一般的に受ける応力の値が下がるほど、疲労破壊までにいたる荷重の繰り返し数は増えていき長寿命となります。このとき、応力振幅（S）と破断繰返し回数（N）の関係をあらわしたものがS-N曲線です。図5.4はスチールとアルミニウム等の非鉄金属の金属疲労グラフ例です。スチールは応力がある一定の値以下の場合、破断が生じず、疲労限度があらわれます。一方、アルミニウム等の非鉄金属では、応力に応じた、繰返し回数が存在し、疲労が蓄積し、やがて破断します。

(3) そのほかの車体部品用の材質

そのほかの車体部品用として、樹脂素材も多く使用されています。

①ポリプロピレン（PP）

写真5.3　アルミニウムモノコックボディ（ランドローバー　レンジローバースポーツ）

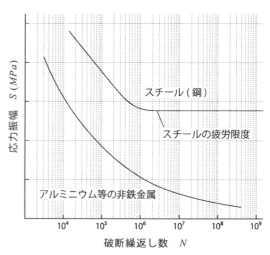

図5.4　スチール（鋼）とアルミニウム等の非鉄金属のS-N曲線（金属疲労グラフ）

写真 5.5 ポリプロピレン製パネル（ダイハツ工業 コペン）

写真 5.6 CFRPによるボディ（BMW i3）

軽量かつある程度の強度があり、成型性の良さもあります。スチールやアルミニウムに比べると耐熱性と強度は低く、さわり心地がソフトなため、衝突時に衝撃を吸収するバンパーや、人が触れるインテリアのトリムに、ポリプロピレンは採用されてきました。生産コストも低いため、バンパーやインテリアの一部にとどまらず、外装パネルへの採用を行う自動車メーカーもあります。ダイハツ工業は、脱着可能な外装パネルを使用したコペンを 2014 年に発売しました（写真 5.5）。外装パネルにポリプロピレンを採用した目的は、安全性や、エネルギー効率という視点とは別に、ユーザーに対しクルマのある生活をより豊かにするという点がありました。これにより、ユーザーはそのときの気分によって、ファッションを変えるように、自動車の外装デザインを変えることができるようになります。

② CFRP（Carbon Fiber Reinforced Plastics 炭素繊維強化プラスチック）

軽量かつ高い強度を誇り、航空機やレーシングカーなど軽量で強度が必要とされる分野で採用されています。生産コストが非常に高価なため量産自動車への採用は進んでいませんが、今後はエネルギー効率の観点からも採用が広がると考えられる素材です（写真 5.6）。

③ GFRP（Glass Fiber Reinforced Plastics ガラス繊維強化プラスチック）

CFRPと比較すると、その性能は劣るもののコスト面に優れ、軽量かつ、高い強度を誇ります。また、他のスチールやアルミニウムといった素材と比較し、その特徴を生かした自動車として、GFRPをボディに採用したロータスエリート（1957 年）があげられます（写真 5.7）。しかし、GFRP は破損したときの復元性が難しいことと、成型後の歪みが生じやすいことから量産車には向いていません。またリサイクルが不可能なデメリットもありますが、製作コストが優れていることから、自動車のアフターパーツや、少量生産品に用いられています。

外装に利用されている素材の重さと強度は一般的に、次のような関係にあります。

重さ

スチール＞アルミニウム＞ GFRP ＞ CFRP ＞汎用プラスチック

強度

CFRP ＞ GFRP ＞スチール＞アルミニウム＞汎用プラスチック

写真 5.7 オール GFRP 製のモノコックボディ（ロータス　エリート（1957 ～ 1963））

5.2 キャビン

1）キャビンの構成

自動車を操縦し、乗員が座る空間となるキャビン（写真5.8, 写真5.9）には様々な部品があり、先述の表5.1に基づいた機能を備えています。自動車を運転するために必要な機能と、運転をより快適なものにする機能、乗員を安全に移動させるための機能、そして、運転、移動を楽しくするものです。

運転席周辺には自動車を運転するために必要な操縦装置である、ステアリング、アクセルやブレーキ等のペダル、シフトレバー、ワイパ、灯火スイッチ、シートがあります。

運転をより快適なものにするための機能にオーディオ、エア・コンディショナー、運転の情報を提供するメータ、ナビゲーションシステムなどがあげられます。

これらは自動車の歴史の中で生まれ、技術の進化、時代とともにより高性能なものへと進化していきました。現在もなおその進化は進んでいます。例えば、オーディオやエア・コンディショナーの操作パネルは、タッチパネルを採用することで、スイッチ類などの部品点数を削減し軽量化が図られています（写真5.10）。メータの表示ディスプレイは、ダッシュボードにヘッドアップディスプレイを搭載し、そのディスプレイに速度や走行情報を表示することで、ドライバーの視線移動を減らし快適な走行を実現しています（写真5.11）。このように、キャビンはより機能的に、快適へと進化しています。

また、キャビンを快適な空間とするために、技術的な側面だけではなく多くの工夫が詰め込まれています。ダッシュボード色をダーク色にし、凹凸を少なくすることで、フロントガラス部への映り込みをなくし、快適な視認性を確保することや、クルマのコンセプト、ターゲットとなるユーザーにあわせてシートのサイズや硬さ、ホールド性を決めるなどしています。また操作系スイッチでは、オーディオやエア・コンデ

写真5.8　フロント周りインテリア　（BMW）

写真5.10　タッチパネル　（日産自動車　DAYS）

写真5.9　リア座席回りインテリア　（BMW）

写真5.11　ヘッドアップディスプレイ　（BMW）

ィショナー、緊急を知らせるハザードスイッチについてはインストルメントパネルの中央に配置し、乗員からも操作可能としています。イグニッションやワイパ、灯火スイッチはドライバーが容易に操作可能なよう、ステアリング周辺にレイアウトされています。当たり前のように思えるレイアウトや形状は、全て快適性や安全性から成り立っています。

2) 安全性

乗員を安全(Safety)に移動させるための機能についても、多くの技術が詰め込まれています。各自動車メーカーでは乗員の安全を確保するために、さまざまな取組をしています。その取組を富士重工業を例に図5.5に示します。

①衝撃を和らげるインテリア

フロントドアの内張りの一部に衝撃を吸収する素材を使用することで、側面から衝突された際の身体へのダメージを軽減しています。また、衝突時の頭部への衝撃を緩和するために、天井などの内張りにもエネルギー吸収素材を使用しています。

②ムチ打ち軽減をめざしたフロントシート

追突などで後方から衝撃が加わった場合に、シートバックと、ヘッドレストでしっかり首を支えます。これにより首に掛かる負荷を軽減し、ムチ打ちの危険性減少を図っています。

③セーフティペダル

フロントから大きな衝撃が加わったとき、ブレーキペダルが押し出されてドライバーの脚にダメージを与える危険性があります。そこで、前面衝突時にブレーキペダルの後退を支える仕組みを採用しています。

④SRS(Supplemental Restraint System)エアバッグ

人を守るためのエアバッグが逆に人を傷つけることがないよう、膨らんだときの人に与える衝撃の強さにも気を配っています。

これらの安全に対する機能は一部に過ぎず、ほかにも安全性を高める技術が、自動車には数多く備わっています。

3) キャビンの材質

キャビンの素材は走行性能との直接的な関係はありませんが、人の手のふれる部分であり、目に映る部分として非常に大切な素材といえます。

(1) ファブリック

シートやドアトリムなど人の身体の触れる部分に採用されることが多い素材です。自動車の性格にあわせて、モケットやジャージーなどがあります。また防水仕様の素材(写真5.12)などもあり、ユーザーのニーズに応えています。

写真5.12 高次元の防水・透湿性に優れたセルクロス素材(日産自動車 エクストレイル)

図5.5 インテリアにおける乗員への安全対策(富士重工業)

(2) 合成皮革、人造皮革

ポリ塩化ビニル（PVC）やポリウレタン素材が多く使用されています。汚れに強く安価な素材としてファブリックよりも上級向けのグレードに採用されています。また一部高価なスエード調人造皮革にエクセーヌ（アルカンターラ）（東レ）があります。

(3) 本革

昔は「本革は丈夫な素材である」という理由からインテリアに採用されていましたが、現在は高級車にのみ採用されています。

(4) 木材

木材はキャビンを構成する素材としてではなく、キャビン空間の演出として木目柄が使用されています。本物の木材を使用している自動車はほとんどが高級車になります。インストルメントパネルなどに採用されることが多いです。

木目を採用する部分が多い自動車や大量に生産される自動車の場合、木目調と呼ばれる人工的に作られた木目を利用します。

本物の木目を利用する場合は、生産性と、木材の特性（ひび割れや劣化などの耐久性、安全性、成型性）を考慮し、そのひとつひとつを薄くスライスし、アルミ製パーツなどに張り付けて使用しています。自然の木目は場所によって見栄えもさまざまなので、木材から利用できる木目の場所を選ぶ必要があること、自動車に採用するパーツが複数におよぶ場合はパーツとパーツとの木目のあわせなども必要となり、非常に高コストとなります。

(5) メッキ

メッキもキャビン空間を演出する表面加飾として使用されています。使用する箇所にセンスがあらわれるパーツでもあり、扱いが難しいです。金属の表面にメッキするものもあれば、ABS樹脂などの表面にメッキを施したものもあります。

(6) LED（発光ダイオード）

メッキと同様、キャビンを構成する素材ではありませんが、近年ではLEDを利用したライティングによる演出も存在しています。有限な天然素材を使用しない新しい高級感の演出ともよべるかもしれません（写真5.13）。

写真5.13　LEDを使用したインテリア　（BMW i8）

(7) 新素材

環境（Environment）を考慮した観点から、インテリアの一部に、生分解性の樹脂パネルを採用したスズキのハスラーが2013年に発売されました（写真5.14）。

一般的に生分解性プラスチックと呼ばれるプラスチックは微生物により分解される環境性能が高い素材を示しています。

現在では自動車業界をはじめとする多くの業界において、リサイクルやリユースが進んでいます。環境に優しい素材が、今後は多くの自動車に採用されると考えられます。

上述以外にもインテリアには多くの素材があります。高級感を演出するもの、大量生産に向いているものなど、これらに加え、(7)で紹介したような環境に優しい新素材も、さらに生まれてくるものと思われます。

写真5.14　生分解性のバイオエンプラ「DURABIO®（デュラビオ®）」が使用されているインテリア（スズキ　ハスラー）

5.3 ボディ設計の基本

1) パッケージング

ボディの設計で自動車を作る際、はじめに自動車を使用する人が、いつどこで、誰とどのように使うのか、そしてどのような移動する喜びを使用する人に提供できるのかということを考えます。これは自動車づくりの芯となりコンセプトとなります（詳しくは第10章車両諸元の決め方を参照）。コンセプト立案と同時にコンセプトを実現するための居住空間づくり（パッケージング）が行われます。

パッケージングは単に自動車のパーツをレイアウトするためだけの作業ではなく、車の用途に適した空間を作るものでもあり、より安全で快適な移動を実現するためのものでもあります。パッケージングは車種ごとに行われ、自動車の性格を決める大事なポイントです。

パッケージングを行う際、大切となってくることは「なぜ、その居住空間（パッケージ）なのか」ということです。自動車を開発するときに意識することはコンセプトに基づき、こんな運転をしたいから、こんなところを走りたいから、移動を通してこんな想いをみんなとしたいから、という移動する空間を快適にする（Comfort）ということです。

例えば、「ドライビングプレジャー感を楽しみたいから解放感ある広い視界が欲しい」「リラックスできるキャビン空間が欲しいから足下が広々としている空間が良い」「運転に集中したいから操作系が手元に近いタイトな空間が良い」など、こうした想いをパッケージに落とし込んでいきます。

ボディ設計の基本は、このようにパッケージングによるデザイン作業が重要です。自動車には多数の機器が備わっています。上述のようなユーザー視点とは別に、万一の際には、乗員の安全を確保するということも考えて多数の機器をレイアウトしなければなりません。そのためパッケージングは、想定ユーザーに対応したコンセプトの落とし込みや、安全のための技術の両方の視点が必要となり、双方を考慮した最適なレイアウトの構築が重要となります。

自動車を開発する際、最初に行われるレイアウトは精度の高いものではなく、過去の経験値や、資料に基づき行われます。ゼロからの開発の場合、大よそで行われることもあります。製作する過程でパッケージは何度となく修正が入り、レイアウトの修正が行われます。これは、構成要素が多く複雑な自動車の場合、図面上で計算された値が実車に反映されたとき必ずしもその値が最適値とは限らないからです。その都度、レイアウトは精度を上げていきます。レイアウト設計は自動車メーカーによって方法が異なります。フロントタイヤの中心を基準とする場合、最初にグランドライン（GL）とタイヤのホイールベース（WB）を描きます。そして、次のようなポイントを決めていきます（図5.6）。

① アクセルペダルを起点につま先から人をレイアウトします。このとき人は一般的にAM95と呼ばれる2次元マネキンを使用します（アメリカ成人男性の100人中95人をカバーする寸法（95パーセンタイル））。

② ヒップポイントはドライバーの着座姿勢、乗降性能と、自動車の重心に大きく関わり、快適性と、安定した走行につながります。一般的にスポーツカーでは低く、トラックやミニバンでは高く設定されています。

③ トルソアングルは、角度によって着座姿勢が決まります。

④ ステアリングホイール・センターはアクセルペダル（OFFの状態）からの高さと距離、およびステアリングコラム角度で決まります。ステアリングホイール・センターとヒップポイントとの角度関係や距離が近すぎたり、離れすぎたりするとステアリング操作に影響します。

⑤ ヘッドクリアランスはその値によって、空間の広さの感じ方に影響します。

⑥ 上方視界は視線のセンターの水平線と、ウィンドウシールド上端を通る線からなる角度で規定されています。角度の値が大きいほど視界は広くなります。

⑦ 下方視界については視線のセンターの水平線と、

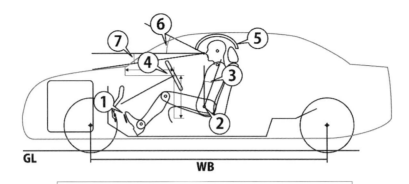

① : アクセルペダルを OFF にしたときのポイント
② : 人の股関節部分にあたるヒップポイント（HP）。
③ : トルソアングル
④ : ステアリングホイール・センター
⑤ : ヘッドクリアランス
⑥ : 上方視界
⑦ : 下方視界

図 5.6 パッケージング

インストルメントパネル上面やボンネットフードとの接点を通る線からなる角度で規定されています。この角度が狭いと、前方視界に影響し路面状況や子供の視認性に影響します。

これらの他にもレイアウトに関わるさまざまなポイントがあり、それぞれが快適な運転を実現するために重要な設計ポイントとなります。

5.4 自動車の用途による車型の事例

ここでは、SUV（Sports Utility Vehicle）、福祉車両を例に車型から自動車の性格、特徴を考察します。

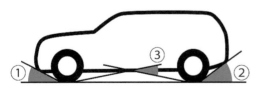

① アプローチアングル
② ディパーチャーアングル
③ ランプブレークオーバーアングル

図 5.7 床下アングル

1) SUV

その名が示すように、キャンプやサーフィンなど、ユーザーのスポーツ活動をサポートするための自動車です。あらゆるところへ行けて、多くの荷物が積めることが求められます。悪路においても高い走破性を出すための大径タイヤや、車高を高くしてアプローチアングル、ディパーチャーアングル等の床下アングルを大きくしているのが特徴です（図 5.7）。

アウトドア道具などの大きな荷物が積めるような大きなラゲッジスペースが設けられています。自動車の構造、条件から最低地上高が高くヒップポイントが高い位置にきます。そのため着座姿勢は乗降性と視界性を意識し、背もたれの角度を立ちぎみにしたややアップライトな姿勢をとることが多いです。

2) 福祉車両

福祉車両は、一般の自動車を一部改造して使用することがほとんどです。そのため福祉車両を必要とする方の乗車条件を満たせる、開口部や室内空間が広いミニバンタイプの自動車をベースにしていることが多いです。また、福祉車両を必要とする方が、どのような場所で、どのように車を使うのかによっても乗車方法、乗車位置などでいくつかのタイプがあります。

写真5.15　助手席リフトアップシート車

写真5.16　サイドリフトアップシート車

(1) リフトアップシート車タイプ

　福祉車両を必要とする方が通常の自動車のシートに乗車するタイプです。リフトアップ用の装置が設置できる空間を備えていることと、ドアの足回りの開口量が大きくとれることが福祉車両になるベース車の条件となります。車いすから自動車のシートへの移動がスムーズにできるよう、乗車時のシートの突出量が十分にとられ、シートの高さが標準的な車いすの座面地上高（420mm）と同程度まで下げられるなど利用者にやさしい設計がされています（写真5.15、写真5.16）。

(2) 車いす仕様車タイプ

　車いすのまま乗車することができ、乗車する方の負担が少ないタイプの福祉車両です。車いす仕様車の場合、自動車の後部ドアより乗車します。トランク空間が広いことが福祉車両になるベース車の条件となります。後部ドアからの乗車方法には、スロープを使用する場合と、リフトを使用する場合があります。

　スロープの場合、スムーズに乗車できるようスロープの勾配をゆるやかにとる必要があり、広い乗降スペースの確保が必要になります（写真5.17）。多くの場合、スロープの勾配は10°前後に設計され、手動または車内に備わっているウィンチによって車いすを電動で引き上げ、乗車時の負担を減らす設計がされています（写真5.18）。福祉車両によってはエアサスペンションを使用し車両後部の車高をさげ、より乗降性が高められたタイプもあります。

　リフトアップ車では、省スペースで乗車が可能となり、利用者の環境や条件を選びません（写真5.19）。

　上記以外にも、福祉車両を必要とされる方自身が

写真5.17　車いす仕様車（スロープ）

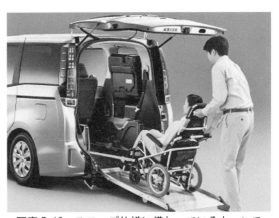
写真5.18　スロープ仕様に備わっているウィンチ

写真5.19　車いす仕様車（リフトアップ）

運転をするための運転補助装置が備わったタイプなどさまざまな福祉車両があります。ヒトがクルマにあわせるのではなく、クルマがヒトにあわせて作られています。

SUV や、福祉車両に限らず、スポーツカーやセダン、ミニバンなどすべての自動車はユーザーのニーズに応じて、パッケージングが行われています。

5.5 PIUSにおけるボディ

ここでは PIUS のボディについて紹介します。

1) ボディ

PIUS は、教材向けに開発したもので、学術機関等で PIUS に計測機材等を付加し、研究開発等を行う活動が行われることも想定しています。そのため PIUS は次の特徴を備えています。部品点数が少ないこと。分解 / 組立ができること。乗員は一人で、大人が窮屈なことなく座り操作できること。講義時間に耐えうる走行が可能で、構内、屋内走行を想定していること。計測器などの機材を組み付けることができること。高い走行性能は求めないが、基本的な車両設計思想は公道を走行する一般の自動車と同じであること。以上の視点を SCE による PIUS のボディ形状の設計方針で示すと、以下のようになります。

(1) Safety（安全性）の視点
・ドライバーにとってボディカウルやシート形状、インストルメントパネル素材は実験作業に支障がないこと。
・分解 / 組立作業が安全に行えること。
・走行時における視界は 360 度ドライバー自身が確認できるよう設計され、上下の視野角も前後に障害物や人を発見しやすい視野角で設計されていること（図 5.8）。

そのため、ボディカウルの形状は低く抑えられた形状となっています。

(2) Comfort（快適性）の視点
・付加装置の取付けられる空間があること。確実に組立てられること。

図 5.8　PIUS の視認領域

・着座姿勢は一般の自動車と大きく違わない設計とし、長時間の実験で疲労がないこと。

そのため、キャビン空間はサイド方向にはタイトではありますが、ニースペースは広く設けられています。

(3) Environment（環境）の視点
・走行に必要な装備以外のオーディオ、エア・コンディショナーは設置しないこと。

これにより、省電力化、軽量化を図っています。

2) パッケージング

PIUS のパッケージは、上述の条件に基づき決められます。また、PIUS の規格は第一種原動機付自転車（4 輪）を基本としていて、その法規をもとに、決められた最大全長 2500mm の枠内で、自動車と同等の機構を備えたパーツをレイアウトし、人をレイアウトしています（図 5.9）。次に主なレイアウトポイントを示します。

(1) ホイールベース（WB）

ホイールベースは自動車において、前輪軸と後輪軸との距離をあらわします（図 5.9）。なお、前輪中心軸から車両前端部までの距離をフロントオーバーハング、後輪軸から車両後端部までの距離をリヤオーバーハングといいます。ホイールベースの値は走行安定性と、ハンドリングに大きく影響するもので、そ

5.5 PIUSにおけるボディ

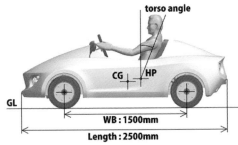

図5.9　PIUSのパッケージ

の数値によって走行性能が大きく変わります。

　ホイールベースの値は、一般的には大きくすると車体の前後方向の揺れ（ピッチング）と蛇行（ヨーイング）が抑えられ、走行時の安定性が高まり、さらに居住スペースが確保できます。しかし、その反面、小回りが利かなくなることや、サスペンションからの入力に対するフレームの剛性の確保が難しくなります。ホイールベースの値が小さければピッチングやヨーイングが大きくなり走行時の安定性は下がるものの、小回りが優れフレームの剛性が確保しやすくなります。

　ホイールベースの値は、上述の"走行性能"と"走行安定性"の他、"ヒトが座るスペースの確保"から決められます。PIUSにおいては、大人一人が窮屈なことなく座れること、高い走行性能よりも、走行安定性（4輪への荷重の均等化）を求めたことから、1500mmというやや長めの値としています。

　一般の自動車では、近年、ホイールベースをなるべく大きく設定することで走行安定性と居住性を確保する設計が主流となっています。

(2)　重心（CG）

　自動車の重心は、ピッチングとヨーイング、そして自動車の進行方向に対する左右の揺れ（ローリング）を発生させる力が作用する点です（ピッチングとヨーイング、ローリングの回転中心はサスペンションのジオメトリ（幾何学的配置）により決まります）（図5.10）。重心はヒトを含め、クルマのすべての部品をレイアウトし、位置が決定します。そして、重心は走行安定性を決める重要なポイントになります。

　自動車は力の作用点となる重心をローリングやピッチングの回転軸に近づけることで、ローリングやピッチングの動きが抑えられ、走行安定性が高くなります。一般的に、重心を低く設定することが良いといわれていますが、これは自動車のローリングやピッチングの回転軸が重心よりも低い位置にあるためです。PIUSでも同じことがいえます。

　重心はその位置を決定するのにヒトの重心が影響します。自動車の重心を低く抑え、走行性能を高めるためには、ヒップポイント（HP）も低く抑えなければなりません。しかし、低いヒップポイントは乗降性が悪くなります。反対に、快適な乗降性を求めると、ヒップポイントが高くなり、重心も高くなります。そのため、自動車の性格（高い走行性能が求められるスポーツカーや、快適な移動空間が求められるミニバンなど）に応じた設計思想が必要になります。

　PIUSも走行安定性を保つため、重心を低く設定しています。軽量なPIUSは、ヒトが最大の重量物となります。そのため重心を決める要因としてヒトのヒップポイントの高さが重要になります。乗降性は悪くなりますが、ヒトのヒップポイントは370mmと高さを抑えた設計にし、重心を低く抑え、走行安定性を確保

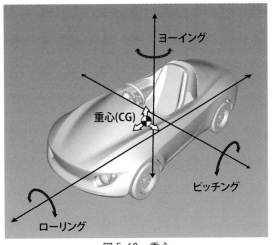

図5.10　重心

99

しています。

(3) 重量配分

重量配分とは、タイヤにかかる荷重の配分を指します。自動車の駆動方式とエンジン搭載位置によって最適な配分値は変わりますが、後輪駆動車では一般的に走行中、前輪と後輪に荷重が均等にかかる状態が理想といわれています。例えばリヤに荷重が偏っていると、前輪への荷重が小さくなり前輪のグリップ力が弱くなります。この配分では、コーナーリングでステアリングを切っても前輪コーナリングフォースの発生が弱くなり、思うように曲がれません。

PIUSは重量配分においても、最大の重量物となるヒトのレイアウトが大きく影響します。PIUSではヒト（55～65kg）が乗車した状態で重量配分が前輪荷重：後輪荷重＝50：50に近くになるようヒトをレイアウトしています。ヒップポイントとPIUSの重心が近くなるよう、ヒトのレイアウトの起点となるペダルポイントをフロントに寄せ、それに伴い、その他のサスペンションや操舵系など必要なパーツをレイアウトしました。

重心や重量配分は、最初のレイアウトの段階ではわかりません。そのため最初のレイアウト作業はヒト、その他のパーツも含め詳細に設計しますが、その値の精度は高くありません。すべてのパーツのレイアウトが完了し、はじめて重心と重量配分が算出されます。こののち、目標とする重心、重量配分となるよう、再度レイアウトし、重心、重量配分を算出しレイアウトの精度を上げていきます。この作業を繰り返し、重心と重量配分が決定されます。

ヒトの着座姿勢を決めるシートバックの角度を示すトルソアングル（ヒップポイントを中心に垂直線とトルソ（胴体）がなす角度）については一般的な自動車と同じ着座姿勢をとるようPIUSも約20°で設計しています。ステアリングセンターとヒップポイントの関係値についても一般の自動車を参考とし、ステアリングを握ったときの腕の角度、乗車感覚に違和感がないように設計しています。

パッケージングを策定したのち、パッケージングに基づき実際にクルマを製作していくと、パーツの制約や、実際に感じる"思っていたよりも…"などのパッケージからは読み取ることができなかった事柄がわかることがあります。その都度、パッケージングの内容が修正されます。見直しは一か所で発生すると、その周囲にあるパーツも関係値が変わるため修正がレイアウト全体におよぶ場合があります。しかし、その場合においても、ステアリングとヒップポイントの関係値は、基本的には崩さずコンセプトに基づいて決めたヒトの着座姿勢を保持します。このような修正は製作過程で何度も発生します。その繰り返しで最終的なパッケージングが決まります。全く変わるのではなく、守るべき点を守ったうえで変更を加えていくことが大切になります。

3) 素材

PIUSのボディカウルはGFRPで製作されています。スチールやアルミは金型をおこしプレス加工が必要になります。また、PPにおいても、射出成型など、金型が必要となります。金型は大量生産品には向いていますが、PIUSの場合は当初より少量生産を目的としていたためスチールやアルミニウムと比較し、コストが抑えられる金型の必要がない材質と製法とするため、ボディの素材にGFRPを採用しました。

また、一般の自動車と異なり、ドアパネル、ボンネット、フェンダーなどパーツに分かれることなく1パーツでPIUSは成り立っています。教材向けに開発したため部品点数を抑えたということもありますが、その他にも、1パーツとした利点は製作工数を抑えることができるからです。

GFRPは素材の特性として、素材が硬化する際、熱が発生します。その際、形状やGFRPの板厚によっては、放熱具合が均一にならず硬化後に歪みや変形が発生することがあります。そのためパーツ点数が複数におよぶ場合、パーツごとに、歪みの修正や、パーツとパーツ、パーツとフレームとのあわせ作業が車両製作工程で発生し、製作時間が多く費やされてしまいます。

PIUSの場合、ボディカウルを一体で成型するために、複数のパーツからなるメス型をおこし、そこに

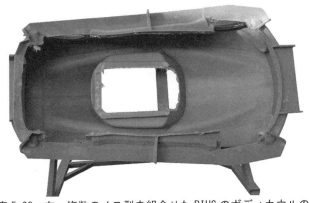 

写真 5.20　左：複数のメス型を組合せた PIUS のボディカウルの型　右：ヘッドライトハウジングの型　ともに GFRP を貼り込んである状態

GFRP を貼り込み、製作しています。

　PIUS に限らず GFRP の製作時には次の点について気を付ける必要があります。

①ボディカウルが複雑な形状や、凹凸が大きい形状をしている場合、型から製品を取り外す脱型ができない、または難しくなり、脱型時に貼り込んだ製品や成形型が破損することがあります。そのため、ボディカウルのデザイン成型性を踏まえたものとなっている必要があります。PIUS では複雑な形状として、ヘッドライトハウジングがそれにあたりますが、別パーツとしてそれぞれ脱型後に接着という手法をとっています（写真 5.20）。

②①とは反対に、形状が平面な場合、変形が生じやすく、剛性が確保できないことがあります。そのため、成型品の裏面にあらたにスティフナーと呼ばれる補強材を付けるなどして対応をとります。これにより変形を防ぎ、剛性を保ちます。PIUS では採用していませんが、一般の自動車では、ボンネットやトランクリッド裏など、多くの箇所で使われています。

　ボディカウルをメス型から脱型した後、ボディカウルを磨き、面を整える作業を行います。この作業は最終的なボディの美しさにつながるので大変重要な作業といえます（写真 5.21）。

5.6　デザイン（意匠）

　デザインをするということは、ユーザーの生活をより豊かにすることにつながります。今ある不便を解決したり、欲しいと思う気持ちに応えるなど、誰かのためにデザインはあるといえるでしょう。

　自動車に関わるデザインもまた、多く存在します。エクステリアデザイン、インテリアデザイン、カラーデザイン、部品デザイン（ホイールやステアリングなど）、グラフィックオーナメントデザイン（ブランドロゴや表示物デザイン）、また、モデルを製作するモデ

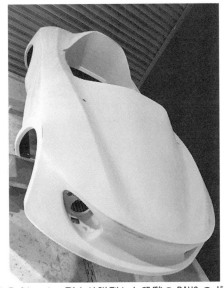

写真 5.21　メス型より脱型した段階の PIUS のボディカウル

ル開発などです。ここでは、主に、エクステリア、インテリアデザインについて紹介します。

1) プロセス

クルマをデザインする際、はじめにコンセプト（10.1節参照）を決めます。コンセプトはそのクルマの個性であり、性格になり、とても重要なポイントです。自動車は開発を始めて世の中に登場するまで通常4年から5年かかるといわれています。世の中に登場してからそのクルマはユーザーとともに数年間を過ごすことになります。そのことを踏まえてデザインをしなければなりません。

コンセプトでは、ターゲットユーザーと、そのユーザーの生活シーンを思い描き、クルマの使われ方を考えます。このとき5W1H（この車は一言であらわすと何を（What）、いつ（When）、どこで（Where）、誰が（Who）、なぜ（Why）、どのようにして（How）使うのか）で考えると良いです。そして、クルマが使われることでユーザーは何をえることができるのか、クルマはユーザーに何を与えることができるのか。これらはパッケージで考えなくてはいけないことと同じです。このコンセプトの検討はレイアウトやパッケージ、求められる機能が決まるとともに、デザインの大きな方向性も決まります。

デザインの方向性が見えたら、その方向性をより明確にするため、デザインテーマを決め、デザイナーはときにイメージボードを作成します。イメージボードは、デザインしたい概念、イメージ的なもので自動車にとらわれず、どのようなものでも構いません。抽象的なものでも、家電や動物など、方向性を示すのに適していると思うイメージを用意します。

デザインは、デザイナーの考えのあらわれになります。誰かがそのデザインの正解を教えてくれるわけではありません。正解は市場に出たときまでわかりません。最初に描くときは、テーマをより意識して、しかし、矛盾するかもしれませんが、あまり自動車やパッケージのことを意識せず自由に描きます。いろいろな形を描きます。描きたい形を描きます。この作業は、「正解を見つけだす」というよりは、デザイナ

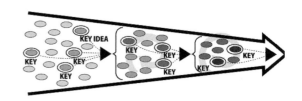

図5.11　スケッチ展開のイメージ

ーの中にある「正解を創りだす」という感覚に近いかもしれません。

多くのアイデアスケッチからキーとなるアイデアを抽出し、抽出したアイデアからまたスケッチ展開を行い、アイデアを広め、深めていく作業を行い、さらにそこからまた、キーとなるアイデアを抽出していきます。この繰り返しからアイデアの精度を高め、デザインを絞り、最終的なデザインを決定していきます（図5.11）。

デザインが固まると、レイアウトやパッケージにデザインを落とし込みます。落とし込むことで、今までのデザインの立体物としての矛盾点が生じたり、デザイナーのイメージと変わってきてしまうことがあります。そのときはまた、イメージが変わらないようデザインをします。

最終的にデザインはクレイモデルや3DCGで確認します。平面から立体にするタイミングでも、イメージが変わらないよう、デザインは都度修正が入ります。また、同時に保安基準や製造、設計要件などのさまざまな条件も含まれ、これらについてもクリアしていかなければなりません。デザイン作業は自動車が完成するまで続きます（写真5.22）。

2) エクステリアデザイン

スケッチをするとき、自動車は大きな立体物なので、パースペクティブ（遠近感）が重要になってきます。写真5.22は同じ形をしたクルマですが、左はパースペクティブを効かせているイラストです。右側は、パースペクティブがほとんど効いていないイラストです。パースペクティブを効かせることにより、実車の見え方に近くなり、押し出し感があらわれ、クルマが魅力的に見えます。またバランスの良いプロポーション

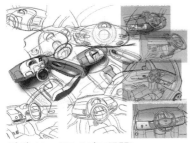
デザイン（アイデア展開）

▶3DCG デザイン

▶完成車両

写真 5.22　デザインから完成車までの流れ

写真 5.23　パースペクティブ（遠近感）のあるクルマと、ないクルマ（2 台はおなじ形状です）

を目指します。自動車のバランスが良いと美しく見えます。バランスが悪いと、せっかくのデザインが重たく感じられたり、不安定に感じられたりしてしまいます。例えば、バランスの例として自動車のフロントタイヤとリヤタイヤの間隔は、概ね 3 個から 3.5 個であり、これは大きな自動車でも、小さな自動車でも同様です（写真 5.24）。大きな自動車も小さな自動車もバランスが大切になります。

3) インテリアデザイン

インテリアのデザインは、運転するドライバーと自動車が直接コンタクトしている場所であり、自動車を操作する動作が含まれる場所なので、見た目のデザイン以上に、操作性、使い勝手のデザインも重要になってきます。5.3 節で示したパッケージングはインテリアデザインの中心となるものです。このデザインを進めるとともに、モックアップモデルを度々製作し、デザインや操作性の検討会などを行います。

インテリアもエクステリアと同様に、コンセプトに基づきデザインが進められます。例えば、広い空間で大人がゆったりと座り、大人数で移動するクルマでは（写真 5.25 左）、ドライバーからも、パッセンジ

写真 5.24　バランス（左：トヨタ自動車　LEXUS LS460　右：三菱自動車工業　iMiEV）

■ 第5章　ボディ

写真5.25　デザインによって印象が全く異なるインテリア（左：日産自動車　クエスト　右：Ferrari 458 italia）

ヤーからもスイッチ類の操作がしやすいようにインストルメントパネルのセンターにフラットに配置され、センターコンソールがない広々とした空間が演出されています。ドライビングを楽しむクルマでは（写真5.25右）、スイッチ類はドライバーに向けられ、ステアリング周囲にレイアウトされ運転に集中できるようなデザインがされたりしています。どちらも備えている基本的な機能は同じものの、デザインによってうける印象はまったく異なることがわかります。

4）コンセプトカー

　自動車の開発は自動車が生産される何年も前から始まります。そのためデザイナーは常に未来の自動

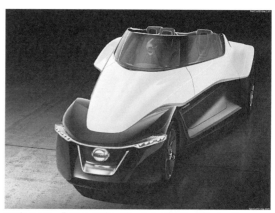

写真5.27　「ドライビング」から「グライディング」へあらたな価値を創造するEV（日産自動車　BladeGlider（2013））

写真5.26　水素で走る燃料電池車（本田技研工業　FCRV（2013））

写真5.28　タンデム2人乗りの軽量コンパクトなEV（Opel RAK e Concept（2011））

写真5.29　ヒトとクルマと社会が"つながる"の姿のコンセプトカー（トヨタ自動車　Fun-Vii（2011））

車を模索しています。量産車のデザインのほか、先進的なデザインとして、未来のクルマのある姿をコンセプトカーとして紹介することがあります（写真5.26〜29）。これらは近い将来実現するかもしれません。

5.7 課題

本章で学んだ知識を再確認する目的で、以下の課題に取り組んでください。なお、文書作成による課題については、400文字以上800文字以下にまとめ、適宜、図を使って説明してください。報告書は、以下の課題から3つ選んで提出してください。

1. 自動車のボディのタイプには、どんな名称のものがあり、どんな特徴をもつか、3つ事例をあげて説明しなさい。

2. ボディ設計におけるSCEの設計視点の事例について、それぞれ2つの項目をあげて説明しなさい。

3. 衝撃吸収の方法に、どのようなものがあるか、説明しなさい。

4. モノコックボディとはどのようなものか述べ、このボディの持つ特徴を2つ説明しなさい。

5. ボディの素材を2つあげ、その特徴を説明しなさい。

6. 自分が乗りたい自動車を紹介し、そのエクステリアデザイン（サイドビュー）を描きなさい。

5.8 参考図書

自動車技術ハンドブック③設計（デザイン・ボディ）編
　　公益社団法人自動車技術会
　　ISBN978-4-915219-42-9

Motor Fan illustrated Vol.68
　　三栄書房
　　ISBN978-4-7796-1488-0

Motor Fan illustrated Vol.87
　　三栄書房
　　ISBN978-4-7796-2023-2

Motor Fan illustrated パッケージ&スタイリング論
　　三栄書房
　　ISBN978-4-7796-0176-7

第6章　パワートレイン1（モータ）

本章で学ぶ内容

　本章、また次の7章では、PIUSのパワートレインについて学習します。

　パワートレインとは、図6.1に示すように、PIUSを構成する要素のひとつです。シャシ、ボディに含まれない構造物や部品全体のことを指します。具体的には、モータ、モータコントローラ、ギヤボックス、デフギヤ、シャフト、またモータのエネルギー源となるバッテリ、電線等をひとまとめにした要素です。本章、また次の章では、PIUSに使っているこれらの部品を中心に、パワートレイン全体の設計方法、特に部品選択の考え方について、SCEの観点を学びます。ここではその部品であるモータやコントローラが、SCEの観点でどのように設定されているか、実測データ等をもとに紹介します。なお電気自動車以外では、ガソリンエンジンやディーゼルエンジン、変速機、シャフト類のことを「パワートレイン」と呼んでいます。

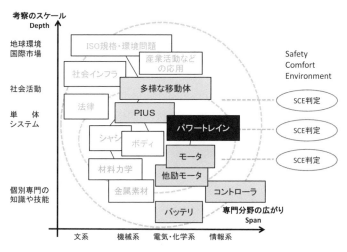

図 6.1　本書で学ぶ学習内容

6.1　PIUSのパワートレイン

　本章と次の7章で学ぶパワートレインの主な構成部品を、図6.2に示します。

　PIUSが人を乗せて走行できるのは、走行できる車台や入れ物であるシャシ、ボディがその目的できちんと設計されていることはもちろんですが、そのシャシやボディにみあった駆動力の発生部分の設計が必要です。

　図6.2の部品は、走行の意図をタイヤにまで伝える

①アクセルペダル
　↓（走行指示信号）
③コントローラボックス⇄②バッテリ
　↓（電気エネルギー）
④モータ
　↓（動　力）
⑤デファレンシャルギヤ
　↓（動　力）
⑥タイヤ

までの系統と構成を示しており、「走行系」という名で紹介します。前後の移動では、①のアクセルペダルの指示量（踏込み量）に従い、②のバッ

走行系(走る)

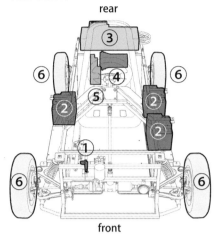
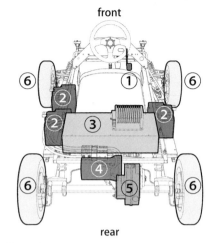

① アクセルペダル(accelerator)
② バッテリ(battery)
③ コントローラボックス(controller box)
④ モータ(motor)
⑤ デファレンシャルギヤ(differential gear)
⑥ タイヤ(tire)

図 6.2　PIUSにおけるパワートレイン部品一覧とその取付位置

テリから③のコントローラボックス（モータコントローラ）へ電気エネルギーが供給されます。コントローラはこの指示や現在の状況（速度、温度等）に従い、④のモータへ与える電気エネルギーを調整します。このときモータの種類に応じて直流電圧や電流、また階段波形状の擬似的な三相交流電圧などを発生させます。その電圧等の量に応じてモータが回転し、その動力を⑤のデファレンシャルギヤを経て⑥のタイヤに伝わり地面に伝えます。そして移動体が前後に移動します。

さて、図6.1で示す「多様な移動体」の要素からみると、PIUSのパワートレインで使っている部品は、特殊な事例ということになります。もし移動体が、構内運搬車や農機具、福祉用移動車であった場合においても、「走る・曲がる・止まる」は、それぞれの分野で長年積み重ねてきた独特の部品が存在し、その移動体にふさわしいパワートレインの選択のしかたがあります。ここでは教材目的で開発したPIUSで使っている部品で、パワートレインの主要部品の説明をしますが、それぞれの用途や使用者に応じて多様なSCEの視点があり、その視点による部品選択の背景があると考えてください。

なお、「走行系（走る）」のエネルギー源、バッテリは第8章で学びます。本章ではモータやその特性を作り出すモータコントローラの事例を学びます。この他、「停止系（止まる）」については第4章のブレーキ、「操舵系（曲がる）」も第4章の操舵で再確認をお願いします。

6.2　モータ総合特性

PIUS エデュケーション Ver. のモータ部品には、他励型の直流モータ（直流電動機、Direct Current motor、DCモータ）が採用されています。このDCモータの特性を紹介する前に、モータの歴史に少し触れておきましょう。

まずモータは1821年にファラデーが発明し、電動機技術の基礎を築きました。1769年にニューコメンが発明した蒸気機関から52年後のことでした。その後1885年にテスラにより誘導モータの特許が出願され、この時期に現在にまで使われている多様なモータが発明されました。近年登場した新型のモータは、超音波モータだけといわれています。ただしこの約100年間の技術の進歩で、例えば図6.3に示す5馬力の誘導モータの体積は

図6.3 5馬力（3.7kW 4極）モータの変遷

約6分の1になりました。この図の左端のモータは日立製作所が1910年に創業者小平浪平と5人の職工が、外国の技術に頼らず試行錯誤の末作り上げた純国産で開発し製造した5馬力三相誘導電動機1号です。

現在、いろいろな種類のモータがありますが、それぞれ独特の利用分野があります。大きな回転力が必要である、また長時間運転する、精密な回転角が必要な動きなど、使用目的に応じたモータがSCEの視点で選ばれていると考えてください。本章では、道路走行を目的にしたとき、どのようなモータの特性が求められ部品の選択がされているか、その概要を「コントローラ」という部品を含めて学びます。なおここで紹介するモータの特性は、モータそのものだけでなくモータを制御するコントローラとあわせて、目的の性能を引き出すものと考えてください。この2つの部品の連携により作りだされた特性を、ここでは「モータ総合特性」または「総合特性」と呼ぶことにします。

モータ部品が、利用分野に応じて選ばれていると説明しましたが、まずEV等、道路走行を目的にした自動車に求められているモータとコントローラによる総合特性について眺めてみましょう。

EV(Electric Vehicle)やHEV(Hybrid Electric Vehicle)、PHEV(Plug-in Hybrid Electric Vehicle)などの道路走行を目的とした移動体用のモータには、図6.4に示す総合特性が必要と言われています。道路走行を行う自動車を例にして

いますが、二輪車や三輪車のEVもこのような特性になると考えてください。この図の横軸のモータ回転数Nは、モータに連結したギヤやシャフト、タイヤを通じて、自動車の走行速度に対応します。また縦軸のトルクTは、登坂力や走行中の追い越しや速度低下を調整するための駆動力を発揮させるものになります。

図6.4の「登坂発進」の文字は、速度ゼロの停止状態から車を動かし始める時の状況を想像してください。重い車体を動かすので、大きなトルクTが必要になります。Tが大きければそれだけ短時間に速度が増していきますが、周囲の車や安全の兼ね合いで、Tの最大値を決めています。これが、回転数Nがゼロ付近のEV用モータの使い方です。いったん発進させた後、一定のトルクTで移動体を駆動し続けていくと、加速抵抗ところがり抵抗の関係で、平坦で摩擦のない道路では一定の加速度aを移動体に加えることが期待できま

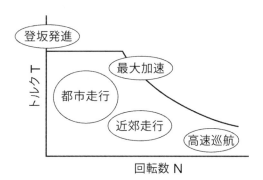

図6.4 EV用モータのN-T総合特性

す。移動体の速度vは、時間tの経過に伴いv=atの関係で次第に増していきます。これが図6.4の都市走行と示している範囲の総合特性の使い方になります。その加速度aの値は、ガソリンエンジン車に馴染んだ運転者を想定し、また周囲に多く走行しているガソリンエンジン車の走行にも迷惑をかけない適度な加速度となります。この結果、図6.1のDepth軸「社会活動」の階層のSafetyに大きく貢献することになります。

そして回転数(車速)が上昇していき、ある速度以上になると、惰行性による運転(動力を切断した慣性運動のこと)も行うことになり、時々アクセルを離したり、走行時のころがり抵抗や空気抵抗に打ち克つ程度のトルクを与える加速で走行できるようになります。これが、交差点で時々停止も行う都市走行、近郊走行の走り方になります。

高速巡航になると、一定の速度を保つためのトルクの微調整を行うことになり、グラフの右側のように、低いトルク特性でも十分走行できるようになります。高速巡航でも高いトルクが発生できる性能であるなら、高速道でさっと追い越していくスポーツカーを連想しますが、通常の運転者には安全面Sの問題があります。高速巡航ではしだいにトルクを低くなるようにし、時間をかけなければ速度向上ができないという意義がわかると思います。さらにもっと高い回転数になった場合は、異常な状況であると判断し、それ以上回転数を増やさない対策をすることも考えられます。

次に図6.4の特性を専門用語に置き換えて書き直すと、図6.5のようになります。まず左側に「定トルク」の文字が見えますが、これは回転数と無関係に、トルクの値が一定であるという意味です。基底回転数から右側に「定出力」の文字が見えます。この定出力について説明しましょう。

まず、モータの出力Pは、

$$P = K \times N \times T \;[W]$$

という関係になっています。

ここでKは定数で$2\pi/60$、Nは回転数[min^{-1}]、Tはトルク[N・m]です。図6.5の基底回転数から

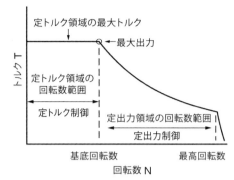

図6.5 EV用駆動モータに必要なN-T総合特性

右側には定出力領域の文字が見えます。この範囲は、出力Pが一定になっており、

$$T = \frac{P}{K \times N} \;[N \cdot m]$$

の関係式になっています。

この式でPを一定値にすると、Nの値に反比例してTが小さくなる関係になります。このため基底回転数から右側では最高回転数になるまで、その関係に従ってTが小さくなります。これが「定出力」の特性部分です。

右端には最高回転数の文字が見えますが、この回転数Nになるとトルクは0になり、もはや加速はできません。ただし車自体は、この最高回転数で決まる速度で慣性走行していると想像してください。このようなモータの総合特性が、道路走行を目的とした運転者に対するSやCの配慮の例です。

モータが図6.5のN-T総合特性を持っていれば、図6.4で説明したように駐車場から発進し、市街地や高速道などの道路を、一緒に周囲を走行するガソリンエンジン車と協調して、どこでも走れるようになります。

ここで、いろいろな移動体を想像してみましょう。例えば高速巡航が不要なゴルフカートや構内運搬車などは、回転数Nの範囲はそれほど必要がないこともわかります。これがいろいろな目的の要素との関係で考えた時の特にSとCの設計の視点であり、モータやコントローラを選ぶ時の考え

方になります。この時、モータ選定の特性値として、「最大トルクと回転数域（または定トルク運転できる最高回転数である基底回転数）」の２つの数値があれば、十分であることもわかります。自動車以外の移動体のモータ選定の場合には、こうしたN-T総合特性や数値を念頭に置いて判断をしてください。

さて、モータやコントローラなど個別部品のはたらきを学ぶ前に、実際のEVでこのN-T総合特性をどう使っているか紹介します。

図6.6に「i-MiEV」を用いて実際に走行した時の回転数やトルクを○マークで記録したものを示します。なお、横軸は回転数Nではなく車速になっています。この車速は、モータ回転数N、ギヤ比、タイヤ半径等により決まる一定係数を乗じた関係になっており、モータの回転数Nに対応すると考えてよいです。図6.5に示す基定回転数に相当する車速は40km/hになっています。車では頻繁に使うこの40km/hのときのモータの回転数が「基底回転数」として使われていると考えてよいでしょう。

図中の○マークの置かれたN-T総合特性の位置を見ると、モータのN-T総合特性以内の全域で運転していることがわかります。例えば車速０から20km/hでは、時々大きなトルク、つまりアクセルを強く踏んでいるようです。これは短時間のうちに車速を高めるための動作と考えられます。周囲の車の移動速度にあわせていく目的もあるかもしれません。一方、車速100km/hから120km/hの高速の走行状態では、トルクの値が比較的低い値で使う場合が多いことに注目してください。これは、高速巡航の速度を維持するために、「転がり抵抗」や「空気抵抗」に対応する程度のトルクを発生させようとして、少しアクセルを踏んでいる姿が思い浮かびます。

モータの性能限界となるTの最高値（最高出力ライン）で運転しているのは、図では車速30km/hから110km/hの範囲で7か所だけです。多くは、Tの低い性能で使っていることが伺われます。こ

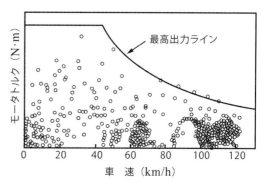

図6-6 実際の車速、トルクの利用状況（i-MiEV）

の実測例を見るとEVで使うモータは、性能ぎりぎりの「最高出力ライン」で使ってはおらず、その範囲内の低いトルク値で使っていることがわかります。このような使い方が、運転者にとって安全、快適、また総合的には環境にも適した使い方であり、周囲に数多く走っているガソリンエンジン車の運転パターンにもなじむものになる、と考えてください。なお後で出てくるモータの最大トルクの値はおおむねこの最高出力ラインを意味し、低いT値で数多く見える○マークの付近が、定格出力であると考えてよいでしょう。「定格」とは、長時間運転しても極端な温度上昇にならない性能値のことです。

EV用のモータを選定する時、あるトルクがどの程度の時間で出力可能かなどの条件は、標準化されていません。最高出力ラインが大きな値であるなら、どんな場合でもすばやい加速も可能になるでしょうけれど、通常の運転車には必要がなく、また安全のためにもそうすべきです。部品構造などを考慮すると、最大出力や最大トルクで出力できる時間は、モータやインバータ（モータに交流電圧を与える直流交流変換器）の冷却条件により制限を受けます。最高出力ラインのままでずっと使い続けると、モータやコントローラの温度上昇が激しくなり、コントローラが自動的に機能停止することになるでしょう。モータには定格の値がありますが、これは継続的に運転しても支障のない性能値のことで、これは最高出力ラインとは異

表6.1 EVやHEVの駆動用モータの性能例

自動車メーカー名	車種名	種別	最大出力 kW	回転数 min⁻¹	最大トルク N·m	回転数 min⁻¹
三菱自動車	i-MiEV	EV	47	3,000–6,000	180	0〜2,000
富士重工業	プラグイン ステラ	EV	47	6,000	170	−
トヨタ自動車	プリウス(2009年)	HEV	60	13,500	207	2,500
トヨタ自動車	サイ	HEV	105	−	270	−
本田技研工業	インサイト(2009年)	HEV	10	2,000	78	500〜1,000

なる特性値で、定格値はその最高出力値よりずっと小さい値になります。このような背景もあり、EV用モータには定格の考え方はあまり適しません。ちなみに表6.1には、近年市販されているEVやHEVの駆動用モータの出力とトルクの性能の一覧を示します。最大出力／回転数（kW/min⁻¹）は、図6.5の基底回転数での値、最大トルクは同図の定トルク領域の縦軸の値を示しています。同じような車両でも、いろいろな選び方があることがわかります。

以上、EV駆動用のモータに必要な特性を、運転者の視点で紹介しましたが、この性能以外に自動車そのもののSCEの観点で、次の要求項目を検討する必要があります。

① 小型軽量であること

自動車に使用される駆動用モータは限られたスペースに搭載することから小型にする必要があります。

また、駆動用モータが大きくなることにより重量が増加するとエネルギー消費につながることから究極まで小型軽量化が必要です。

② 高トルクであること

自動車は登坂発進の他、追い越しや追い抜き等を想定すると高い加速性能が必要となります。更にキャンピングカーをけん引して山間部を走行する事まで考えると要求トルクはさらに高くなります。

③ 高パワー密度であること

電動車両の航続距離を伸ばすためには軽量化による転がり損失の低減、車両の小型化による空気抵抗の削減等、電動車両の重量とサイズを小さくする事が望まれています。

④ 高効率であること

電動車両に搭載されているバッテリの容量は限られており、限られたエネルギーを利用するため、モータの定格出力まわりの狭い領域ではなく、すべての速度トルク全域で高効率であることが望まれます。

⑤ 適切な減速機の設定

図6.7に示すように、電動車両のドライブトレイン（モータで生み出した動力をタイヤに伝達する機構。主にギヤやドライブシャフトで構成）が要求する移動体のN-T総合特性にモータのN-T総

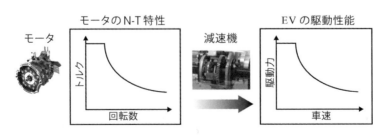

図6.7 モータと移動体のN-T総合特性の整合

合特性を整合させる必要があります。

6.3　いろいろなモータの種類

6.3.1　永久磁石界磁型 DC モータ

EV 駆動用モータを例に N-T 総合特性を紹介してきましたが、この総合特性は、モータとコントローラを連携して作りだしたものです。モータそれ自体は、また別の N-T の特性を持っています。なお、モータの個別の特性を紹介するときは N-T 特性、コントローラまで含む特性のときは N-T 総合特性と呼ぶことにします。

図 6.8 に、モータの種類を示します。この中の DC モータを見ると、永久磁石界磁型と電磁石界磁型の 2 つの種類があります。PIUS では、電磁石界磁型他励モータというものを使っていますが、ここではまず、理科工作や玩具などでおなじみの永久磁石界磁型を例にモータの特性を紹介します。

永久磁石の磁界の中で、回転子に電流を流すとファラデーの電磁力が発生し、フレミングの左手の法則に従った力が発生し、磁界の強さや電流の値に従った回転数 N やトルク T を得ることができます。このモータの詳細な機構や動作原理、電磁力の理論等の説明は、多くの参考書で紹介されていますので省略します。ここではモータそのものの N-T 総合特性に着目してみましょう。

まず永久磁石界磁型 DC モータの典型的な特性図を、図 6.9 に示します。この図はモータに与える印加電圧は一定値として、横軸にトルク T、縦軸に回転数 N、また出力 P、電流 I、効率 η を示しています。

左端 T=0 は無負荷時の最高回転数 N_0 を示しており、そのときの電流 I は小さい値になっています。この状態からモータの軸に負荷をかけていくと、図のように回転数 N は回転数がゼロとなるトルク T_s（拘束トルク）に直線的に変化していきます。電流も直線的に変化し、T_s の時に最大の電流となります。このときの電流値 I_s を拘束電流と呼びます。出力 P は N_0 と T_s のほぼ半分の時に最大出力になります。効率 η は出力／入力であり、回転数 N や電流 I が直線であれば解析的に求めることができます。η が最大値となるトルク T を適正負荷とか定格負荷と呼ぶことがあります。

図 6.9 の特性は、印加する電圧により、図 6.10 のように変化します。電圧を高くしていくと、図

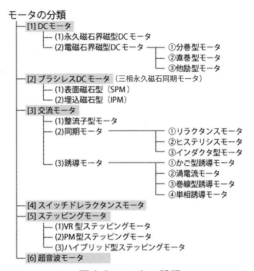

図 6.8　モータの種類

（日本電産 HP より）

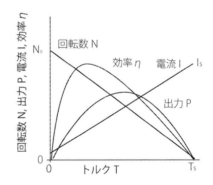

図 6.9　永久磁石界磁型 DC モータの特性

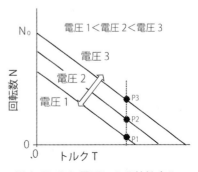

図 6.10　印加電圧による特性変化

- 通常使わないモータはほとんどDCモータ（パワー・ウインドウ、ミラー、ウォッシャ・ポンプなど）
- 使用時間が長く、大出力のモータ（ラジエータ・エアコンのコンデンサの冷却ファン）はブラシレスDCモータ
- 高精度の制御をする電動パワー、ステアリングはブラシレスDCモータ
- 自動車バッテリ（12V）で回すので交流モータはあまり使わない

図6.11　DCモータの主な用途（出典：Interface　2014年4月号　CQ出版）

のように横軸と交わる拘束トルク T_s の値が大きくなっていきます。トルクTと回転数Nの特性そのものは直線的ですが、トルクTと回転数Nをある値にしたい場合、電圧をいろいろ変化させることにより、トルクTと回転数Nをいろいろな座標値に設定できることがわかります。

例えば移動体の発進時、回転数がゼロの付近でトルクTを一定にしたい場合、電圧1を与えて図6.10のP1の座標になるように制御し、少し速度が増加したらP2、さらに速度が増加したらP3になるように電圧を調整していけばよいことがわかります。このような調整のことを定トルク制御と呼びます。具体的にはモータに流す電流値を一定に保つように調整しますが、こうした制御は、モータ外部に付加したモータコントローラで行うことになります。

永久磁石界磁型DCモータは、図6.11に示すように自動車では、多く使われていると言われます。ただしパワートレイン用の駆動用モータとしては、後で紹介するブラシレスDCモータのひとつである三相永久磁石同期モータが広まりつつあります。

6.3.2　電磁石界磁型DCモータ

図6.8では電磁石界磁型DCモータとして、分巻型、直巻型、他励型の3つのDCモータを示しています。これは永久磁石界磁の代わりに、コイ

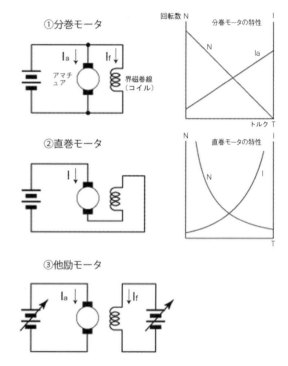

図6.12　電磁石界磁型DCモータ

（日本電産HPより）

ルによる電磁石を置き、そのコイルの電流値を変化させることにより、必要な回転数NやトルクTを得る目的のモータです。

このモータの使い方や特性の概要を図6.12に示します。横軸がトルクT、縦軸が回転数Nになっていますが、この軸を変えて読み取ると、①の分巻型は、永久磁石界磁型とほぼ同じ直線的なN-T特性になります。

②の直巻型は、図6.7のトルク特性曲線に似て

います。この型のモータは低トルクで回転数が極端に高くなる問題点がありますが、電車などの動力源として使われてきました。

③の他励型では、電機子（アマチュア）電流I_aと界磁電流I_fによりいろいろなトルクや回転数になり、あるN-T特性になるよう制御しやすい特性を持ちます。例えばトルクTは電機子電流I_aに比例し、回転数Nは界磁であるI_fに反比例します。I_aは加える電圧Vに比例するので、I_fを一定にしこのVを調整することにより、「定トルク制御」ができます。一方、I_aを一定にしてI_fを小さく変化させていけば、「弱め界磁制御」と呼ばれる定出力領域の曲線に沿った回転数の増加が実現できます（図6.5参照）。

PIUSではこの中の他励型モータを用いています。この方式のモータは、回転数N、トルクTの制御がしやすく、環境の側面でエネルギー効率もよいと考え導入した背景があります。もちろん制御しやすい他励型モータとはいえ、運転者に対するSCEの視点では、この他励型モータをコントローラなしで直接使うことは問題があります。きちんとした他励型モータ用のコントローラを使うことにより、図6.4に示したN-T総合特性を実現することになります。

6.3.3　ブラシレスDCモータ

広く知られている永久磁石界磁型DCモータ、またPIUSで用いている他励型モータの紹介をしましたが、EVでは小型、高効率、高精度な制御ができる特徴を持つブラシレスDCモータ（三相永久磁石同期モータ）というものが使われています。

ブラシレスDCモータには図6.8に示すように表面磁石型、埋込磁石型の2つがありますが、いずれも図6.13のように、回転子（ロータ）側に永久磁石を取り付け、周囲の電磁石により回転する磁場（回転磁界）を発生させ、回転子を回す動作原理になります。

回転磁界は三相交流というもので発生させてい

ます。このため交流の同期モータと呼ぶべきですが、このモータには図6.14に示すように、直流から三相交流に変換する駆動回路が内蔵されており、直流の電圧を駆動回路の中のスイッチで切り替え、階段波形状の三相交流をコイルに与えています。その三相電圧値や周波数を変化させトルクや回転数を制御することになります。外部から見ると、直流入力のモータとなり、このため「ブラシレスDCモータ」と呼ばれています。

このモータの動作として、例えば最大のトルクを得たいとしましょう。その場合は、図6.15に示す回転子（ロータ）の磁石が作りだすSNによる磁束と、周囲（ステータ）にある3つのコイルにより発生する磁束が、ちょうど直角になるタイミングで入力の電圧波形を与える必要があります。

この「ちょうど直角の位置」は、一瞬の時間に

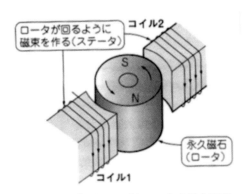

図6.13　ブラシレスDCモータの動作原理

（出典：Interface　2014年4月号　CQ出版）

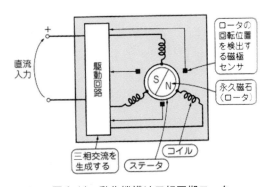

図6.14　動作機構は三相同期モータ

（出典：Interface　2014年4月号　CQ出版）

■ 第6章 パワートレイン1（モータ）

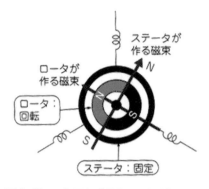

図6.15 三相回転磁界とロータ磁極の関係
（出典：Interface 2014年4月号 CQ出版）

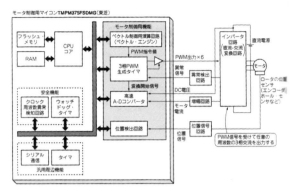

図6.17 ブラシレスDCモータ制御用マイコンの例
（出典：Interface 2014年4月号 CQ出版）

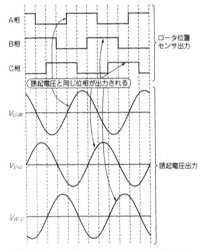

図6.16 短時間の処理と制御が重要
（出典：Interface 2014年4月号 CQ出版）

なります。このため、高速で演算速度の速いマイコン等で制御を行う必要があります。このマイコンの性能がどの程度か、おおざっぱに知るために図6.16をご覧ください。この図は、最大トルクを発生させているときの三相入力電圧波形（実際には階段状波形）を示しますが、例えば回転数が$5000min^{-1}$では、毎秒83回転、正弦波の周期は12msになります。モータの中の磁極センサ情報を読み取り、12msの擬似三相正弦波を正確なタイミングで出力する必要があります。また、高速の波形出力に対応するIGBT（Insulated Gate Bipolar Transistor, 入力が絶縁されたスイッチ用のトランジスタ）などのパワーデバイスも入手可能です。こうした専用の情報処理装置やパワーデバイスがあってはじめて、ブラシレスDCモー

タが運転できると考えてください。

参考までに図6.17に、ブラシレスDCモータ制御用マイコン例を示します。ブラシレスDCモータでは、ベクトル制御という制御を行うため、その制御回路が内蔵されています。ベクトル制御とは、図6.15のステータとロータの磁極の位置関係を、αβ座標系（二相固定座標系）やd-q座標系（二相回転座標系）というものに変換して、運転制御を行う方法です。

6.3.4 交流誘導モータ

交流（Alternating Current, AC）モータの代表例として、図6.18に「かご型誘導モータ」の構造を示します。このモータは、交流電源に接続するだけで利用できます。動作原理は、周囲にあるコイルに三相交流電圧を加えることにより回転磁界を発生させ、その中にある回転子の中にある導体に電流を発生させ、その電流による磁束と周囲の回転磁界との吸引力・反発力により回転します。構造は簡単であり、安くて頑丈であることが特徴です。ただし「すべり」という現象により、トルクが大きくなると回転数が低下する問題点があります。

このモータの特性を図6.19に示します。このままの特性では、EVで使うN-T特性とはだいぶ異なるので、コントローラ等で制御して、目的の特性になるよう工夫する必要があります。

なお、回転数Nは与える電圧の周波数で決まり、

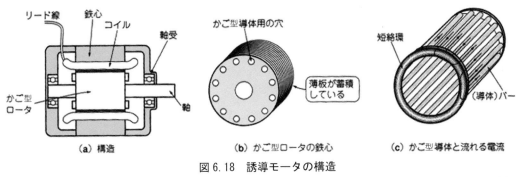

図6.18 誘導モータの構造

(出典：Interface 2014年4月号 CQ出版)

この回転数の変更のために、インバータを使って周波数を変化させることもあります。これをVVVF (Variable Voltage Variable Frequency) 制御と呼びます。

以上、代表的なモータの機構や特性を紹介してきましたが、これらのモータがどのような分野で使われているか、表6.2に紹介します。

6.3.5 EVのメリット

モータを使うEVでは、図6.17の制御マイコン、また後述する専用のコントローラにより、図6.4に示す総合的なN-T特性を作りだしています。この結果、エンジン車で必要であった変速機（ト

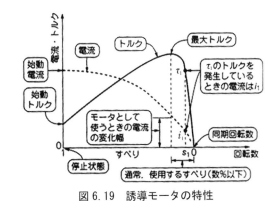

図6.19 誘導モータの特性

(出典：Interface 2014年4月号 CQ出版)

表6.2 いろいろなモータの特徴と用途の例

大分類	一般名称	特徴	用途
DCモータ	永久磁石界磁型DCモータ	低コスト、ブラシが摩耗	自動車のワイパやパワーウインドウ、普及価格帯の模型/RC駆動用
	電磁石界磁型DCモータ	上に同じ。プラス大型対応	昔の電車、クレーン、エレベータ
同期(SM)モータ	ブラシレスDCモータ 永久磁石同期モータ (PM)	高効率、小型・軽量、複雑、希土類が必要	車のステアリング、ラジエータファン、PCのドライブやファン HV・EV(駆動用)、エレベータ
	スイッチトリラクタンスモータ(SRM)	高回転、単純構造、安価、制御複雑	クレーン, コンベア・ベルト, 掃除機
	同期リラクタンスモータ(SynRM)	単純構造、回転滑らか	工作機械、エアコンコンプレッサ
交流モータ	誘導モータ(IM)	堅牢、安価、高回転対応	新幹線車両、扇風機、電子レンジ、エアコン
	整流子モータ	直流でも使用可	掃除機、電動工具

参考：技術評論社「(最新)小型モータの全てがわかる」、電気自動車の駆動系-どんなモータが最適か

ランスミッション）やクラッチ、トルクコンバータ、スタータが不要になりました。このこともありEVでは、インホールモータ等を用いて写真6.1のi-REALのようなスタイルの移動車も実現できるようになりました。

従来のディーゼル車、ガソリンエンジン車との違いを模式図として図6.20に示します。前に紹介したブラシレスDCモータは制御マイコン等により、図示する定トルク制御（図6.5参照）や定出力制御（図6.5参照）をしていることがわかります。PIUSで使っている他励型DCモータも、コントローラにより、このN-T特性を実現しています。

ディーゼル車、ガソリンエンジン車も根強い人気があり広く使われていますが、この原動機では、変速機等を付加する必要があります。図6.21にはガソリン車5段変速の例を示しますが、これを手動あるいは自動で行う場合、変速機構が介在することになります。1速から5速までのトルクの特性は、手動変速機ではギヤシフト、自動変速機では無段階変速機（Continuously Variable Transmission、CVT）などで実現しています。これらの変速機等の機構は、結果的に図6.20の電気モータ（交流インバータ）のN-T特性を実現するものであり、EVはこの面で部品点数が削減できるメリットがあります。

6.4 PIUSで使用しているDCモータ

PIUSに搭載されている写真6.2のモータは、定格0.6kWの他励型DCモータです。ただし瞬時に発揮できる最高出力は後述するように3.3kW、最大トルクは12N・m、最高回転数は10000min^{-1}と

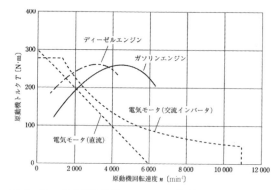

図6.20 各種原動機のトルク特性（中型乗用車比較模式図）（出典：自動車工学、東京電機大学出版局）

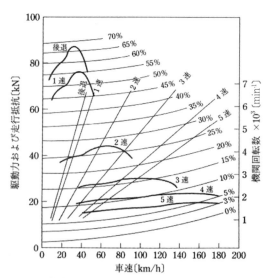

図6.21 変速機による走行性能曲線（ソアラ2000GT）
（出典：自動車工学、東京電機大学出版局）

写真6.1 インホールモータを用いた移動体の例
（トヨタ i-REAL）

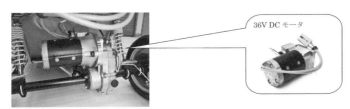

写真 6.2　PIUS で使っている DC モータ

写真 6.3　DC モータのカットモデル

写真 6.4　カットモデルの拡大図

写真 6.5　DC モータ（42V 仕様）

写真 6.6　AC モータ（48V 仕様）

なっています。このモータのカットモデルを写真 6.3、6.4 に示していますが、外側に界磁巻線（コイル）が見えます。他励型なので永久磁石はありません。

このモータには、図 6.12 の③に示すように、電機子電流 I_a を流す目的で電圧を印加する端子と界磁電流 I_f を流す目的の端子がそれぞれあることをご覧ください。電機子には例えば 100A 程度の電流 I_a を流し高いトルクを得ます。また界磁コイルには約 10A 程度以下の電流 I_f を流し、主に回転数を変化させます。これらの電流はいずれも後述するコントローラからパルス波形の電圧を加えて、電流値を作りだしています。

また写真 6.5 から写真 6.7、表 6.3 に、42V または 48V 仕様の他励型 DC モータ、AC モータ、インホイールモータの写真、性能の一覧表を示しま

写真 6.7　インホイールモータ（48V 仕様）

す。これらは PIUS に取付けることができる型式の部品ですが、それぞれの特徴を実証する目的で使うモータです。ただし使用においては、48V 仕様のコントローラが必要になります。

以上の 3 種類のモータにはそれぞれ専用のモータコントローラ及び専用のシャシ及び取付け金具が準備されています。このモータを交換すること

表 6.3 PIUS Advance キット向けのモータ性能一覧表

	DCモータ PIUS標準	ACモータ アドバンスキット	インホイールモータ アドバンスキット
定格電圧	42V	48V	48V
定格出力	600W	不明	2000W
連続出力	不明	2600W	不明
最大出力	3300W（42V時）	不明	不明
最大トルク	16N・m（42V時）	不明	不明
最大回転数	10000min^{-1}（42V時）	3800min^{-1}	400〜1000min^{-1}

により、モータ特性やコントローラの設定の違いが体験できます。

6.5 コントローラ（モータコントローラ）

6.5.1 コントローラの基礎

コントローラ（モータコントローラ）はモータと一体化して使い、図6.5のようなN-T総合特性を実現するものであることを紹介しました。現在は図6.17に示したモータ制御マイコンが入手できます。また学習のために、ブラシレスDCモータ、ブラシ付きDCモータ対応の評価キットが、数多く開発されています。

パワートレインのつながりでモータコントローラを眺めると、モータに適切な駆動電力を与え、またブレーキ操作の快適な回生制動等も含め、運転者に対しSCEの状況を作り出す装置になっていることがわかります。

写真6.8に、PIUSで使っているコントローラ（CURTIS D.C. MOTOR CONTROLLER 1243-4322）を示します。また図6.22には一般的に使われる接続例を示します。

図6.17で、ブラシレスDCモータでのコントローラの内部回路を示しましたが、写真6.8のコントローラの内部回路は公開されておらず、いろいろな設定項目から推定して説明します。

まず、モータコントローラは一般に、図6.23に示す役目を担っていることを説明します。

PIUSのコントローラCURTIS 1243はデジタル制御方式になっており、まず図6.23のAのモニタ装置でパラメータ設定を行い、例えば最高速度

写真6.8 コントローラ

などをどうするか等を設定します。その結果、アクセルペダルの踏み加減でどんな速度になるか決まります。またコントローラに異常があれば、このAのモニタ装置で点検することになります。モニタ装置の代わりにPCをつなぐこともできます（別売のプログラミングステーションが必要）。

次にBのアクセルペダルで走行速度の上下、また加速度合の意思をコントローラDに伝えます。アクセルペダルには可変抵抗（ポテンショメータ）がついており、可変抵抗の接触部を通じて走行の意図、加速や速度維持、あるいは減速の意図をコントローラに伝えます。この操作加減もデッドタイム等の設定により、運転者のSCEニーズに対応して調整できます。

すると、Dのコントローラでは予め決まっている設定条件をもとに、Cのバッテリから取り出すべき駆動電力を決めます。この電力の値はパルスの断続時間によって表し、PWM (Pulse Width Modulation) という波形でEのモータに与えます。

このPWM波形は図6.24のような波形になっており、例えば電圧が0Vである時間とE[V]である時間が異なると、波形の時間比（1周期あたり

6.5 コントローラ（モータコントローラ）

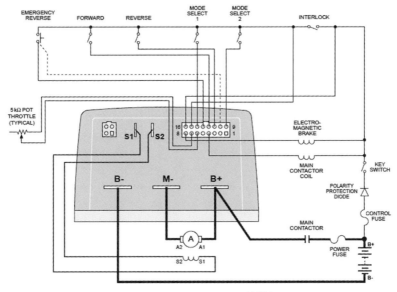

図 6.22 コントローラの接続例

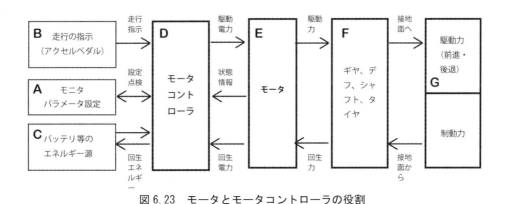

図 6.23 モータとモータコントローラの役割

$E[V]$ である時間の割合、Duty 比）によって、平均化された電圧 V の値が定まります。Duty 比が小さいと低い電圧となります。この PWM 電圧が図 6.12 の③に示す電機子電流 I_a、界磁電流 I_f の値を決めるものになります。回転数が低い場合は定トルク制御（図 6.5 参照）、回転数が高い場合には定出力制御（図 6.5 参照）になるよう、図 6.22 の接続図で示す電機子電流 I_a（A1-A2 端子に接続）、および界磁電流 I_f（S1-S2 端子に接続）を流すことになります。

図 6.23 の E のモータに直結した F のギヤやデフを通じて駆動力 G が発生します。ギヤは、ギヤ比によりトルク T が増大し、回転数 N が減少します。その結果、走る場所によって図 6.4 や図 6.5

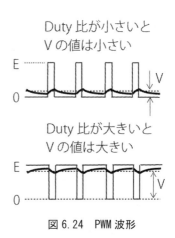

図 6.24 PWM 波形

で見てきたようなN-T総合特性を運転者が利用することになります。

　アクセルペダルを離したり、ブレーキを踏むと、制動力が発生し、Aで予め設定された回生制動の制御も行います。PIUSではここまでの制御になりますが、もしバッテリまでつながった回生エネルギーの回収装置があれば、バッテリの充電にまで、回生エネルギーを戻すこともできるでしょう。

　コントローラの機能は以上のように、多様な機能が備わっており、モータの種別と走行目的に応じたN-T総合特性を実現することはもちろん、状況の監視や緊急停止などの安全機能、バッテリの監視、またアクセルを離しても少しずつ進行するクリープ機能なども備わっています。こうしたコントローラは、モータの種別、例えばACモータ用、永久磁石界磁型用など、モータの種別に応じて、選択ができるようになっています。

　なお、このコントローラは安全に動作するために300×300mmの広さの3mm厚のアルミ材による放熱器の取り付けが求められています。PIUSのコントローラを入れた金属製の箱は、この安全性能を満たす目的もあります。

6.5.2　コントローラの付属品

　図6.23のモニタ装置Aで、予めモータの性能を定めるとの説明をしましたが、その具体的な装置の例を写真6.9に示します。このモニタ装置は、前進後退の速度の限度値、加減速の加減の程度（Rate）、回生ブレーキの設定、バッテリ放電の監視、またいろいろな保護機能の設定を行う目的のものです。アクセルの踏み具合の調整も行うことができ、この装置により、EVの総合的な走行特性が定められていると考えてください。

　駆動源となっているDCモータは、このモニタ装置で設定するいろいろな設定条件を上回るような性能面の定格を持ち、また機械的に信頼性が高く、安価、小型であるとのSCE面の判断で採用することになります。

　モータ部品の性能等も大変重要ですが、運転者に対するSCEは最終的に、写真6.9のようなモニタ装置による設定で定められていることを知っておいてください。

　なお、本章に記載したコントローラ及び附属品はPIUSに使用しているものを事例としてとりあげており、この他にも仕様の異なるものがあります。

6.6　課　題

　本章で学んだ知識を再確認する目的で、以下の課題に取り組んでください。なお、説明を求める課題は、1課題について400文字以上800文字以下にまとめ、適宜、図を使ってください。

1．乗用車において、「パワートレイン」と呼ばれる機能部分の主要部品を5つあげ、それがどのような働きを行うものか、説明しなさい。

2．N-T総合特性を形成するモータとコントローラの役割を述べ、SCEの視点でこの特性の設定の仕方を述べなさい。

写真6.9　モータコントローラのモニタ装置

3．電気自動車で用いられるモータの種類を3つあげ、それぞれの性能の長所や短所を述べなさい。

4．コントローラ（モータコントローラ）とはどういう働きをするものか、述べなさい。

5．永久磁石界磁型DCモータの特性図を描き、それぞれの特性について説明しなさい。

6．ブラシレスDCモータの特徴と、その制御方法について説明しなさい。

7．本章で示したコントローラが持つ安全監視の機能を3つあげ、説明しなさい。

第7章　パワートレイン2（デファレンシャルギヤと動力性能）

本章で学ぶ内容

パワートレインとは図7.1の図に示すように、PIUSを構成する3つの要素のひとつです。シャシ、ボディに含まれない構造物や部品全体のことを指します。具体的には、モータ、モータコントローラ、ギヤボックス、デファレンシャルギヤ、シャフト、またモータのエネルギー源となる電池、電線をひとまとめにしてそう呼びます。第7章では、PIUSのパワートレインのデファレンシャルギヤと第6章で学習したモータの基礎知識を基に具体的に動力性能の設計について学びます。

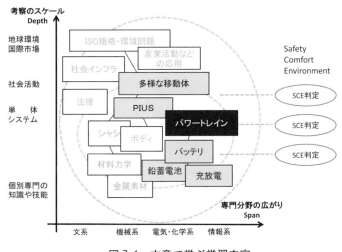

図7.1　本章で学ぶ学習内容

7.1　PIUSのパワートレイン

第6章～7章で学ぶパワートレインの主な構成部品を、図7.2に示します。

PIUSが人を乗せて走行できるのは、走行できる車台や入れ物であるシャシ、ボディがその目的できちんと設計されていることはもちろんですが、そのシャシやボディに見合った駆動力の発生部分の設計が必要です。図7.2は、その駆動力の発揮に至るまでのPIUSで使っている主要部品です。

供給された電気エネルギーにより駆動源である④モータが回転し、その駆動源の動力を⑤デファレンシャルギヤを経て⑥タイヤを回転させ地面との摩擦力により伝達し、その結果、移動体が移動します。次の項より、モータから動力が伝達されるデファレンシャルギヤの構造と仕組み、及びこれらのコンポーネントにおける走行抵抗などの動力性能について具体例を交え説明していきましょ

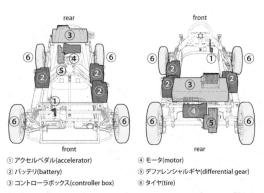

① アクセルペダル(accelerator)
② バッテリ(battery)
③ コントローラボックス(controller box)
④ モータ(motor)
⑤ デファレンシャルギヤ(differential gear)
⑥ タイヤ(tire)

図7.2　PIUSにおけるパワートレイン部品一覧とその取付位置

第7章 パワートレイン2（デファレンシャルギヤと動力性能）

写真7.1　ギヤBOX取付けた状態

7.2　デファレンシャルギヤ

PIUSでは写真7.1に示すように駆動モータからのエネルギーを、減速機からデファレンシャルを経てアクスルシャフト、さらにタイヤに伝えるという構造になっています。

エンジン自動車のトランスミッションは段階的にトルク領域を切り替えるギヤ構造になっていますが、電動車両は一種類のギヤ比だけで幅広い領域のトルクを発生させています。

写真7.2、7.3のデファレンシャルギヤ（differential gear）は、略してデフギヤ、デフなどとも呼びます。LSD（リミテッドスリップデフ）と比較する場合はオープンデフとも言います。機械的機構の一種で動力分配装置であり、差動装置の中で最も身近に使われているものです。車が

写真7.3　デファレンシャルギヤ拡大写真

カーブを曲がる時、内側と外側の車輪に速度差（回転数の差）が生じますが、それを吸収しつつ動力源から同じトルクを振り分けて伝えることができます。つまり、1つのトルクを2つの異なった回転に振り分けて車輪に伝えることができるのです。

デファレンシャルギヤの仕組みについて説明し

写真7.2　PIUSに搭載されているデファレンシャルギヤ

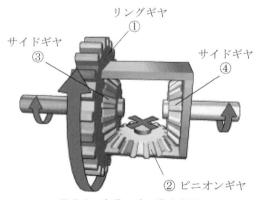

図7.3　直進の時の動力分配

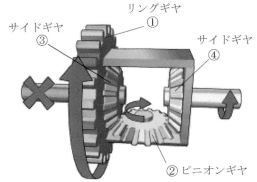

図 7.4　左回転の時の動力分配

ます。図 7.3 は、車が直進する時の動力配分のようすを示しますが、モータ軸に直結したギヤボックスから出力した動力はリングギヤ①に伝えられ①に固定した枠も回転します。枠に付いているピニオンギヤ②は回転しませんが、枠の回転により両側のサイドギヤ(③、④)を同じ速度で回します。

図 7.4 の左側サイドギヤ③のギヤに負荷がかかるか固定されてしまうと、②のピニオンギヤはそれにつれ回転しながら右側のサイドギヤ④を余分に回転させます。

デファレンシャルギヤは以上のように、図 7.3 ～図 7.4 のモータと直結した①のリングギヤによる駆動トルクを、左右の車輪につながった③と④のサイドギヤに分配する働きがあります。なお、モータと①のギヤの間には減速機があります。PIUS の場合は 1 対 11 の減速比であるので、概ね回転数は 11 分の 1、駆動トルクは 11 倍となって、図の①のギヤに伝わります。

もし、左にハンドルを切った時には、図 7.4 のように左側のギヤは回転数が小さく、右側のギヤ④が高い回転数にする必要があります。この働きは前述したようにデファレンシャルギヤの中の②のピニオンギヤが、この左右の負荷をバランスさせて駆動トルクを分配するしくみになっています。

この駆動トルクの詳しいはたらきは、別の参考書で調べていただきたいのですが、ここではデファレンシャルギヤとは、軸が 1 つしかないモータの駆動を、ハンドル操作にかかわらず右と左にそれぞれ等しい駆動力を与える装置であると理解

して下さい。

7.3　PIUS の事例にみる動力性能

ここでは学習してきた内容を、実際に PIUS に搭載されている駆動モータの性能を使用しながらこの章の学習をまとめていきましょう。

PIUS の諸元 (公表されている数値と未公表部分は適切な推定値) を基に走行性能線図を作り走行可能領域を出してみましょう。

(1)　電動モータ性能と走行性能線図

動力性能を考える時、動力源である電動モータの性能によって、その車両の動力性能は大きく変わってきます。設計するモビリティの使用環境や用途により、その用途に合ったモータを選定しなければなりません。

ここでは、PIUS に搭載されているモータの性能値を、下記のカッコ内に示します。

最高出力：P_{max}[kW]　(4.0kW)

トルク　$T = 60P_{max}/(2\pi \cdot n)$

ここで n は回転数 [min^{-1}] として、

最大トルク：T_{max}[N·m]　(14.5N·m)

最高回転数：n_{max}[min^{-1}]　(10,000min^{-1})

上記式を用いてモータ性能を走行性能線図に投影してみると図 7.5 のようになります。

なお、図 7.5 の特性は 6 章で説明したようにモータコントローラの設定により実現しています。

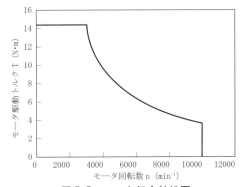

図 7.5　モータ総合特性図

この図は、横軸にモータ回転数、縦軸にトルクをとり、回転数ごとの最大発生トルクを表したも

のです。0回転から最大トルク14.5N·mを発生し、その状態はモータ回転数が約3000min^{-1}まで持続し、それ以上にモータ回転数が上昇するにつれてトルクが徐々に減少していき、最大回転数である10000min^{-1}でのトルクは約4N·mであることが読み取れます。この他の性能値も参考までに示します。

動力分配装置の減速比：i （無次元）　（11）
タイヤ半径：r_t[m]　（0.2m）
車速：V[km/h]

$$V = (n/i) \cdot 60 \cdot 2\pi \cdot r_t / 1000$$

駆動力：F[N]

$$F = T \cdot i / r_t$$

（参考）　出力：P[W]

$$P = 2\pi \cdot n \cdot T / 60 = F \cdot V / 3.6$$

横軸に車速、縦軸に駆動力（または走行抵抗）をとり、車の諸元（寸法、物理的数値等）が決まってくると、0%〜30%の勾配についての図7.6に示す走行抵抗をプロットすることができます。

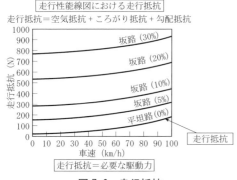

図7.6　走行抵抗

(2) 走行抵抗の図の見方

図7.6から、車速に対して、走行抵抗は、2次曲線的に増加していくことが読み取れます。

① 0%勾配の平坦路

車速50km/hの時、必要な駆動力は約50N、車速100km/hの時に必要な駆動力は約150Nと読みます。

② 勾配

道路走行においては平坦路ばかりではなく、さまざまな勾配があり勾配が増えるにつれて必要な駆動力はそれに伴い増加します。

ある車速である坂道を走るのに必要な駆動力を走行抵抗といいます。この走行抵抗以上の駆動力を出せば車は走る（加速する）という事です。この走行抵抗の成分については次の項で説明します。

③ 走行性能線図

次に駆動モータにトランスミッション（減速機）等の動力伝達装置を組み合わせて「出せる駆動力」を図7.7の走行可能領域に示すようにプロットします（ここでは駆動力線図と呼びます）。

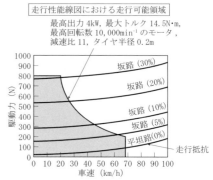

図7.7　走行性能線図（試作車両のもの）

PIUSに搭載されている駆動モータコントローラのスペックは前章で学んだとおり最高出力が4kW、最大トルクが14.5N·m、最高回転数が10,000min^{-1}です。

この特性をもつモータの回転軸とタイヤの回転軸との間に減速機が入っており、その減速機の減速比（ギヤ比）が11で設計されており、タイヤの半径が0.2mであることを基に計算すると、このモータが出せる動力が求められ、その値を図7.6にプロットしたものが図7.7になり、走行抵抗と原動機＋減速機（変速装置）における駆動力性能図を重ねあわせた走行性能線図になります。

図7.7により動力性能（最高速度と登坂性能）について読み取ることができます。

PIUSは駆動力線図の内側が駆動領域になる事から、平坦路（0%勾配）における最高速度は駆動力線との交差点を見ると約67〜68.5km/hと読

み取れます。これはモータコントローラによる最高回転数の設定値が10,000min⁻¹までだからです。

次に、どの程度の勾配の坂道が登れるか、登坂性能を見ると、30%勾配の坂路の上側約800Nに駆動力線図があることから30%の坂道を登れることになります。PIUSの駆動モータは30%勾配がある坂路においても走行できる性能になっているということがわかります。

自動車メーカーでは長坂路試験として、たとえば10%勾配を想定して何分間走り続けられるか行われます。PIUSでは10%勾配の坂道と駆動力線図の交差する部分を図7.7でみると10%勾配の坂を約45km/hで走る性能があると読みとれます。

次は発進加速性能です。車速0km/hの時に出せる駆動力は約800N（14.5N・m×11/0.2m≒798N）ですから、力 F＝ma（質量×加速度）からゼロkm/h発進の時の加速度が求められます。車速約20km/hまではゼロkm/h発進の加速度が維持されますが、それ以降はモータの性能から車速が上がるほど加速度が落ちてきます。

次に追抜き加速度です。自動車が初速度36km/hで、10秒かけて前の車両を追い抜いた時速度は72km/hに達していた時の追抜き加速度を求めてみましょう。

等加速度運動の場合、加速度をa、時間をt、初速度をv_0とすると速度vは、$v = at + v_0$で計算できます。加速度aに時間tを掛けて、初速度v_0を加えるとt秒後の速度が計算できます。

実際に計算してみます。$v_0 = 36$km/h $= 10$m/s、$t = 10$s、$v = 72$km/h $= 20$m/sを代入すると

$$20 = 10a + 10$$

加速度aは、

$$10a = 20 - 10$$
$$a = 1 \text{ m/s}^2$$

となり、初速度36km/hの自動車が、10秒後に72km/hの速度になったときの加速度は1m/s²と計算できます。

発進加速度、追抜き加速度とも数値計算で求められるものです。

PIUSは搭載モータの定格出力を0.6kWに設定している事から、定格出力0.6kWにおける走行性能線図は図7.8になります。この場合の動力性能を読み取ってみましょう。

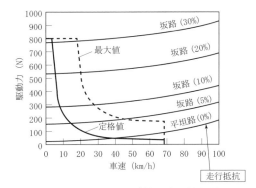

図7.8 PIUSカタログ値の走行性能線図

定格出力とは、出力に対して保証された使用限度を言い、PIUSに使用されているモータの定格出力は、ミニカー登録において道路交通法令で定められている「総排気量20ccを超え50cc以下又は定格出力0.25kWを超え0.6kW以下の原動機を有する」に適合する規格に設定されています。

次に動力性能の具体的な項目として走行抵抗があります。走行抵抗には4種類があります（①転がり抵抗、②空気抵抗、③勾配抵抗、④加速抵抗）。タイヤの接地面に必要な動力は、この4つの抵抗をすべて加えたものとなります。

(3) 走行抵抗の成分

動力性能の具体的な項目として、走行抵抗があります。駆動モータによりクルマを移動させようとする時、移動体を取り巻く周囲の抵抗に打ち勝つ動力をタイヤ表面に与える。この周囲の抵抗のことを「走行抵抗」と呼びます。

走行抵抗には車両が一定条件で走行するときの抵抗をいいます。具体的に判りやすいトラックの例をあげて4つの抵抗を説明しましょう。

① 転がり抵抗

車輪がころがる際の軸受け部の摩擦抵抗と、路面とタイヤ間のエネルギ損失により発生する抵抗をいいます（図7.9）。

転がり抵抗はタイヤの抵抗が主であり、「ある

重量物を搭載してもきちんと走行できるか」示す値で、Safety（安全性）、Comfort（快適性）の評価観点で設計され、主に車重に影響を受けるものとなっています。

近年、タイヤの抵抗低減が進んでおり、省エネタイヤと呼ばれるものも見受けられます。このほか転がり抵抗には、路面の状況やブレーキの引きずり抵抗、駆動系の抵抗（潤滑油かき混ぜ）が含まれます。路面と車輪間の摩擦係数の大きさと車両総重量に比例して大きくなりますが、車速には影響されません。

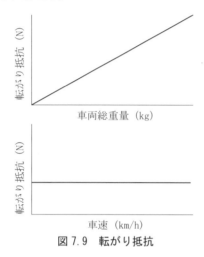

図 7.9　転がり抵抗

転がり抵抗は次の式で計算します。
転がり抵抗：

R_r[N]（1Nは0.10197kgf）（1kgf = 9.80665N）

$R_r = \mu \cdot M \cdot g \cdot \cos\theta$

μ：転がり抵抗係数　（無次元）

M：車両総重量　[kg]

g：重力加速度　[m/s^2]

θ：坂路勾配　[rad]

② 空気抵抗

空気抵抗は走行時の空気や風によって生じる抵抗のことで、車両の外観形状、特に前面面積により決まり、車速の2乗に比例します。（図7.10、図7.11）

高速時に影響が大きくあらわれ、高速走行時に思わぬ量の燃料を消費するのもこれが最も大きい原因になります。近年は、高速道走行が増えていることから、最高速のほか、高速走行における燃費への影響が大きくそれを低減しようとする活動が盛んです。

車両前面投影面積は、燃費等に影響がある事から、SCEの観点からみるとEnvironment（環境）の視点で判断し設計されるものとなります。

高速道路では70km/hを超える頃から、空気抵抗により顕著に影響が出始めます。

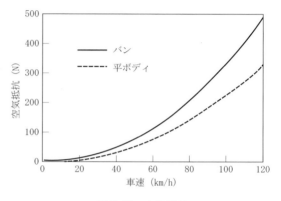

図 7.10　空気抵抗

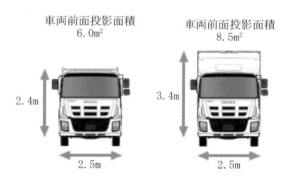

図 7.11　車両前面投影面積

空気抵抗は次の式で計算します。
空気抵抗：

R_a[N]　（1Nは0.10197kgf）

$R_a = 1/2 \cdot \rho \cdot C_d \cdot A \cdot V^2$

ρ：空気密度 [kg/m^3] = 1.2250（地上）

C_d：空気抵抗係数（無次元、約0.3～0.4）

A：車両前面投影面積 [m^2]

V：車速 [m/s]

③ 勾配抵抗

勾配を登坂する際に発生する抵抗をいい、車両

総重量と勾配の角度に比例します。(図7.12、図7.13)

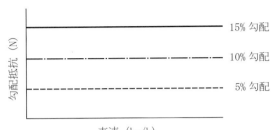
図7.12 勾配抵抗

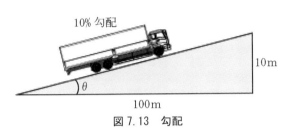
図7.13 勾配

勾配抵抗は次の式で計算します。
勾配抵抗：
　　R_e[N]（1Nは0.10197kgf） or $M\sin\theta$ [kgf]
　　$R_e = M \cdot g \cdot \sin\theta$
　　M：車両総重量 [kg]
　　θ：坂路勾配 [rad]
補足：坂路勾配 [%] について
　　h＝高低差 [m]
　　ℓ＝水平距離 [m]
　　% 勾配＝h/ℓ × 100
　　$\theta = \tan^{-1}(h/\ell)$

また、勾配抵抗は車速に関係なく一定値ですが、勾配が変化することにより抵抗も変わるため、Safety（安全性）の視点で設計され図7.12のような線図となります。なお、θが小さいときは、次の近似式で計算します。

$$M\sin\theta = M\sin(\tan^{-1}\frac{h}{\ell}) \fallingdotseq M \cdot \frac{h}{\ell}$$

たとえば、車両総重量20tonの車が10%勾配の坂路を登る時に生じる抵抗は$\frac{h}{\ell}$が0.1であり、
　　勾配抵抗≒20000 × 0.1 = 2000kgf

になります

つまり2000kgの力で後に引かれているのと同じ抵抗になります。

④　加速抵抗

加速を行う際に発生する抵抗をいい、車両重量に加えギヤ・シャフト、ドライブシャフト、アクスル、ブレーキ、タイヤ・ホイール等の慣性抵抗を含む原因で発生します。

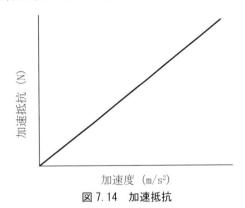
図7.14 加速抵抗

加速抵抗は図7.14に示すように加速度（加速の速さ）と回転部分の車両重量に比例し、車両重量や慣性抵抗が大きくなるにしたがって加速抵抗は増えていきます。

急加速時に影響が大きくあらわれ、燃費等が極端に悪くなることもあります。

加速抵抗は次の式で計算します。

加速抵抗：R_c[N]
　　$R_c = (M + M_i)\alpha$
　　M：車両総質量 [kg]
　　M_i：駆動装置の回転部分の等価慣性質量 [kg]（およそMの数％）
　　α：車両加速度 [m/s²]

（いすゞのHPより引用）

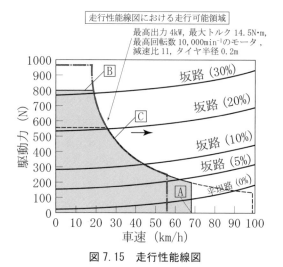

図7.15 走行性能線図

以上、走行性能線図の要素となる4つの成分、転がり抵抗、空気抵抗、勾配抵抗、加速抵抗について説明しました。図7.7や図7.8に示した走行性能線図は、加速抵抗をのぞく3つの成分が全部含まれた性能を分析する目的の図であることを再確認してください。車速が高くなると、空気抵抗が2乗で増えていき、曲線状に抵抗値が増えていくことがわかります。

図7.15に図7.8のPIUSの走行性能線図の最大値として示された領域で示した走行性能線図（駆動力線図）を示します。この図で、Aは最大車速、Bは最大駆動力、Cは最大出力を示します。この最大値は、PIUS付属のコントローラで、最大車速などの値を変更することが可能です。PIUSで使っているモータ自体は4kWが最大値です。もし最大勾配30%の坂道を登る場面があったら、最大トルクは800N必要になります。ただし、既に説明したように、この最大値で走行できる時間は短時間しか使えません。その時間も、モータの放熱条件などにより、どの程度の時間になるか明確に示すことはできませんが、最大値のまま使い続けると温度上昇により走行できなく恐れがあります。長時間、使用できる「定格」はPIUSでは600Wであり、使い方に注意が必要です。

さて、図7.15の走行性能線図は、例えば勾配5%の坂道で車速50km/hの一定速度で走行（加速抵抗は0）しようとすると約200Nの駆動力を取り出す必要があります。しかし走行性能線図では、最大値に近い箇所になっており、短時間であるなら使用可能ですが、長い時間にわたって、このような走行はできないことがわかります。

また、図7.15には実線（———）、一点鎖線（—・—・—）、破線（------）の3種類の走行性能図が描かれています。実線がPIUS付属のモータによる走行性能図ですが、仮に一点鎖線、または破線のような走行性能図を得たい場合は、減速比を変更します。一点鎖線は、実線よりも駆動力を得ることができ、破線は実線よりも車速を大きくすることができます。使用する環境や、走行する用途に応じて変更させることで快適な走行を実現します。

7.4 課題

本章で学んだ知識を再確認する目的で、以下の課題に取り組んでください。なお、説明を求める課題は、1課題について400文字以上800文字以下にまとめ、適宜、図を使ってください。

PIUSの走行性能線図（図7.15）を基に次の課題に取り組みなさい。

1．PIUSの表7.1の主要諸元に基づき、走行抵抗4種類について求めなさい。
　　但し
　　　車速：20km/h
　　　勾配：10%
　　　ρ：空気密度　約 $1.2 kg/m^3$
　　　C_d：空気抵抗係数　0.35
　　　μ：転がり抵抗係数　0.01
　　　乗車人員の体重：65kg
　　　g：重力加速度　$9.81 m/s^2$
　　とします。

2．PIUSの最高速度を向上させるためには走行

表 7.1　PIUS 主要諸元

	駆動形式		ギヤ減速式後輪駆動
寸法・重量	全長 / 全幅 / 全高	mm	2500/1230/885
	ホイールベース	mm	1500
	トレッド　FR/RR	mm	1130/920
	最低地上高	mm	120
	車両重量	kg	220
	乗車定員	名	1
性能	最小回転半径	M	3.4
	一充電走行距離	km	25
原動機	種類	種類	直流モータ
	定格出力	kW	0.6
駆動用バッテリ	種類		鉛電池
	電圧	V	36
	電池容量	Ah	38
走行装置	サスペンション形式	前 / 後	ダブルウィッシュボーン / リジッドアクスル
	主ブレーキ形式	前 / 後	ディスク / ディスク
	タイヤサイズ	前 / 後	3.00-10

性能線図からどの項目の値をどう変化すればよいでしょうか。説明しなさい。

3．最大登坂能力を向上させるためには走行性能線図からどの項目の値をどう変化すればよいでしょうか。説明しなさい。

4．10%勾配の坂道における長登坂能力を向上させるためには走行性能線図からどの項目の値を

どう変化すればよいでしょうか。説明しなさい。

5．既存の駆動モータを使用して最高速度、最大登坂能力をアップさせるためにはどうすればよいか。説明しなさい。

6．乾電池カーレースでできるだけ長時間走行するために、どのような走行抵抗に対し注意すべきか、説明しなさい。

第8章　パワートレインを支えるバッテリと電装品

本章で学ぶ内容

　本章では、前章に引き続いて、パワートレインの要素である蓄電デバイスについて学びます。本章で紹介する要素は図8.1に示します。

　環境問題やエネルギー問題の解決手段として注目されている、次世代モビリティとしての電動車両が国も積極的に支援や取組みを行っていることは、本書第1章4節「新しい時代に向けて」の頁で紹介したとおりです。2008年「低炭素社会づくり行動計画」では、次世代自動車を2020年までに新車販売台数の50％（2台に1台）の割合で国内に導入するいう目標の実現を目指しています。その取組みとして2010年に①全体戦略・②電池戦略・③資源戦略・④インフラ整備戦略・⑤システム戦略・⑥国際標準化戦略の六つの戦略を提示しています。

　この六つの戦略において、蓄電デバイス（バッテリやキャパシタなど）は関わってくるものです。

　実験用移動体であるPIUSで用いるパワートレインにふさわしいバッテリとして、まず鉛蓄電池を紹介します。この蓄電池をSCEの観点で長期間利用するために、特性の見方や取扱いの注意を学んでいきましょう。

　この他に昨今の電気自動車で使われているバッテリの種類や、電気二重層コンデンサ（スーパーキャパシタ）の概要も紹介します。例えば、小型で高性能なリチウムイオンバッテリは自動車に多く使われています。このバッテリは、携帯電話や電動工具など広い分野で使われていますが、取扱いには注意が必要です。

　なおPIUSでは、初心者がバッテリを直接手でさわるなど、分解組立て作業時の事故が考えられること、また多様な計測器の付加や充放電実験の応用もあると考え、SCEのうち特にSafetyに配慮して、鉛蓄電池を採用しています。

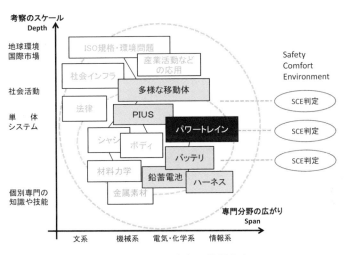

図8.1　本書の学習内容

8.1 電池の歴史（発明と開発）

電池は今から2000年以上も前に既に存在していたのではないかと推論されています。

世界最古・つぼ型電池「バグダッド電池」

イラクの首都バグダッド郊外のホイヤットラブヤ遺跡から発掘された「つぼ型電池」。約2000年以上前のもので、金銀のメッキのために使われていたものと考えられています。電圧は1.5～2ボルト、電解液が何でできているのかは、はっきりとわかっていませんが、酢やブドウ酒などが使われたものと想像されます（図8.2）。

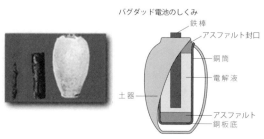

図8.2 バグダッド電池

ガルバーニ電池の発見

1780年、イタリアの生物学者ルイージ・ガルバーニが、カエルの足の神経に2種類の金属をふれさせると電流が流れ、足の筋肉がピクピク動くのを発見した。これが電池の原理の始まりといわれています。

1800年イタリアのアレッサンドロ・ボルタがボルタ電池を発明

図8.3 ボルタ電池

銅と亜鉛を電解液となる希硫酸や食塩水などに入れると、銅は原子がほとんど溶けず反対に亜鉛は原子が溶け出して電子が出ます。そのため銅は（＋）極に亜鉛は（－）極となり、この2つを導線でつなぐと銅から亜鉛に電気が流れる。これが現在の化学電池の原型、ボルタ電池です（図8.3）。

(http://panasonic.co.jp/ec/academy/index.html オートモーティブ＆インダストリアルシステムズ社 －電池分野－ 電池なるほどアカデミーより引用)

さらに1868年、フランス人のルクランシェが「ルクランシェ電池」を発明しました。これは現在の乾電池の母体となるものでしたが、塩化アンモニウム溶液がこぼれたりして不便なところがありました。1888年、ドイツ人のガスナーは、液がこぼれない電池を発明しました。水分はあってもこぼれないことから、ガスナーの発明は「乾いた電池」（＝乾電池）と呼ばれています。その3年前の1885年、日本人の屋井先蔵も独自に乾電池を作っています。

表8.1は電池に関する世界と日本における開発の歴史を一覧表にまとめたものです。

8.2 蓄電デバイス

蓄電デバイスとは、電気エネルギーを蓄えたり、発生させる部品のことです。自動車にはバッテリがありますが、これも蓄電デバイスの例です。この節では主に電池の種類や動作原理について説明をします。また最近広く使われてきた電気二重層キャパシタの概要を紹介します。

8.2.1 バッテリ（電池）の種類

図8.4に電池の種類を示します。この節では化学電池を中心に、概要を説明します。重要な部品は後の節で、説明をします。

図に示すように、化学電池には一次電池、二次電池、燃料電池があります。一次電池とは、放電だけ行う電池で充電ができません。使い切りする

表 8.1　自動車の歴史と電池に関する開発の歴史

電池の歴史	年代	化学技術の歴史／日本の歴史
ガルバーニ（伊）、電池の原理を発見	1780 年	
ボルタ（伊）、電池を発明	1800 年	
	1820 年	エルステッドの電気と磁気の関係
	1826 年	ロバート・アンダーソン、 一次電池と電気モータを搭載した 世界初の電気自動車を開発
ガストン・プランテ（仏）、 充電可能な鉛蓄電池を発明	1859 年	
ルクランシェ（仏）、 現在の乾電池の原形を発明	1868 年	明治維新
カミーユ・アルフォンス・フォーレが プランデの初期畜電池を改良 大容量で高性能な蓄電池を開発 電気自動車の動力源として使用	1881 年	
屋井先蔵、乾電池を発明	1885 年	ニコラ・テスラ誘導モータ特許出願
	1886 年	イギリスで世界で初めて 電気自動車の販売開始
ガスナー（独）、 ヘレセンス（デンマーク）乾電池を発明	1888 年	
ユングナー（スウェーデン）、 ニッケル・カドミウム蓄電池を発明	1899 年	
エジソン（米）、ニッケル・鉄蓄電池を発明	1900 年	
	1925 年	日本でラジオ放送が開始される
	1953 年	NHK がテレビ本放送を開始
水銀電池の国内生産開始	1955 年	日本で初のトランジスタラジオ発売
	1957 年	ソ連、人工衛星の打ち上げ成功
	1958 年頃	第一次家庭電化ブームが起こる
アルカリ乾電池の国内生産開始 ニカド電池の国内生産開始 高性能乾電池の国内生産開始	1964 年	東京オリンピック開催
小形シール鉛蓄電池を開発	1967 年	
超高性能乾電池の国内生産開始	1969 年	米国、人類初の月面着陸に成功
リチウム一次電池 ＜フッ化黒鉛 BR 系＞を開発	1971 年	
酸化銀電池・リチウム一次電池の 国内生産開始	1976 年	
アルカリボタン電池の国内生産開始	1977 年	
空気亜鉛電池の国内生産開始	1985 年	つくば科学万博が開かれる
工業会で「電池の日」制定	1986 年	
ニッケル水素電池、開発される	1989 年	
マンガン乾電池水銀 0 使用化 ニカド電池にリサイクルマーク表示	1991 年	再生資源の利用促進法公布
アルカリ乾電池水銀 0 使用化 リチウムイオン電池開発	1992 年	
使用推奨期限を表示	1993 年	
国内メーカー、水銀電池の生産中止	1995 年	
小形二次電池の回収開始	1997 年	

電池になります。二次電池は充電できる電池です。この電池は電池の種類に応じた専用の充電器があり、その充電器を使って、指示された使い方、たとえば一度に1個充電する、また異なったメーカーの電池を混ぜて使わないなどがありますが、指示された注意を守って、充電する必要があります。

図には燃料電池の名称も見えます。燃料電池は外部から絶えず水素燃料を与えることが必要で、その燃料を与えている間だけ電力が発生します。このため燃料電池は「充電」することはなく、放電だけの動作になります。その面では、一次電池のように考えることもできます。

さらに図には、物理電池として太陽電池を示しています。この電池は光のもつエネルギーを直接、電力に変換するしくみを持っています。太陽電池も燃料電池と同様に、外部から光が照射されないと電力を発生しません。なお図には示していませんが、この他に外部から何かのエネルギーを与えて発電する部品があります。熱により発電する部品（サーモパイルなど）、圧力がかかると発電する部品（圧電素子）もあります。

本節では、化学電池を中心に説明しますが、電池の働きに似た部品として、コンデンサ（キャパシタとも呼ぶ）の説明をします。コンデンサも、充電、放電ができ、その働きは電池に似ています。しかし蓄えることができるエネルギーが少なく、これまではコンデンサをバッテリのように使うことはありませんでした。しかし最近はスーパーキャパシタと呼ぶ部品（電気二重層コンデンサ）が登場しました。この部品で、車を移動することができるようになりました。またこの部品は、「回生制動」の時のエネルギー蓄積、すなわちブレーキをかけたときに発生する電力を、後で利用できるエネルギーとして蓄える目的に使うことも行っています。この部品も後の節で、再度紹介します。

それではまず、電池の動作の考え方を説明します。

電池の動作原理は、電気化学と呼ばれる専門分野になります。ここではその中から、重要と思われる事柄を選んで説明します。

まず電池には「正極」と「負極」の電極、接続

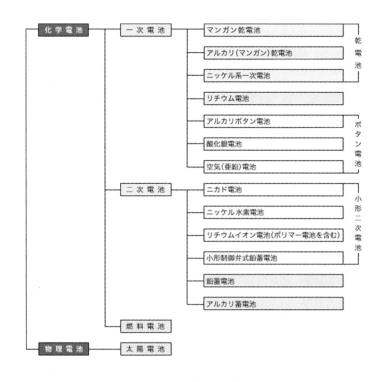

図8.4　電池の種類

する箇所があります。電極は金属などの材料でできています。電池を利用する場合は電極から電力を取り出します。これを放電と呼びます。これとは逆に電圧低下した電池の状態をもとに戻すことを充電と呼びます。

放電の場合、正極から電流が流れ出て、同じ量で負極に流れ込みます。電流は、電子の動きとは逆の方向に定義されていますので、放電のときは、負極から電子が流れ出て正極にその電子が流れ込むということができます。

また後の節で「酸化、還元」という言葉がでてきます。電子を放出し続ける負極は、酸化反応になります。また電子を吸収し続ける正極は、還元反応を行っていることになります。電池の中では、このように酸化、還元の反応が同時に起こっていると考えてください。

次に電池の電圧について説明します。電池電圧は、使っている電極材料と電解液によって変化します。PIUSでは鉛蓄電池を使っていますが、その電極材料は、正極には二酸化鉛（PbO_2）、負極には鉛（Pb）を使っています。この電極材料そのものは「標準電極電位」という電位の値があります。これは水素を電位ゼロとして定めています。標準電極電位の例として、鉛（Pb）の素材では-0.125Vになります。ちなみに金（Au）は1.50V、リチウム（Li）は-3.045Vとなっています。この値の大小関係で、どちらの材料が正極、負極の材料になるか、おおざっぱな関係がわかります。

次に、電極を浸している電解液との関係で決まる電位というものもあります。「電極電位」と呼ばれています。これは、電解液の中に電極材料を入れたとき、電極材料と電解液の境界に生じる電圧になります。その値は、次に示す「ネルンストの式」で決まると言われています。

$$E = E^0 - \frac{RT}{nF} \ln Q$$

E：電極電位
E^0：標準電極電位
R：気体定数
T：温度〔k〕
n：移動電子数
F：ファラデー定数
Q：反応商

詳しく説明しませんが、この式をざっと眺めてください。電極電位は、電極材料自身がもつ標準電極電位E^0だけでなく、電解液の温度やイオン濃度、つまり電解液の濃さによって変化することを示しています。このため、たとえば温度が低下すると、電圧が低下する原因がこのような関係により決まると想像できます。

さて、PIUSでは鉛蓄電池を使っています。その電圧は、公称2Vとなっています。なぜこの電圧値かというと、上のネルンストの式では希硫酸H_2SO_4電解液と正極PbO_2との間には、理論値として約1.682Vの電極電位になるそうです。また負極Pbと電解液の間には、-0.359Vの理論値になると言われています。その結果、正極と負極の間には、合計で2.041Vの電位差が現れる、となります。これが公称値の背景ですが、この電圧値は温度や希硫酸濃度が違えば変動することもあると考えてください。

さて、この2Vの電圧でずっと電流を取り出すと、つまり放電すると次第に電池の電圧値が下がっていきます。この電圧低下は、鉛蓄電池の中の正極、負極の電極の表面が、どちらも硫酸鉛になるように化学変化するからです。もし、正極も負極も同じ材料になってしまうと、標準電極電位が同じ値になります。つまり、正極と負極の電圧が同じになり、電圧の差が0Vに近づくことになります。これが、電圧が低下したという状況です。

放電により電極間の電圧の差が低くなったバッテリは、充電によって電池としての性能を取り戻すことをします。このとき、外部から電力を与えて、電解液の中で正負の電極に化学変化を行います。つまり正極は「きれいな二酸化鉛」になるように、負極は「きれいな鉛」の状態に戻す必要が

あるのです。つまり、充電とは、電極をあるべき素材に化学変化させていることになります。決して鉛蓄電池の中に、電子のつぶ（電荷）をたくさん詰め込むことではないのです。

なおコンデンサ（キャパシタ）では、充電や放電によって、化学電池のような電極素材の化学変化は起きません。コンデンサにおける充電とは、電極の中に電荷（1.6×10^{-19}C）をたくさん詰め込むことであり、放電ではその電荷を外部に取り出すことになります。

電池とコンデンサは、いずれも蓄電デバイスと呼ばれますが、電池の充放電は以上のように化学変化の作用により行われます。一方、コンデンサは電荷移動による物理現象が原因になり、化学変化は起きません。電池とコンデンサはこのように、動作原理の違いがあります。

さらに、8.3.2で紹介するリチウムイオン電池では、充電や放電の時、リチウムイオンを電極に移動させる化学反応になります。これをインターカーレーション反応と呼びます。リチウムイオン電池は鉛蓄電池とは違う化学反応であると考えて下さい。

引用・参考：
1) 日本太陽エネルギー学会、エコ電気自動車のしくみと製作、p.80
2) トランジスタ技術SPECIAL No.121、充電用電池の基礎と電源回路設計
3) 岡田、谷中、電気工学基礎、コロナ社

8.2.2　自動車において使用されているバッテリ

図8.5に自動車で使われている電池の種類と、主な目的を示します。

自動車のエンジンの始動、点火および点灯装置などに安定した電力を供給する電源として、また、充電装置からの電気を蓄えるものとして鉛蓄電池は大切な役割を果たしています。最近では、電装品も増え、コンピュータ化が進む中、安定電源装置として働いています。

一方、最近ではエンジンとモータとを組み合わ

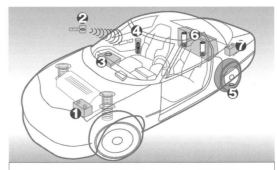

① 12V／24V 自動車専用バッテリ（鉛蓄電池）
　エンジン始動用および電装部品の電力供給の要となるバッテリです。
② キーレスエントリ（リチウムコイン電池）
　クルマから離れたところより、ドアキーの開け閉めが可能なキーレスエントリーの中にも電池が入っています。
③ メモリーバックアップ用バッテリ（リチウムコイン電池）
　バッテリを交換するときに、メモリーや時計機能をバックアップします。
④ 非常用電灯／マンガン乾電池
　非常用の電灯には一般にマンガン乾電池が使用されています。もしものときに備えて定期的に点検しましょう。
⑤ タイヤ空気圧センサー／リチウム電池
　タイヤの空気圧をセンサーで監視するシステムにも電池が使われています。
ハイブリッドカー用
⑥ メインバッテリ（ニッケル水素電池・リチウムイオン電池）
　ハイブリッドカーのモータ駆動のための高出力電池です。
⑦ 補機用バッテリ／鉛蓄電池
　アイドリングストップ中でも電装部品を快適に使用するための電気系統を補機駆勧するバッテリです。

図8.5　自動車で使用されているバッテリ（電池）

せたハイブリッド自動車が環境の点から沢山利用されています。これには、ニッケル水素電池やリチウムイオン電池が使われています。

また、キーレスエントリーや空気圧センサーなど自動車関係で多くのリチウム一次電池などが使われています。

8.3　バッテリ（電池）の原理

この節では電動車両に使用される各種蓄電デバイスの原理や特性について説明していきましょう。

8.3.1 鉛蓄電池
1）自動車用鉛蓄電池の概要

鉛電池は1859年にプランテによって発明され、その優れた実用性から現在も自動車用はもちろん、産業用としても非常用電源や電動フォークリフトトラックなどの電動車両分野で広く用いられ、さらに太陽光発電など再生可能エネルギーを利用したマイクログリッドの負荷平準化や系統連携のための蓄電など、地球温暖化防止に向けた取組みでも利用が期待されています。特に自動車用は、エンジンルーム内の高温環境における耐久性、低温始動性能、低コストにより不動の地位を得てきました。

内燃機関を用いた自動車に鉛蓄電池が使用されるようになったのは1920年頃で、電気自動車よりも20年ほど後です。この頃の自動車は電気装置が少なく、電気負荷は始動装置（starting system）、照明装置（lighting system）と点火装置（ignition system）程度であったため、バッテリ電圧は現在の半分の6Vであり、自動車用鉛蓄電池はこれら負荷の頭文字をとってSLIバッテリと呼ばれました。1950年代になると電気負荷の増大に伴いバッテリ電圧は現在の12Vに引き上げられた。その後、日本では1964年の東京オリンピック後のモータリゼーションにより、自動車用鉛蓄電池の生産は急速に拡大しました。一方、自動車は安全性・快適性・利便性・経済性の追求に伴い電気装置の数とそれによる電気負荷を急速に増大させ、たとえば窓の開閉やミラーの調整、スライドドアの開閉など100個を越えるといわれるモータ類、オーディオビジュアル装置、ナビゲーションシステムなどのボディ系電気装置に加え、電動パワーステアリングや電動油圧式ブレーキ、さらにはアイドリングストップシステムなどシャシやパワートレイン系装備へも拡大しています。このような電気負荷増大の流れの中で、欧州の高級車を中心に電力供給の不足が顕在化し、自動車電源の42V化（バッテリ電圧は36V）が叫ばれるようになりました。そして、1996年に米国ではマサチューセッツ工科大学（MIT）が主宰するMITコンソーシアムが活動を本格化し、肥大化が見込まれるワイヤハーネス質量の削減と相まって、42V化に向けた取組みが始まりました。そして2001年には、トヨタが世界初の42V適用車であるトヨタ・クラウンマイルドハイブリッドを発売しました。この自動車には12Vと36Vの制御弁式鉛バッテリが採用されました。12Vの鉛蓄電池は始動用電源として、また36Vの鉛蓄電池はモータジェネレータによる再始動と制動エネルギー回生、さらにアイドリングストップ中の補機電源として用いられました。しかし、50年に一度の大変革といわれる車両電源の42V化には、部品やシステムの信頼性の確保やコストの問題があり、さらに、オルタネータの技術改良の進展が発電能力を大幅に向上し、電力供給不足に端を発した42V化の要請は一時後退しました。しかし、自動車電源は14V（自動車の電源電圧は12Vだと認識していますが、規格では14Vになっており、12Vは始動用の電圧で、エンジンが始動している時の電源電圧は14Vになります。また、車載機器は11.5V〜14.5Vで動作するよう作られています）にしたままDC/DCコンバータを利用した部分昇圧が普通車の電動パワーステアリングに採用されるなど、一部の自動車ではすでに14Vと42Vの併用が始まっています。自動車用鉛電池はまだ12Vが主流ですが、いずれ12Vと36Vの2電源化や36Vの1電源化といった時代が訪れるとみられています。

一方、低燃費で注目されるトヨタ・プリウスやホンダ・インサイトなどのハイブリッド車は高電圧の主電源に高性能ニッケル水素電池を採用していますが、数年のうちにより高性能で軽量なリチウムイオン電池を採用するとみられています。しかし、ハイブリッド車は補機用電源として必ず12Vの鉛蓄電池を搭載し、数々の電子制御装置やナビゲーションシステム、オーディオビジュアル装置などのボディ系電気装置、さらに暗電流による電気負荷をこの鉛蓄電池が負担しています。

このように、従来車はもちろん、先進自動車の

代表であるハイブリッド車、次世代車といわれるプラグインハイブリッド車や電気自動車、さらに燃料電池車も補機用電源に鉛蓄電池を使用するとみられ、鉛蓄電池を搭載していない車両は見当たりません。

2）鉛蓄電池の原理

鉛蓄電池の原理の概要を以下に述べます。

鉛蓄電池は正極活物質に二酸化鉛（PbO_2）、負極活物質に海綿状鉛（Pb）、電解液に希硫酸（H_2SO_4）を用います。鉛蓄電池の放電反応は次のように表されます。

正極側

$PbO_2 + 4H^+ + SO_4^{2-} + 2e^- \rightarrow PbSO_4 + 2H_2O$

負極側

$Pb + SO_4^{2-} \rightarrow PbSO_4 + 2e^-$

放電の場合は以上のように、正極の二酸化鉛が硫酸鉛と水に、負極では鉛が硫酸鉛に変化し、$2e^-$ で示した電子の流れと逆方向の電流を取り出します。

なお充電の場合は上の式の矢印が逆向きになり、充電電流による $2e^-$ を与えることにより、負極側では硫酸化鉛が鉛に戻り、正極側も硫酸化鉛が二酸化鉛に戻る化学反応を行います。

3）自動車用鉛蓄電池の基本特性

① **充放電特性** 自動車用鉛蓄電池の充放電カーブを図8.6に示します。ここでは放電を5時間率電流、充電は10時間率電流で行いました。

放電開始前の端子電圧は約12.8Vですが、放電開始とともに主に導体抵抗による電圧の急低下が起こり、その後電圧は徐々に低下し放電末期に反応物質の枯渇などにより再び急低下します。充電では、充電開始直後に導体抵抗や分極による電圧の急上昇があり、その後は徐々に増加しますが、充電が完了する充電末期には急上昇して酸素及び水素ガスが発生する過充電領域になります。

次に、図8.7に放電電流と放電持続時間の関係を示します。この図から、放電電流の増加とともに放電持続時間（容量）が減少することがわかります。放電電流（または放電率）と放電持続時間の関係は、ピュケルト（Peukert）の式で表すことができます。

$$t = C \times I^n$$

I は放電電流、t は放電持続時間です。C と n は図8.7の I と t のプロットから求められる係数です。

② **自動車用鉛蓄電池の規格** 自動車用鉛蓄電池の形式、外形寸法、性能と試験方法は、JIS D5301 始動用鉛蓄電池に規定されている。性能としては、容量（リザーブキャパシティ、5時間率容量）、始動性能（コールドクランキング電流、高率放電特性（−15℃））、寿命（軽負荷、重負荷）、充電受入性などが定められています。また、自動車技術会 42V 分科会と電池工業会は共同でアイドリングストップ車用鉛蓄電池の規格化を進め、2006年に SBA（Standard of Battery Association）S0101 を発行しました。この規格には、アイドリングストップ寿命試験が定められ

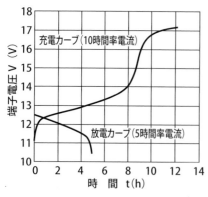

図8.6　鉛蓄電池の充放電カーブ

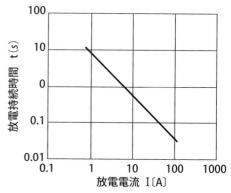

図8.7　放電電流と放電持続時間の関係

ています。性能項目と試験方法の概要を以下に示します。

(a) リザーブキャパシティ：満充電した25℃の蓄電池が、25Aで終止電圧10.5Vまで連続放電可能な持続時間。

(b) 5時間率容量：満充電した25℃の蓄電池が、5時間率電流で終止電圧10.5Vまで供給可能な電気量。

(c) コールドクランキング電流：蓄電池のエンジン始動性能を表す尺度で、-18℃で放電し、30秒目電圧が7.2V以上となるように定められた放電電流。

(d) 高率放電特性：始動電流に近い電流で放電した場合の特性。-15℃で電池の形式によって定められた電流（150A、300Aまたは500A）で終止電圧6Vまで放電し、5秒目電圧、30秒目電圧、6Vまでの放電持続時間を測定します。

(e) 軽負荷寿命：乗用車などの蓄電池に適用し、41℃の水槽中で1回の放電量が5時間率容量に対して10%以下の軽負荷領域で充放電サイクルを行い、寿命を測定します。なお、エンジンルームでの使用を想定して、75℃の水槽中で行われる場合があります。

(f) 重負荷寿命：トラック、バス、タクシー、建設車両などに適用し、41℃の水槽中で1回の放電量が5時間率容量に対して20%以上の重負荷領域で充放電サイクルを行い、寿命を測定します。

(g) 充電受入性：放電した蓄電池の充電されやすさを示す特性。5時間率容量の約50%まで放電した蓄電池を、0℃±2℃で14.4V±0.1Vの定電圧充電を行い、10分目の電流を測定する。なお、最近は充電（発電）制御車やアイドリングストップ車で用いた場合を想定して、10%程度放電した状態における数秒から数十秒といった短時間に受け入れた充電電気量を測定することも行われます。

(h) アイドリングストップ寿命：エンジンが停止したときの電気負荷に相当する45A-59秒の放電と、再始動に相当する300A-1秒の放電、14.0V

（制限電流100A）の定電圧充電からなるサイクルを繰り返し、寿命を測定します。なお、試験は雰囲気温度25℃、電池近傍の風速を2.0m/s以下とした気槽中で行います。この試験の特徴は充電電圧が従来の14.8V程度と比較して14.0Vと低いことであり、充電受入性の劣る蓄電池は充電不足による負極のサルフェーションで早期に寿命に至ります。

以上，国内規格の概要について述べましたが、海外の関連規格の一部を参考文献として挙げたので参照して下さい。

8.3.2 リチウムイオン電池

1) リチウムイオン電池の性能としくみ

最近の電気自動車で多く普及しつつあるのが、リチウムイオン電池です。この電池が使われる理由を考えてみましょう。リチウムイオン電池はパソコンやデジカメ、スマートフォンで使われ、小型携帯機器には必須の部品になりましたが、その部品が採用される大きな理由として図8.8のエネルギー密度が大きいことが挙げられます。

前節で紹介した鉛蓄電池は、図の特性によると、横軸は大体30Wh/kg、縦軸は70Wh/リットルとなっています。この数値は、単位重量、単位体積あたり取り出すことができるエネルギーの量を示すもので、右上の数値の特性をもつ蓄電池であれば、小型で高性能な蓄電池であるということができます。計算の例として、鉛蓄電池の性能や仕様が、12Vの定格電圧、30Ahの電池容量、8kgの

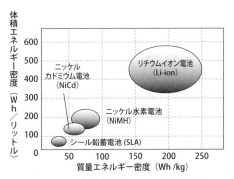

図8.8 代表的なバッテリの性能比較

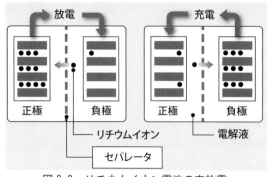

図8.9　リチウムイオン電池の充放電

表8.3　BMSの主要な機能

課題	制御入力	制御出力
過充電防止	電圧，電流，温度	充電器
過放電防止	電圧，電流，温度	モータコンバータ
バッテリ温度制御	温度	冷却、温度センサ
電圧と温度バランス	電圧，温度	バッテリバランスユニット
SOCと残量の予測	電圧，電流，温度	画像表示
バッテリ診断	電圧，電流，温度	外部PC

重量、200×150×120mm³の体積だったとしましょう。この蓄電池では、エネルギー（積算電力）＝12×30＝360Wh（ジュールに変換すれば360×3600＝1296000J）を取り出すことができます。単位重量当たりのエネルギーは360/8＝45Wh/kgになります。単位体積当たりのエネルギーは360/3.6＝100Wh/リットルになり、この蓄電池は図の左隅のシール鉛蓄電池の円の付近の性能を持つことがわかります。

図の右上にあるリチウムイオン電池の性能も、このような計算により、どのようなエネルギー密度になるか、計算ができます。

自動車などの移動体では、バッテリの重さや体積をできるだけ小さくなるように設計しますので、小型で取り出せる電力量が大きいとの理由により、リチウムイオン電池が広く使われていると考えてください。この電池にはこの他に、電解液に水溶液を使用しないため氷点下の環境でも使用できる、自然にパワーが減っていく自己放電特性が少ないなどの特徴があります。

リチウムイオン電池の構造を図8.9に示します。

正極には、コバルト酸リチウムなどのリチウム金属酸化物、負極は炭素になっています。電解液は有機物（非水溶液系電解質）です。正極と負極の間にはセパレータ（多孔質の絶縁フィルム）というものがあり、この間を放電と充電時に図のようにリチウムイオンが移動します。電池電圧は、コバルト酸リチウムが正極の場合は約3.7Vです。

なお最近では、安全性を重視したリン酸鉄リチウム（$LiFePO_4$）を正極にした蓄電池も普及しつつあります。

2）リチウムイオン電池の取扱い

軽量で高出力、また鉛蓄電池に対し長寿命である性能をもつリチウムイオン電池ですが、この部品を活用する場合には慎重な注意が必要です。特に充放電をきちんと制御する目的のBMS（バッテリマネジメントシステム）という装置を使う必要があります。

このBMSは、表8.3に示すように、蓄電池に対する過充電、過放電、温度、電圧と温度のバランス（セルバランス）、SOC（State Of Charge；バッテリ残量）等の監視を行う目的のものです。現在はパソコン、携帯等の機器にも備わっており、電池残量の表示がある場合、このBMSが機器に内蔵していると理解してください。

電気自動車の場合には、多数のリチウムイオン電池を搭載しており、図8.10のようなバッテリパック全体の状況を監視するBMSが使われます。バッテリパックや電気二重層コンデンサの監視を目的にした専用IC部品（例えば図8.11のLTC6803）があり、蓄電池のセルを1つずつ、電圧、電流、温度を常に測定し、その結果をCAN（Controller Area Network）バスで、関係するECUに知らせています。こうした管理を怠ると、充放電のアンバランスによる加熱が生じ、バッテリの焼損事故につながる恐れがあります。

PIUSでは鉛蓄電池を用い、端子電圧の測定等でSOCの予測を行うよう奨めていますが、本格的なSCEの視点でエネルギー管理の実験を行う場合には、このようなBMS装置というものがあること

を知っておくとよいでしょう。

なお、走行実験等で図8.8のニッケルカドミウム電池、ニッケル水素電池、またリチウムイオン電池等の電池の使用も予想されます。これらの高エネルギー蓄電池は、作業中に誤って焼損等の事故を引き起こすことも考えられます。例えば、電池を取り付ける際、接続相手機器がショート状態であると、取り付けたその瞬間に電池の発火や爆発を起こす可能性があります。また、電池接続用の2本のリード線を同一の工具で同時に切断すると、電池を短絡する瞬間が発生することが考えられます。このとき、発火等、大事故を引き起こす可能性があります。高性能の電池を扱う場合には、専門に取付け作業を行う人を決めておくなどの対策を施し、慎重に扱うよう心掛けてください。

8.3.3 燃料バッテリ（電池）

環境対応として「燃料電池」を使う自動車も増えてきています。参考までに燃料電池の紹介をしておきます。

燃料電池は、図8.12に示すように水素をエネルギー源として、空気中にある酸素と反応させ、

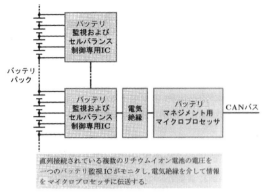

図8.10　EV用BMSの構成例

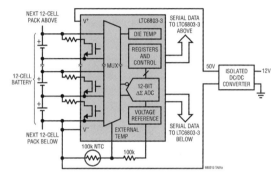

図8.11　BMSで使用される専用ICの例（LTC6803）

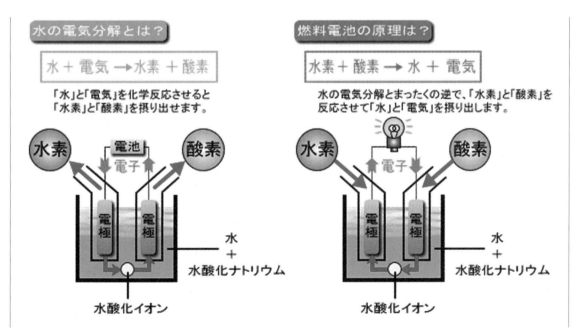

図8.12　燃料電池の電力発生のしくみ

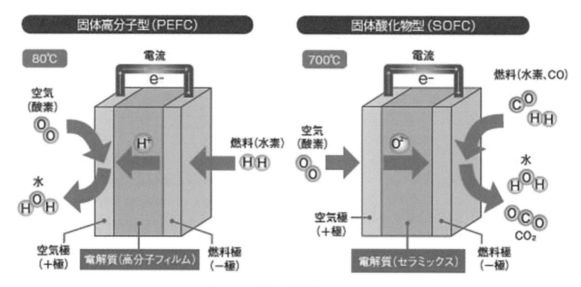

図8.13 実際の燃料電池のしくみ

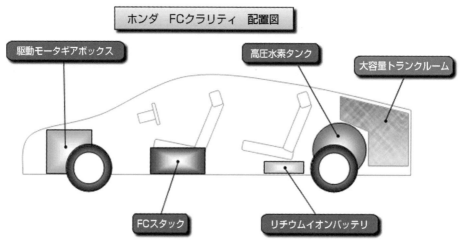

図8.14 燃料電池車の事例

電気と水に置き換えるしくみのものです。水の電気分解の逆の現象になります。電気はモータを回転させる目的で使い、水は廃棄します。その結果、地球環境に大変よい結果となります。SCEの視点のEの効果は大きなものが期待できます。

なお、鉛蓄電池、リチウムイオン電池は、いったん充電して電気を蓄える「蓄電池」でしたが、燃料電池は図8.12に示すように人工的に作った水素をエネルギー源として与え、空気中の酸素と反応させ、電気と水に変換します。このため、蓄電池ではなく、電池という名前になっています。

実際には図8.13に示す固体高分子型燃料電池（PEFC：Polymer Electrolyte Fuel Cell）という構造のものが家庭用、電気自動車用に使われています。この電池は図示するように電解質に高分子フイルムを使っており、1つのセルで0.7Vの電圧を発生し、このセルを積層して必要な高電圧を得るようにしています。

燃料電池を使った自動車の事例（ホンダFCX）を図8.14に示します。燃料電池車はFuel Cell Vehicleの頭文字をとってFCVとも呼ばれます。自動車では図のように積層した燃料電池（FCス

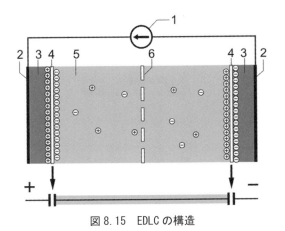

図 8.15　EDLC の構造

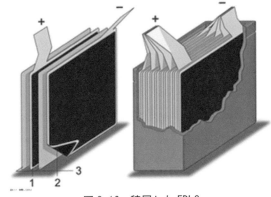

図 8.16　積層した EDLC

タック）に高圧水素タンクから水素を供給し、発電した電力をモータや他の蓄電池に蓄えるように使います。この部品の中で、「高圧水素タンク」の供給のしかたが現時点で整っていません。SCE の視点によると、この燃料タンクの提供の仕方が FCV の普及を決めると考えてよいでしょう。

8.3.4　電気二重層コンデンサ（キャパシタ）

電気二重層コンデンサ（Electric Double-Layer Capacitor、EDLC）は「電気二重層」の現象を用いた大容量のコンデンサ（キャパシタ）です。商品名でスーパーキャパシタなどとも呼ばれます。

電気二重層とは厚みが 1nm の絶縁層のことで、図 8.15 の番号 4 の細い部分がそれです。この厚さを形成することで $20\mu F/cm^2$ の静電容量が実現でき、この 4 の個所に多量の電荷を蓄積することができます。コンデンサなので電池と違い、すぐ充電し放電できる特徴があります。しかしひとつのコンデンサは蓄えられるエネルギーが低く、多数の EDLC を図 8.16 のように積層して使う必要があります。このとき、リチウムイオン電池の項で紹介した BMS を利用することもあります。

EDLC は、回生制動を行う場合の回生電力を蓄える目的に使います。ここに蓄えたエネルギー E は、

$$E = \frac{1}{2}CV^2[J]$$

となります。ここで C は静電容量、V はコンデンサの電極間の電位差（電圧）です。図 8.16 のような積層構造等により、C や V の値を大きくすれば、それだけエネルギーの回収を効果的に行うことができます。

なお [J（ジュール）] の量ですが、物理の公式より 1J は 1N × 1m、また mgh[J]、$0.5mv^2[J]$、電力 × 時間 [J] 等の関係があります。

たとえば PIUS の重量が 250kg で、車速 10km/h の状態で急停止させると、約 960J のエネルギーを消費することになります。回生制動では、このエネルギーの一部を、モータからの発電等を通じて、最終的に EDLC 等に蓄える形で行われます。

なお EDLC だけで走行するバスもあります。上海の豫園近辺では、バス停留所に止まるたびに、電線から EDLC へ充電を行って運行しています。

8.4　バッテリ（電池）の安全

Lecture 01　発熱や破裂液漏れを防ぐために

① （＋）と（－）極を間違えない

3 個以上使う機器では、入れ方を間違えても動く機器があり要注意！！そのまま使っていると危険です。

※単 1・単 2 形のアルカリ乾電池は、パワーが大きいので逆挿入時の通電防止機能付きをおすすめします。

図8.17 （＋）と（－）極を間違えない

② 分解、改造、ハンダ付け、加熱しない

無理な扱いをすると、電池内部が損傷するばかりか、事故につながります。

電池の外装ラベルがはがれたり傷ついたりしたまま使うと、電池がショートして危険です。けっして分解しないでください。

図8.18 分解、改造、ハンダ付け、加熱しない

図8.19 外装ラベルをはがさない

③ ショートさせない

バッテリはショートさせない。カバンの中で（＋）極と（－）極にネックレス等の金属が触れてショートさせないため一緒に携帯、保管しないでください。

図8.20 ショートさせない

④ 一次電池を充電しない

「充電式」と明記のない電池を充電すると、電池が損傷するばかりか事故につながります。

⑤ 性能の違う電池を使わない

新しい電池と使用した電池、種類・銘柄の違う電池を混ぜて使うと寿命が短くなるばかりでなく危険です。

図8.21 性能の違う電池を使わない

⑥ 使い終わった電池を放置しない

すぐ取り出さずに接続したまま放っておくと、電池が液漏れし、機器故障の原因となる場合があります。

図8.22 使い終わった電池を放置しない

⑦ スイッチを切り忘れない

液漏れの原因の多くがコレ。また長時間使わない時は必ず電池を取り出しておくことをおすすめします。

図8.23 スイッチを切り忘れない

Lecture 02　電池を飲み込んだときはすぐ病院へ

吐き気や腹痛、黒色便を伴った下痢、発疹の他、胃壁に穴があくこともあります。食道にひっかかることもあるので無理に吐かせようとせず、すぐ病院へ行き、医師に相談しましょう。

飲み込んだ電池と一緒に使っていた電池を持ち込めば、飲み込んだ電池の種類や大きさ・個数等がわかり処置に役立ちます。

図 8.24　電池を飲み込んだときはすぐ病院へ

Lecture 03　液漏れしたときは？

① 体や服に付着したらすぐ洗い流す

皮膚障害を起こすこともあるので、すぐ水で洗い流しましょう。目に入った時もきれいな水でよく洗ってからすぐ医師に診せましょう。

② 液漏れした機器はよくふき取る

気付いたらすぐに、綿棒等でふき取ってください。機器内部に液が流れ込んでいる場合もありますので、販売店に相談しましょう。

※作業後は、必ず手を水で洗いましょう。液漏れしたバッテリは使用しないでください。

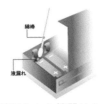

図 8.25　液漏れした機器はよくふき取る

(出典：http://panasonic.co.jp/ec/academy オートモーティブ & インダストリアルシステムズ社 – 電池分野 – 電池なるほどアカデミー「安全のために」より引用)

8.5　バッテリの寿命

PIUS は多様な研究開発を目的に開発したものです。その開発目的のひとつに、バッテリ性能の変化、すなわちバッテリの寿命や性能変化の実験が行われることもあると予想しています。こうした実験を行う場合は、これまで説明した電池の動作原理や取り扱いの注意、また後で示すハーネス作業の注意をしっかり守って実施してください。

さて電気自動車の重要な部品として、二次電池であるバッテリがあります。このバッテリの性能評価するとき、覚えておきたい考え方や用語がいくつかあります。

まずバッテリは通常、8.3 節で紹介したバッテリマネジメントシステムという専用の制御装置で管理されます。しかし時には、その制御装置を中継せず、直接バッテリ残量の推定実験を行うこともあるでしょう。さらに PIUS のような EV では、満充電から放電終止電圧に至るまでバッテリを使うこともまれにあるかもしれません。この節では、そのときに覚えておくべきバッテリの劣化や寿命等に関する説明を行います。

なお本節では、この分野の詳細な解説を行っている廣田、小笠原編、船渡、三原、出口、初田著「電気自動車工学」の第 8 章、バッテリマネジメント」と電池の寿命に記載された文書及び図、さらに C.C.Chan、南著、電気自動車の実像、Asian Electric Vehicle Society の文献を引用しています。詳しい説明は、これらの文献をご覧ください。

8.5.1　EV 走行でのバッテリの使い方

EV 走行でのバッテリは、過酷な使い方をしています。その例を知るために図 8.26 に、プラグインハイブリッド車 (PHV) に使うバッテリの充放電の事例を示します。

PHV では、電気エネルギーだけで走る EV 走行、また電気と内燃機関の組み合わせで走る HV 走行の使い方が考えられます。走行前には電池を満

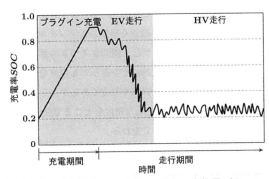

図 8.26　プラグインハイブリッド車の充放電パターン

充電します。図の「プラグイン充電」と書いた箇所ですが、縦軸に示す充電率SOC（State Of Charge）は約0.9となっています。この充電状態で、走行を開始したことを示しています。

PHVではまずEV走行で走り続けます。その結果、バッテリの充電率であるSOCは次第に下がっていきます。ギザギザの形で下がるのは、アクセルを踏まない場面や回生制動で電力がバッテリに戻った様子がうかがえます。

そしてSOCの値が約0.2になると、バッテリの残量が心配になったのでしょうか、図ではHV走行に切り替えたことを示しています。

その後もギザギザのグラフになります。SOCは約0.2～0.3の間を保っていますね。このギザギザの部分ですがSOCが0.3から0.2に向かって少し下がるのは、バッテリのエネルギーを照明やエアコン等に、またほんの少し走行用にも使っていることが想像できます。またSOCが0.2から0.3に向けて少し上昇しているギザギザの箇所は、内燃機関による発電機や回生制動のエネルギー回収により、バッテリへのトリクル（trickle）充電と呼ばれるしくみが働いたことが予想されます。

しかしトリクル充電では、図の右側に示すように、SOC=0.2～0.3の範囲をずっと維持しているだけです。決して満充電、つまりSOCが1になるまで充電することはありません。この図のグラフに、これまでの内燃機関とは全く違うEV, PHVで使うバッテリの「過酷な使用状況」が示されているのです。それがバッテリ劣化につながるのですが、まず内燃機関の自動車のバッテリの話から始めましょう。

これまでの内燃機関の車では、SOC=1からSOC=0.2程度まで一気に放電するような使い方はしません。内燃機関ではせいぜいスタータを回し、照明やエアコンを使う程度です。エンジンが回転していれば「オルタネータ」と呼ぶ発電機で、図の右側に示したトリクル充電をずっと行うことになります。

内燃機関で使うバッテリはこのため、SOCが1に近い状態で、図の右側に示したギザギザの充放電を繰り返していることが想像できます。この結果、内燃機関のバッテリは長い期間ほっておいても、バッテリを交換する必要がないのです。しかしエンジンをかけないで、図の左のような長時間の放電でSOCを低下させる事件もまれにあります。例えば一晩中、前照灯を消し忘れた状況です。その時は、バッテリをはずして充電する必要があります。EVやPHVは、いつも「一晩中、前照灯オン」の使い方になり、走るたびにバッテリに充電する必要があり、これが過酷な使用状況になるのです。

以上のようにEVやPHVは、走るたびにバッテリの残量、SOCが0.9から0.2に変化することが予想されます。その結果この車を運用するには以下の課題が出てきます。

1) オルタネータではない専用の充電器やその充電設備があること
2) 走行するたびに、使用者がなんらかの手段で充電作業に関与すること
3) SOCの変化幅が大きくバッテリ寿命に影響があること

PHVの場合、自宅や移動先で充電できる設備があり、停車している間にこまめに充電し、自主的に管理することが想定されています。その結果、大変燃費性能のよい走り方が実現できるのです。上の課題1)は、ユーザーのこうした認識や習慣があって実施できます。

次の課題2)は、自宅で専用充電器を安全に使うことが求められ、外出時でも利用できる同じ規格の充電インフラが必要になります。自宅は大丈夫としても外出時を考えると、使える人と使えない人がでてきます。これは社会の発展に依存しています。

課題3)が、本節の説明内容、バッテリ寿命になります。図の左側の使い方をすると、通常400～1000回程度と言われる繰り返し充放電回数（サイクル寿命）による劣化の懸念がでてくるのです。この3)の問題、バッテリ劣化の問題はこれまでもありました。このため製造メーカーは、課題解

決のために定期的に電池交換を呼びかけていたのです。

8.5.2 バッテリ劣化のイメージ

化学電池で構成するバッテリは、8.1節で示したように放電、充電は、化学変化による電極の変質と再生を繰り返すものです。コンデンサのように、充電のとき電気量をこれだけ与えたから、その量がきちんと蓄えられ使うことができるということになりません。

つまり電極素材の充放電による化学変化の再生回数には寿命があり、充電の電気量とは別の化学的な問題があるのです。この寿命には、明確な評価式はありません。使用状況、たとえば図8.29のような充放電をどれだけ繰り返したかに依存すると言われています。

この放電の度合いを示す言葉に、DOD（Depth Of Discharge）があります。

図8.26では、SOC=0.9から0.2、そのSOCの幅は0.7になっているので、DOD=1 － SOCの幅=0.7、70%となります。通常、バッテリの寿命は、DOD=100%、完全充電と完全放電を繰り返し、バッテリ容量が新品のときの約60%～80%程度に低下する充放電の繰り返し数で定義されています。図8.26のDODは70%なので、カタログ値で示す充電回数の寿命の定義と同じではありません。しかしPHVやEVでは、内燃機関で使うバッテリに比べDODが大きく、劣化が早く進むことが予想されます。

図8.27にバッテリの劣化に関するイメージ図を示します。

充放電の回数には限度があり、その回数に応じて、電池容量の劣化が進みます。

EVやPHVでは劣化により、EVとして走行できる走行可能な距離が低下することが見込まれます。これを図では、「システム性能の劣下」と名付けています。

EVでは、設計の時点で、このシステム性能の劣下も配慮しています。このため余裕をもたせた性能のバッテリを積むことになります。しかし重量や体積、コストの点で、限界があります。

EVではまた、劣化や寿命のことを考慮し、バッテリの性能をできるだけフルに活用するために、内燃機関のバッテリには使っていない「バッテリマネジメントシステム(BMS)」の搭載が必須になっています。これは、コンピュータでバッテリをこまかく制御するしくみです。ここまでこまかく支援しないと、限られた性能や寿命をもつバッテリを用いたEV移動体は実用化できないのです。

しかしBMS等の工夫を行っても、やはりバッテリの劣化や寿命があります。

このためメーカーが指定する期間を参考に、定期的にバッテリを交換し電極素材そのものを新しいものにする必要があることがわかります。

8.5.3 バッテリ劣化状態を表す用語

バッテリには以上のように、使用時間やDODのような使い方による劣化特性があります。化学電池の場合、この劣化は、電極素材や電解液等の変質によるものになります。しかし、化学変化や材質変化はわかりにくい面があります。

この劣化特性をわかりやすく表現する方法として「燃料タンクモデル」と呼ばれるものがあります。図8.28にその図を示します。本節ではこのモデルを使った劣化特性に関する特性の名称（パラメータ）について紹介します。

二次電池には、図8.28のモデルで例えられる用語があります。まず、初期容量FCCiは新品バッテリの電池容量（単位はAh）です。このFCCiは

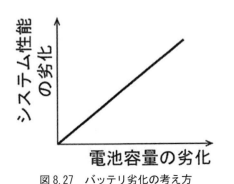

図8.27 バッテリ劣化の考え方

公称容量（nominal capacity）と呼ばれ、規定の条件下で取り出すことができる保証値は定格容量（rated capacity）と呼びます。

この初期容量はバッテリ劣化により、図のように現在の電池容量FCCに減少していきます。そのバッテリに現在残っている充電量をRCと呼びます。すると、これまで紹介してきた充電率SOCは、

$$SOC = \frac{RC}{FCC}$$

で表すことができます。SOP［W］、RC［Ah］はタンクモデルの出口の径が同一だとすれば、出口における圧力（電圧に相当）が同一ならば電力は電流により決まる（容量で決まる）出口の径は、電池内部に相当するとも考えられる。そもそも次元（単位）が違うものを考えているので、SOP = RCとはならない。次に既に紹介してきた放電深度は、

$$DOD = 1 - SOC$$

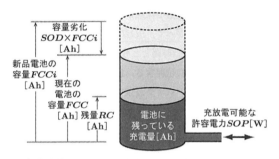

初期容量（$FCCi$: initial capacity）
満充電容量（FCC : full charge capacity）
電荷残量（RC : remaining charge）
許容電力（SOP : state of power）
充電率（SOC : state of charge）= RC/FCC
放電深度（DOD : depth of discharge）= $1 - SOC$
健全度（SOH : state of health）= $FCC/FCCi$
劣化度（SOD : state of deterioration）= $1 - SOH$

図8.28　二次電池の燃料タンクモデル

となります。さらにバッテリ劣化を、新品の容量からのエネルギー蓄積体積の減少とみなすと、図に示すように

$$SOH = \frac{FCC}{FCCi}$$

の関係になります。

このSOHが、バッテリの劣化を具体的に示すものになります。例えばSOH=0.8では、新品で購入したときの電池容量Ahの80%に容量が低下していることを示します。

なお、SOHには恒久劣化を意味するSOH_1と一時的に劣化したとみなすSOH_2の積になります。SOH_1は、使用時間で減少してくる係数です。これは使用時の周囲温度や充放電の使用履歴に依存します。またSOH_2は常温では1の値であり、使用温度により変化する係数です。バッテリの劣化度は、このSOHを用いて、

$$SOD = 1 - SOH$$

のように、定義されます。

以上のことより、実際に使用可能な電力、図ではSOPと表していますが、その値は現在まで劣化が進んだ状況で、タンクに蓄えられた電荷残量に相当することがわかります。電荷残量RCは、以下の式で示すことができます。

$$SOD = SOC \times FCC$$
$$= SOC \times SOH \times FCCi$$

バッテリは本来、化学変化によるプロセスによる装置なので、図のように電荷を蓄えるコンデンサのようなタンクモデルで、全部の現象を表すには限界があります。しかしこのモデルで、劣化の状況を検討することもあります。

このモデルによると、恒久的な劣化をもたらすSOH_1が、当初想定していた走行可能な距離を走行できなくする原因になることがわかります。この係数は周囲温度や充放電の使用履歴に依存し、例えばDODの大きい充放電を、過去に何度行ったかが影響すると言われています。

PIUSもEVのひとつです。開発実験などでいろいろなバッテリを使い、DODを大きくして走行実験を行う場面もあるでしょう。そのような実験を行う場合は、以上紹介したバッテリ劣化に関する特性を念頭において、安全にまた多様な性能調査活動に役立てることを期待します。

8.6　PIUSに搭載されているバッテリ

PIUSエデュケーション ver. Basicタイプでは

図 8.29　PIUS バッテリ搭載写真

12V バッテリが左右に合わせて 3 セット搭載され 36V 仕様になっています。

　一般的な EV 車両の駆動用バッテリは 3.5 〜 3.8V のリチウムイオン電池を 100 個近く直列につないでおり、その電圧は 300 〜 400V ぐらいの高電圧が印加されています。

　駆動モータのトルクはモータのコイルに流す電流で決まることから、モータのコイルは回転数が大きくなるほど電流が流れにくくなるため、同じ加速でも車の速度が上がるほどモータに高い電圧をかける必要があるのです。

　PIUS のバッテリが鉛蓄電池を使用しているのは、「学校で使用する教材」「子供から大人まで触れる事の出来る安全な教材」という観点から、何よりも safety（安全）を第一に考え製作されています。

　PIUS エデュケーション ver. Basic タイプでは DC36V 仕様、PIUS エデュケーション ver. advance タイプにおいてはモータのコンバージョンがあることから DC48V 仕様になっています。

　このバッテリ電圧はある一定の値を超える電圧を危険電圧（hazardous voltage）として規定されているものに沿って（規格により異なる）safety（安全）を重視してこの仕様で設計されているのです。

　（規定例）

　IEC60950-1 規格では 42.4Vpeak 又は DC60V を超える電圧。

　IEC61010-1 規格では 46.7Vpeak 又は DC70V を超える電圧。

8.6.1　一般的なバッテリの表示

　バッテリには形式が上面や側面に表示されています。それによって性能やサイズなどを見分け、適合車種を選択します。

● JIS 形式の場合

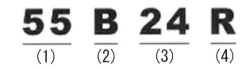

図 8.30　バッテリ表示

(1) 性能ランク（単位なし）

　バッテリの総合性能（始動性能・容量）を表します。数値が大きいほど性能がよくなります（50 未満＝ 2 刻み、50 以上＝ 5 刻みの表示になっています。）。

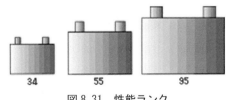

図 8.31　性能ランク

　性能ランクは、2006 年版「JIS D 5301 始動

用鉛蓄電池」で次のように定義されました。

性能ランク＝$\sqrt{(CCA \times RC)}/2.8$

CCA：定格コールドクランキング電流

RC：定格リザーブキャパシティ

例：CCA 370A（定格値），RC 64分（定格値）の場合

性能ランク＝$\sqrt{370 \times 64}/2.8 = 55.0$

→ 表示値「55」

(2) バッテリの短側面のサイズ（JIS規格で幅×箱高さの区分が決まっています。）

表8.4 短側面のサイズ
記号：A→Hの順に大きくなる（単位：mm）

記号	幅	箱高さ
A	127	162
B	129(127)	203
D	173	204
E	176	213
F	182	213
G	222	213
H	278	220

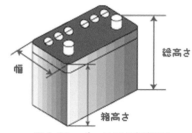

図8.32 バッテリの短側面

(3) バッテリの長さ寸法（約cm）

バッテリの長さの概寸法（約cm）を表します（例：55B24Rでは約24cm）。

図8.33 バッテリの長さ

(4) バッテリの極性位置

＋、－端子の極性位置を示しています（R、L、記号なし）。

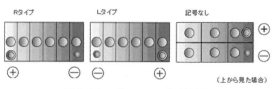

図8.34 バッテリの極性位置

8.6.2 PIUS搭載バッテリの仕様

表8.5 SER38-12 要項表

形名		SER38-12
電圧（V）		12
容量（Ah）	5時間率	32
	20時間率	38
最大外形寸法（mm）	長さ	199
	幅	165
	箱高	176
	総高	176
質量（kg）		14
ボルトナット		M6×1.0

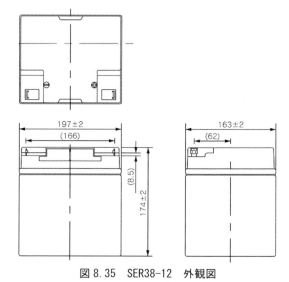

図8.35 SER38-12 外観図

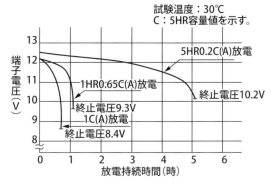

図 8.36　SER38-12　標準放電特性

■サイクル寿命特性

電動車用（動力源）鉛蓄電池の寿命は、実際の電池が定格容量の80％に至った時と規定されています。これを越えて使用を続けると電池内部部品の劣化によって急な、放電停止、変形、破損の原因となります。充放電寿命サイクルは、下記を参考にしてください。

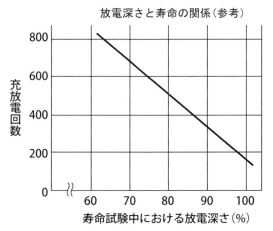

（条件例）
試験温度：30〜40℃
寿命試験サイクル
放電 0.25C（A）
充電：放電量の110％
寿命試験中の容量確認
5HR　1.70V／セル
命期限：5HR 容量の80％に低下したとき

図 8.37　SER38-12　サイクル寿命特性

8.7 電装

8.7.1 ワイヤハーネス

自動車には、クルマの基本性能（走る・曲がる・止まる）や安全性、そして利便性や快適性を可能にする様々な電子機器が搭載されています。これらはいずれもバッテリからの電力と制御信号によって動作します。

この電力と信号の伝送を担っているのが「ワイヤハーネス」です。

自動車内の隅々に張り巡らされ、電力や信号、様々な製品を「つなぐ」役割を果たしています。人間に例えると血管や神経に相当する伝送システムです。

高機能化が進む自動車において、構成部品のエレクトロニクス化、省スペース化などが求められます。これからの自動車開発にとって、複雑な回路を効率的に設計、配置する事が必要です。

ワイヤハーネスもいくつかの部品で構成されています。

「電線」は、エンジン始動、照明、計器などに使われる電気信号や、電気エネルギーを伝える役割を担っており、この電線１本１本の束がワイヤハーネスになります。

電線を接続しているのが、「コネクタ」です。高温、振動、防水、ノイズなどの厳しい車載環境に対応しなければなりません。また情報化に対応し、GPS・TV などの電波受信機器と電線をつなぐコネクタなど多様なバリエーションが次世代自動車に必要です。

8.7.2 電気自動車・ハイブリッド対応のハーネス

電気自動車やハイブリッド車のハーネスには高電圧・大電流に対応した高耐熱性や電磁ノイズ対策などのハーネスが採用されています。さらに、様々な衝動から守る機能を有するものを使用します。

また、インバータとモータ間を接続する高電圧

▲ワイヤハーネス

図8.38　ワイヤハーネスは、クルマの神経とも呼べる大切な役割を果たす

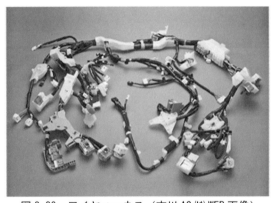

図8.39　ワイヤハーネス（古川AS㈱WEB画像）

ケーブルでは、ガソリン車よりもはるかに高い、最大約400ボルトの高電圧と大電流の負荷がかかります。これらに耐えうる仕様になっています。

充電を行う電気自動車やプラグインハイブリッド車で使用するコネクタは、一万回以上抜き差ししても耐えられる端子が求められます。

電気を動力源とする自動車には、通常の12ボルトのバッテリとは別に、高出力モータの駆動用として200ボルトを超える高電圧バッテリが搭載されます。さらに車種によっては、駆動系の機器などに対し、さらに電圧を数倍に昇圧し供給します。

PIUSでは実際に電動車両に使用されている高圧ケーブルを使用し、市販の電動車両に近い形のハーネスを設計し、組み込んでいます。

8.7.3　PIUSのハーネス

PIUSを事例にハーネス設計についてその一部を紹介しましょう。

PIUSは開発当初、48Vを使用する想定で、モータコントローラも48V用のものを使用していました。

PIUSでは200A以下でも充分に走行できるものでしたが、モータコントローラでは最大駆動電流値が200A以上であったため、PIUSは最大駆動電流値を200Aにし、高圧ケーブルも40ff（図8.42）を使用して開発を進めました。やがて、開発の過程で、PIUSの駆動電圧を全体のコスト面から見直すこととなり、36Vに変更することになりました。それに伴いモータコントローラも36V用に変更しました。PIUSのモニタリング調査を開始して間もなく、「モータが焼けた」という問題が発生しました。

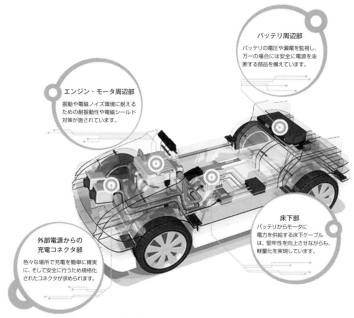

図 8.40　EV/HV/PHV 高電圧電源分配システム模型

図 8.41　PIUS の高電圧ケーブルの写真

　電装設計グループは、この事例からハーネス設計値の調査を開始しました。モータメーカーより提示されている特性図の解析と、他のモータ資料を取り寄せ検討、走行試験ではモータにセンサを取付け、温度変化のログを記録し検討しました。その結果、モータの特性は「短い時間での使用、一時的に高トルクを出す事を目的に仕様が決められている」という事が導き出されました。

　移動用ではなく教材向けに開発している PIUS 用のモータを改めて検討しましたが、safety（安全）で教材に最も適しているモータは、開発当初から使用しているモータであることがわかりました。

　調査を進めていく段階で、本事例は初歩的な設計ミスであり、モータには問題がないことがわかりました。その原因は開発過程で 36V 用モータコントローラに変更した際、最大駆動電流値を 200A のままにしてしまったことです。そのため 48V と同じ出力を得るために 36V では、より大きな電流が必要となりモータに負荷がかかり、モータが焼ける結果を招いてしまったのです。

　問題の解決を図るため、PIUS の基本設計を見直し、最大駆動電流値を 200A から 85A 〜 100A に変更することで対策をとりました。

　これに伴い高圧ケーブルについても、当初使用していた許容電流値 169A の「40ff」から、許容

第8章 パワートレインを支えるバッテリと電装品

- ■ 特　　徴　　電気自動車の600V以下の高圧回路で使用する、電子線照射架橋による架橋PE絶縁電線。
- ■ 定格温度　　120℃　（連続耐熱温度）
- ■ 構造仕様

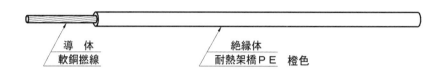

導体：軟銅撚線　　絶縁体：耐熱架橋ＰＥ　橙色

呼び	導体		絶縁体標準厚さ (mm)	標準仕上外径 (mm)	最大導体抵抗 20℃ (Ω/m)	参考		
	素線数／素線径 (本／mm)	計算断面積 (mm²)	外径約 (mm)				タバ巻き標準条長 ( )内はドラム (m)	質量 (g/m)	許容電流値 (A)
0.5f	20／0.18	0.5087	1.0	0.5	2.0	0.0367	1000	7.5	11
1.25f	50／0.18	1.273	1.5	0.6	2.7	0.0147	500	16.5	19
2f	37／0.26	1.964	1.8	0.6	3.0	0.00950	500	23.6	25
3f	58／0.26	3.079	2.3	0.7	3.7	0.00606	200	36.4	34
5f	98／0.26	5.203	3.0	0.8	4.6	0.00359	200	59.6	48
8f	7／22／0.26	8.176	4.0	0.8	5.6	0.00233	100	92.3	64
10f	7／27／0.26	10.03	4.5	1.0	6.5	0.00190	100	116	74
12f	7／22／0.32	12.39	5.0	1.0	7.0	0.00152	50	141	84
15f	19／9／0.32	13.75	5.3	1.1	7.5	0.00137	50	156	90
20f	19／13／0.32	19.86	6.5	1.1	8.7	0.000946	50	218	114
30f	19／19／0.32	29.03	7.8	1.4	10.6	0.000647	25	321	144
40ff	37／92／0.12	38.50	8.9	1.4	11.7	0.000494	25	414	169
50ff	19／50／0.26	50.44	10.2	1.6	13.4	0.000377	20	545	202
60f	19／39／0.32	59.59	11.1	1.6	14.3	0.000315	10	637	228

※許容電流は、JASO D609による　（導体最高許容温度120℃、周囲温度80℃の場合）。

（備考）記号の意味
　E ：電気自動車用高圧電線
　E ：ポリエチレン絶縁
　X ：架橋

開発当初の仕様　　　　現在PIUSで使用している高圧ケーブル

図8.42　電気自動車用架橋ポリエチレン絶縁高圧電線
（矢崎総業㈱資料より引用）

電流値114Aの「20f」に変更しました（図8.42）。これにより、同時にコストダウンにもつながる結果となりました。

更にsafety（安全）を意識し、comfort（快適・安心）を確保するためにモータの温度センサの標準化、運転席のフロントパネルへのLED警告灯を装備しモータ温度が120度以上に達すると運転者へ警告を出すよう再設計しました。

このように物の開発においては、コストの前にSCEを意識した取り組みが必要であり、その結果コストアップにつながることがある反面コストダウンにつながるものも生まれる場合があるのです。

ここで大切な事は三現主義を意識する事です。

三現主義とは、問題や製品のクレームが発生したら「現場」に行って、「現物」をよく観察し、「現実（現象）」を把握して、対処方法や対策を立てる行動を三現主義といいます。

モノづくりにおいては第一に「現物が先生である」と肝に命ずることです、そこにある現物は私達に必ず教えを与えてくる貴重な現物なのです。そして次にその「現物が生まれた現場へ行く」、「現場100回捜査の基本」は刑事ドラマでベテラン刑事などが口にするコトバです。事件が起きた現場に何度も行っていると、それまで気づかなかった証拠や状況に気づくことがあり、それが事件の解決につながる。というものです。捜査が行き詰まったときなどにも有効に働きます。モノの開発を行う時には同様に現場に改善・改良のヒントが隠されています。

PIUSのハーネス設計の事例も、同様に「三現主義」を基本に電装設計グループは改善・改良した結果が現在のPIUSのハーネスに活かされてい

るのです。

この他PIUSに一般回路用に使用されているケーブルを図8.43、図8.44に示します。PIUSの製作工程上、初期段階で配線したものについては、低圧電線（図8.43）を使用しました。後工程で配線する必要のあった部位は、作業性が良いことからチューブシース付の低圧電線（図8.44）を使用しました。

一般的なケーブル（図8.43、図8.44）には絶縁体にPVC（ポリ塩化ビニル混合物）が使用されていますが、用途が通信や、高圧電線（図8.42）などでは耐電圧性が高く、誘電率が低いPE（ポリエチレン）が一般的に使用されています。用途に合わせて素材を選択していることがわかります。

8.7.4　ハーネス製作の基礎

自動車の要件を満足させるためには、それぞれの電装部品やその目的に応じた個別仕様のハーネスがあります。例えば、ミニバンやSUVで一般的になってきた電動スライドドアのハーネスもその一つです。ドア開閉のどの状態でもドア内の電装品へ電気を伝えなければならず、数万回以上の開閉に耐えうる高い屈曲性を備えています。また、アンテナハーネスは、ラジオ・TVやGPSなどを受信する通信アンテナ用のハーネスです。車輪速

- ■特　　　徴　　絶縁体厚さ0.5mmの薄肉電線。JASO D611準拠品。
- ■定格温度　　　80℃（連続耐熱温度）
- ■構造仕様

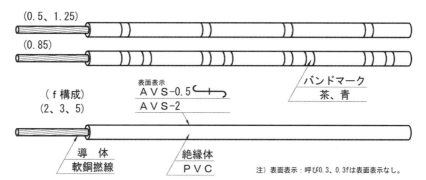

呼び	導体 素線数／素線径（本／mm）	導体 計算断面積（mm²）	導体 外径約（mm）	絶縁体標準厚さ（mm）	標準仕上外径（mm）	最大導体抵抗 20℃（Ω/m）	参考 タバ巻き標準条長（m）	参考 質量（g/m）	参考 許容電流値（A）
0.3	7／0.26	0.3716	0.8	0.5	1.8	0.0502	1500	6.3	9
0.5	7／0.32	0.5629	1.0	0.5	2.0	0.0327	1000	8.5	12
0.85	16／0.26	0.8494	1.2	0.5	2.2	0.0220	1000	11.5	15
1.25	16／0.32	1.287	1.5	0.5	2.5	0.0143	800	16.2	21
2	26／0.32	2.091	1.9	0.5	2.9	0.00881	500	24.2	27
3	41／0.32	3.297	2.4	0.6	3.6	0.00559	400	37.8	37
5	65／0.32	5.228	3.0	0.7	4.4	0.00352	200	58.7	50
0.3f	15／0.18	0.3817	0.8	0.5	1.8	0.0489	1500	6.3	9
0.5f	20／0.18	0.5087	1.0	0.5	2.0	0.0367	1000	8.1	11
0.75f	30／0.18	0.763	1.2	0.5	2.2	0.0244	1000	11.2	14
1.25f	50／0.18	1.273	1.5	0.5	2.5	0.0147	800	16.1	20
2f	37／0.26	1.964	1.9	0.5	2.9	0.00950	500	23.8	26
3f	58／0.26	2.926	2.3	0.6	3.5	0.00606	400	36.1	35

※許容電流は、JASO D609による（導体最高許容温度80℃、周囲温度40℃）
但し、AVS(f)は導体最高許容温度80℃、周囲温度40℃の場合の計算値です。

（備考）記号の意味
　C：圧縮導体（COMPRESSED CONDUCTOR）
　A：自動車用低圧電線
　V：ビニル
　S：薄肉絶縁体

図8.43　自動車用薄肉低圧電線

- ■ 特　　徴　　複数本の線心を集束したチューブシース付電線。線心の種類によって各種があります。
- ■ 定格温度　　80℃（連続耐熱温度）
- ■ 構造仕様

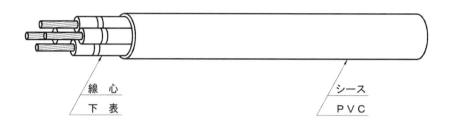

品　名	呼　び	線　心					シース		仕上外径標準(mm)	最大導体抵抗20℃(Ω/m)	参考質量(g/m)
		種類	導体			絶縁体	厚さ標準(mm)	色				
			構　成(本／mm)	外径約(mm)	厚さ(mm)	外径(mm)					
CAVSR	0.3×2	CAVS	7／円形圧縮	0.7	0.35	1.4	0.5	黒	3.8	0.0502	15
	0.5×2	CAVS	7／円形圧縮	0.9	0.35	1.6	0.5	黒	4.2	0.0327	20
	0.5×3	CAVS	7／円形圧縮	0.9	0.35	1.6	0.5	黒	4.5	0.0327	29
	0.5×4	CAVS	7／円形圧縮	0.9	0.35	1.6	0.5	黒	4.9	0.0327	37
	0.5×6	CAVS	7／円形圧縮	0.9	0.35	1.6	0.5	黒	5.6	0.0327	52
	0.5×7	CAVS	7／円形圧縮	0.9	0.35	1.6	0.5	黒	5.9	0.0327	59
	1.25×2	CAVS	16／円形圧縮	1.4	0.35	2.1	0.5	黒	6.1	0.0143	68
	0.5×4	CAVS	7／円形圧縮	0.9	0.35	1.6				0.0327	
	1.25×2	CAVS	16／円形圧縮	1.4	0.35	2.1	0.5	黒	6.3	0.0143	71
	0.5×3	CAVS	7／円形圧縮	0.9	0.35	1.6				0.0327	
	0.3×2	CAVS	7／円形圧縮	0.7	0.35	1.4				0.0502	
	2f×2	AVSS	37／0.26	1.8	0.4	2.6	0.5	黒	6.3	0.00950	70
	0.5×2	CAVS	7／円形圧縮	0.9	0.35	1.6				0.0327	

図 8.44　自動車用丸形低電圧線

センサは、各タイヤに設置され、タイヤの回転数を伝えることで、急ブレーキをかけた際に車体がスリップしないよう適度にブレーキを調整するABSを機能させているのもハーネスが担っています。

これらのハーネスが実際にどのように製作されていくのか、次の節では「PIUSのハーネス製作」を通して説明していきましょう。

8.7.5　PIUSのハーネス製作

(1)　ケーブル部分

PIUSで使用しているハーネスは手作業で作成しています。ハーネスを作成する時、配線ルートが記されたハーネスボードを用います。ハーネスボードを用いることで配線ミスを防ぎ、効率的な作業が行えます。ハーネスボードを用意する際に、あらかじめケーブルの配線計画を立てます。その時、注意しなければいけない点は、

1. 効率的な配線ルートを通ること。
2. 車両完成後のメンテナンス作業性が保たれていること。
3. 他の可動部品に、巻き込まれてしまわないこと、可動部品の動作に影響を及ぼさないこと。
4. 雨や泥はねなどが当たらない場所に配線すること。
5. 実際に車両に配線した際、ハーネスが引っ張られないよう、ルート長には適度な余長を持たせておくこと。

などがあげられます。最初の試作段階では上記の注意点を満たすことは難しくても、配線計画を立てることで、試作を重ねるごとに上記の注意点を

満たしたより良いハーネスが作成できます。

　ハーネスボードには、車両に通す配線ルートが線で記されています。また、記された線の末端が、ケーブルのカットポイントとなるため、カットラインも記されています（図8.45）。

　線の末端には、配線されるべきケーブルの名称が配線元と、配線先に記されています。ハーネスボードをベニヤなどの合板に張り付け壁に立てかけます。立てかけたハーネスボードにケーブルを配線していくため、配線ルートの末端と、要所要所に釘を打ちます（図8.46）。釘は配線ルートを挟み込むように打ちます。この間にケーブルを通し、ケーブルの脱落を防ぎます。

　一本ずつケーブルを配線していきます。このタ

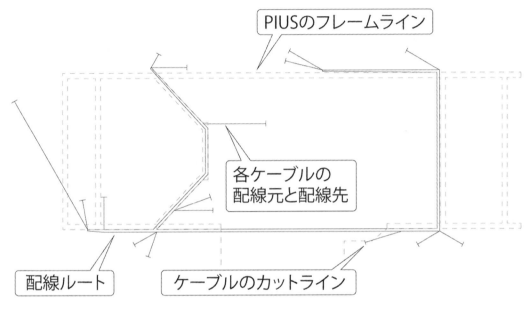

図8.45　ハーネスボード（基本情報）

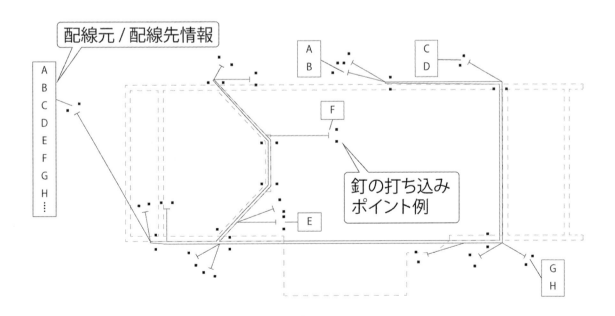

図8.46　ハーネスボード（配線先/配線元情報と釘ポイント例）

161

■ 第8章　パワートレインを支えるバッテリと電装品

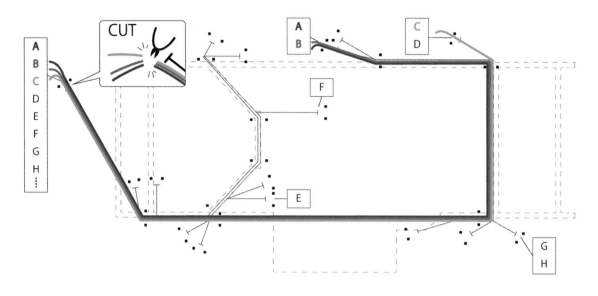

図 8.47　ハーネスボード（ケーブル配線例とカット）

イミングではカットラインよりやや長めにカットし、ケーブルが垂れないように釘にかけます。すべてのケーブルの配線が終えたタイミングで、カットラインに合わせてすべてのケーブルをカットします（図 8.47）。

その後、各ケーブル末端に接続端子を圧着し、コネクタを接続します。それらのケーブルはばらけないようコルゲートチューブ（図 8.48）やスパイラルチューブ（図 8.49）等を用いて束ねます。束ねることで作業効率もあがり、またケーブルの保護として機能します。PIUS ではコストと用途からタイラップによる固定を行っています（図 8.50）。

以上が基本的なハーネス作成の手順（A）です。

図 8.48　コルゲートチューブ（熱からの保護目的）

図 8.49　スパイラルチューブ（配線を束ねる目的）

図 8.50　ハーネスボードで作成した PIUS のハーネス（タイラップ止め）

A：ケーブル一本ずつをハーネスボードに配線しハーネスを作成する方法

メリット
・手作業なので、仕様変更等が発生しても柔軟に対応できる。
・設備投資が抑えられ低コストで行える。

デメリット
・作業者によってハーネスの長さにばらつきがでる。
・ケーブルカットの手順が2度あるため、ケーブルコストと工数が発生する。

→ 試作や、少量生産タイプに向いている

B：機械でハーネスを先に作成し、ハーネスボードに配線する方法

メリット
・機械であらかじめ設定した長さにカットするため、ケーブルコストが抑えられる。
・先にハーネスの状態まで作成するので配線作業の負担が少ない。

デメリット
・機械の導入などコストがかかる。
・柔軟な対応に向いていない。

→ 量産品などの大量生産タイプに向いている

図8.51　ハーネス作成の手順

本手法以外にも、機械を用いて先に長さを統一してカット、端子、コネクタを接続し束になった状態からハーネスボードに配線する手法（B）などもあります（図8.51）。

ケーブル類は、ロールの状態でサイズや色ごとにまとめ、つるした状態で管理します（図8.52、図8.53）。これにより、コードの絡まりを防ぎ、ケーブルを探す手間を省き作業効率が高められます。また、ケーブル類がそれほど多くない場合においては、キャスターを付けることで、利便性を高めています。

図8.52　ケーブルラック

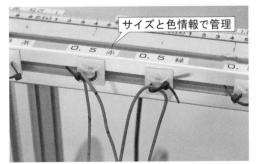

図8.53　ケーブルラック拡大

(2) コネクタ部分

コネクタ部分は、コネクタと端子からなります。端子にはケーブルのサイズや用途、コネクタを設置するスペースに応じてギボシ端子や平型端子、丸型端子、クワ型端子など様々な種類があります（図 8.54）。

図 8.54　端子の種類（左からギボシ端子、平型端子、右下：丸型端子、右上：クワ型端子）

電流値が比較的小さいケーブルの場合、ギボシ端子や平型端子が用いられ、電装系では平型端子が多く採用されています。PIUS でも平型端子を用い、さらに同じ平型端子でも幅の異なるいくつかの種類を用いています。なお、通常、電流量が多く、脱落を防ぎたいバッテリとの接続にはボルトで固定して止められる丸型、クワ型を用いています。

ケーブルと端子を圧着する際、専用の工具を用います。同じ圧着作業でもケーブルや端子のサイズに応じて工具も使い分けます（図 8.55）。図 8.55 に示す圧着工具は手動式(A, B)とラチェット式(C)ですが、この他に油圧式の圧着工具もあります。油圧式圧着工具はサイズの大きいバッテリケーブルに使用しています（図 8.56）。

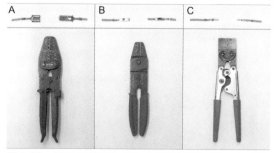

図 8.55　PIUS で使用している端子（上段／左：メス型、右：オス型）と専用の圧着工具（下段）の例

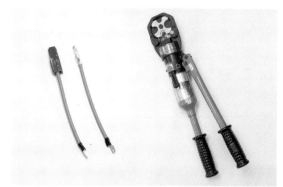

図 8.56　バッテリ用高電圧ケーブル（左）と油圧式圧着工具（右）

圧着した端子はコネクタに挿入し、取扱いやすいよう束ねます。コネクタについても平型端子の形状に合わせ、専用のコネクタがあります（図 8.57）。製作コストや工程から、使用する端子は一種類に統一した方が良いと思われがちですが、ケーブルの太さや流れる電流値、束ねるケーブル本数によって適切な端子を選択します。また、走行系、灯火系など、使用する電流系統等によっても端子を使い分けることでケーブルの識別のしやすさ、接続ミスを防ぐことにつながります。

ハーネス作成においても、その作成方法から、端子、コネクタ形状、使用する工具に至るまで、用途に応じた適切な手法や、種類が多くあります。小さな部品の選定に至るまでその思想が息づいています。そして、作業の安全性（Safety）、快適性（Comfort）を高めることは、使用上のメンテナンス性や安全性も保たれることにつながっています。これらのことから、部品選定や製作工程においても SCE に基づいていることがわかります。

(3) 参考：コネクタを製作する方法

端子にはメス型とオス型があります。配線図を作成する時に、端子の向きも決めておきます。これにより配線ミスを防ぎます（Comfort）。また、端子は一般的に電流を供給する側（電源側）の端子をメス型、電流を受け取る側（装置やアース）の端子をオス型にして端子を接続します（図 8.58）。電源側をメス型とすることで、コネクタを外した時のショートや感電の危険性を防ぎます

図 8.57 図 8.55 に採番された A, B, C に対応したコネクタ形状（左：メス型端子用、右：オス型端子用）

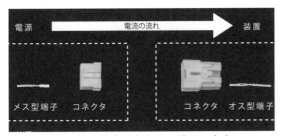

図 8.58 電流の方向と、端子の向き

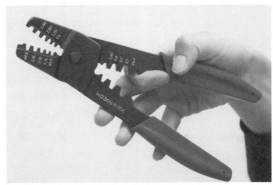

図 8.60 圧着工具の持ち方（手動式）

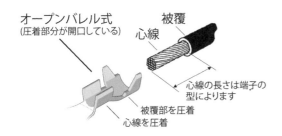

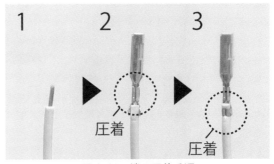

図 8.61 端子圧着手順

図 8.59 各部名称

(Safety)。オス型は金属部が出ているため、電源側に適用すると、作業時においてショートや感電の恐れがあります。

端子とケーブルを圧着させる部分が開口しているものをオープンバレル式と呼びます。なお、このタイプの他には裸圧着端子があります。圧着部分は、心線部と、被覆部からなり、心線部の長さは端子のサイズによります（図 8.59）。

圧着には専用の工具を用います。手動式の基本的な持ち方は、グリップの片側を親指と人差し指で抑え開閉させます（図 8.60）。圧着する際は人差し指も他方のグリップにかけ握力をかけます。

圧着の手順は以下の順に従い心線部、被覆部の順に行います（図 8.61）。

1. 心線部が被覆部よりも外に広がっていないか、被覆部に破れがないか確認します。
2. 心線部を圧着します。圧着後、端子と心線部の接触具合を目視で確認（図 8.62）した後、端子とケーブルのひっぱりによる圧着の確認を行います。
3. 被覆部を圧着し、端子の圧着は完了です。

先に心線部を圧着するのは、圧着の順が逆転すると、電流を通す心線部の圧着の確認がとれない

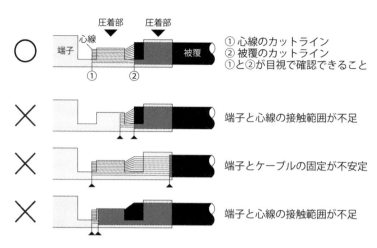

図 8.62　目視による心線部と端子の圧着具合の確認

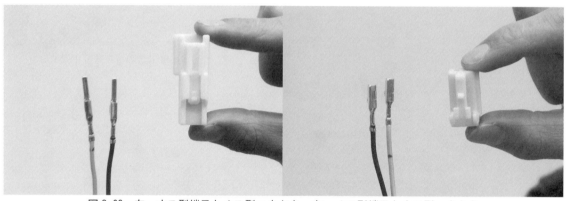

図 8.63　左：オス型端子とメス型コネクタ、右：メス型端子とオス型コネクタ

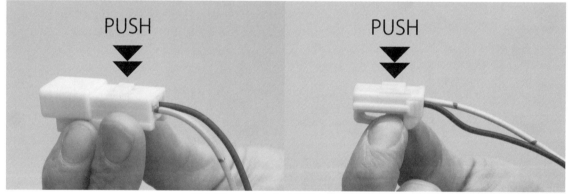

図 8.64　コネクタの端子の抜け止め

ためです。

　端子の圧着後、コネクタに端子を挿入し、コネクタと端子を接続します（図 8.63）。コネクタには 2 口タイプのものから、8 口タイプや 16 口タイプのものなど、ケーブルをまとめる口数にも種類があります。

　コネクタに端子を挿入した後、コネクタによっては端子が抜けないよう、抜け止めが設けられています（図 8.64）。抜け止めを押し込むことで、端子がコネクタに抑え込まれます。これにより、より安全なケーブル接続をもたらします。コネクタから端子を外す場合はコネクタによって抜け止

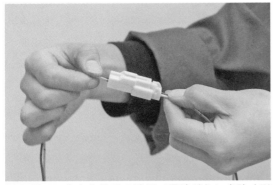

図 8.65 コネクタ抜けの確認（電線どうしを強く引きあうと断線に至ることもある。確認はこのことも考えて慎重に行うこと。）

めの解除方法が異なりますので、コネクタの仕様書に従ってください。

　コネクタ同士の接続にも爪があり、コネクタ同士が抜けないように対策がとられています。爪が効くまでオス型のコネクタをメス型のコネクタに差し込みます。差し込んだ後、接続が甘くないかひっぱりの確認を行ってコネクタ接続の完了となります（図 8.65）。コネクタを用いることは多数あるケーブルをまとめるだけでなく、端子同士の接触によるショートを防ぎ、抜けの防止の対策ができます。なお、コネクタを外す際は必ずコネクタを持って外します。ケーブルを持って外すと断線の原因になります。

　以上が一般的なコネクタの作成方法になります。この工程においても SCE の思想はコネクタの作り、手順、構造に至る、あらゆるところにも及んでいることが感じ取れると思います。これにより、利用者だけではなく、作業者もまた、安全で快適に使用できる環境ができています。なお、本章で紹介した端子や圧着工具、コネクタは一例であり、形状やタイプによって使用方法がありますので、詳細についてはそれぞれの仕様に従って行うようにしてください。

8.8　課題

　本章で学んだ知識を再確認する目的で、以下の課題に取り組んでください。なお、説明を求める課題は、1 課題について 400 文字以上 800 文字以下にまとめ、適宜、図を使ってください。

1．二次電池として広く使われている種類を 3 つあげ、それぞれの特徴や問題点を説明しなさい。

2．自動車用電池はどういう目的で使われているか、具体例を 3 つあげて説明しなさい。

3．BMS とは何を目的とするものか、説明しなさい。

4．二次電池の燃料タンクモデルで使われる SOC、DOD、SOH、SOD とは何か、説明しなさい。

5．ワイヤハーネス設計における SCE の視点の事例をあげて説明しなさい。

6．ワイヤハーネス・ケーブルの配線計画で注意すべき事項を 3 つあげて説明しなさい。

7．コネクタ端子や部品の選定において SCE の視点で検討すべき項目を 3 つあげて説明しなさい。

第9章　生産技術

本章で学ぶ内容

　本章では、PIUSの分解／組立実習作業のための要点を説明します。この作業では、図9.1に示す要素の部品がすべて登場し、部品の取扱い方や、部品を取りつけるための工具の扱い方について学びます。この作業場面でも縦軸の上にあるISO規格、環境問題を含む安全・快適・環境（SCE）のつながりの視点が登場します。

　「生産技術」というと、自動車技術と少し離れた印象を持つかもしれません。しかしどんなに高度な設計や管理で製作された自動車の部品を使っていたとしても、生産の品質が少しでも劣ると、自動車全体が欠陥品となります。現在のモノづくりでは、生産現場における高い品質の管理技術が重要です。生産現場はまた日々改善されており、限られた人員により、どうISO規格や環境問題などに対応していくか高度な知恵や工夫を発揮することが求められています。

　本章ではPIUSをもとに、作業場面で登場するSCEの具体例を説明します。PIUSのひとつひとつの部品は、ただそこにあればよいものではなく、運転者、また作業者の安全や快適性、さらに周囲環境を配慮して取り付けられています。特に作業場面では、利用者には難しい専門的な知見、例えば安全性を保障する締め付けトルクの適正値や、誰が作業しても高い品質になる作業指針などの企画力が求められます。実際のモノづくり現場では、日常的に取り組まれているものですが、本章では以上の作業を保証する目的で、作業マットによる作業の標準化、工具の選定と使い方、試乗時の注意事項、運搬時の注意など、研究開発活動を想定した高品質管理を行う目的のためのアドバイスを行います。

　PIUSは学校教材を目的に開発した自動車です。PIUSは、すべての部品が本章で示す高い品質管理により作業が行われ、人が実際に乗って開発研究などに使われると想定しています。研究活動そのものは機械や電気など個別専門分野になる可能性がありますが、アクセルを踏み始める瞬間にはいつも、図9.1に示す地球環境から個別要素に至る検討が分解や組立て作業において貫徹されていたかどうか、振り返るようにしてください。

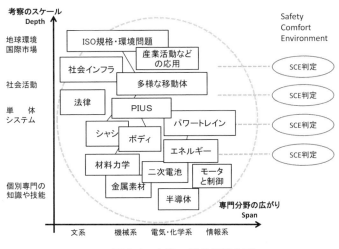

図9.1　本書で学ぶ学習内容

■ 第9章　生産技術

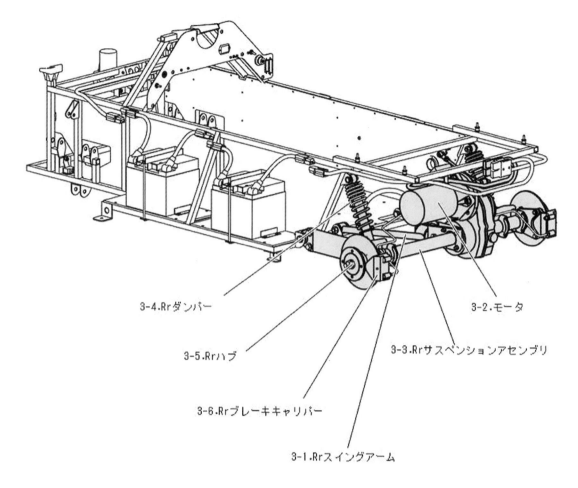

図9.2　Rr(リヤ)サスペンション及び駆動系(番号は手順)

9.1　分解・組立実習の管理

1) PIUSの教材概要と作業時の管理方法

　PIUSの分解組立実習は、従事するメンバー全員が共通した用語を使用し、分解／組立マニュアル（作業手順書）の見方、読み方を理解したうえで実習において、Safety, Comfort, Environmentの観点から作業の標準化を進めていきます。

2) 作業の標準化

　PIUSの分解組立作業は6〜10名でチームを組み役割をそれぞれが分担し、2〜3名の作業班に分かれグループによるチームワークで作業を進めていきます。

役割分担例

　リーダー………作業全体の統括、進捗状況の把握と管理、作業指示等

　安全管理者……作業従事者の安全確認と安全指示、5Sの管理と指示、蓄電デバイスの管理、トルク管理等

　この他チーム内において必要だと考えられる役割をチーム内で決め作業を進めていきます。

　次に作業を実施する上でのマニュアルの見方、SCEに関しての作業標準を統一し、グループのメンバーが共通認識を持つよう各項目を確認していきます。

　具体的には図9.2に表示されているように、これから行う作業の手順がマニュアルに表記されます。

9.1 分解・組立実習の管理

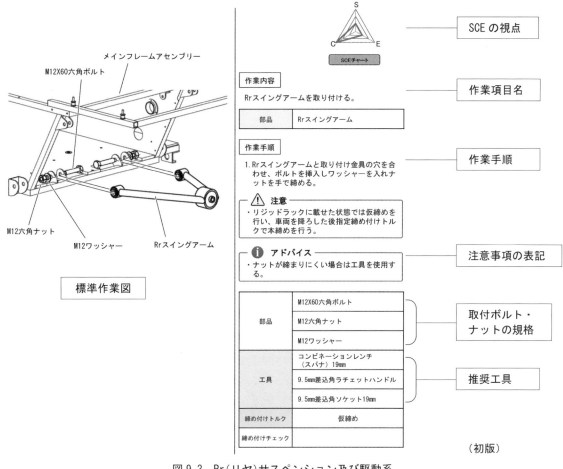

図 9.3　Rr（リヤ）サスペンション及び駆動系

次に各項目ごとの具体的な作業手順と使用される部品と取付ボルト・ナットの規格が記載される他、使用推奨工具、注意すべき安全項目が記載された作業標準仕様図が示され、それぞれのメンバーが役割に応じて分担作業できるよう構成されています（図 9.3）。

3）安全作業　現場の配置

作業をする上で大切な事は、安全な作業を行うために作業動線を考えて各種設備を配置することや、5Sを実施していくための環境整備です。これから、それらのやり方について考えていきましょう。

作業現場においては、作業内容の把握、作業従事者の安全確保、効率の良いスペース利用等を考慮しながら、作業動線を意識して設備の配置を行います。これは単に分解組立作業を行い自動車の基本構造や電動車両の基本技術を学ぶことにとどまらず、それを行う作業の重要性、習慣化を重視しているからです。

4）5S とは

5S という聞きなれない言葉が出て来ました、ここでは 5S について詳しく説明していきます。

5S は 5 つの要素のことを表しており、その頭文字から 5S と言います。

① 整理
② 整頓
③ 清掃
④ 清潔

171

⑤ 躾

この5Sの言葉と意味を理解する事は

・モノづくりの基本が身についている人
・モノづくりを良く勉強している人
・モノづくりの教育を受けている人

など、個々を判断する材料にもなりうる事で、生産技術に限らず職場内において重要なことのひとつです。

それでは各項目について説明していきましょう。

① 整理とは

単純にかたづけるとか思われがちですがここでいう整理とは

「必要なものと、不要なもの(必要が無いもの)に分けて、不要なものは捨てる」ということです。

整理の事例

・机の引き出しをあけ、仕事に必要な物、不要な物に分けて不要なものを捨てる。
究極の整理法、仕事に必要な20種類だけを残し残りは捨てる。

整理する対象は物に限りません。
情報、作業スペース、仕事内容等を考えてみると私達の周りには整理できるものが数多く存在します。

大切な事は必要な物を必要な時にすぐ取り出せる環境づくりを習慣化するということです。

例えば作業場を例にすると

・自由に作業を出来る作業場にするために必要な物と不要な物を分けて不要な物を捨てて作業スペースを広げる。
・仕事を必要な仕事と不要な仕事に仕訳けし、不要な仕事はしない(時間が生まれます)。

このように、「整理の習慣化」が大切なポイントになります。

② 整頓とは

上記のように整理すると目の前には仕事に必要なものだけが残っています。次に残った必要な物を整頓します。

整頓とは

「必要なものの置き場所(スペース)を決めて表示し整えること」です。

表示するとは誰が見ても判る状態を作るという事です。

PIUSでは作業に必要な最小限の工具に仕分けし、必要な工具だけの収納スペースを工具BOX内に用意しています。また、表示については個々の工具の形状に合わせ、収納スペースを切り抜いている事から、そこに戻す習慣を自然と身につけられる様考えられています(写真9.1)。

この他、物ではなく、仕事の行い方に置きかえてみると上記で仕事を整理したものを整頓すると

・短時間(例えば10分)内に終わる仕事
・期限が決められている仕事
・期限が無い仕事

となり、もっとも簡単な仕事はすみやかに済ませて、重要な仕事にとりかかるなど効率よく仕事を終わらせることにより有意義な時間活用が可能となります。

また、作業場においては、ムダなスペースが無い配置や、作業時の動線を考えた配置にする事です。

PIUSではこのスペースの考え方に沿い、作業動線を意識したスペースを作業マットで

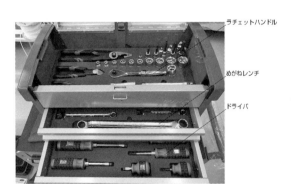

写真9.1 工具BOXの整頓

実現しています。

③　清掃とは

「身の回りや職場の中を清掃する」ということです。

上記で整理整頓された職場は、すっきりとした作業スペースが確保されています。その環境を維持することが、清掃を行うということの役割です。

④　清潔とは

それぞれの職場や作業環境によって数多くの考え方が存在します。

食品関係の会社においては、殺菌・消毒であったり、半導体の工場であればホコリや粉塵、静電気除去等が義務付けられたりと、職場環境によりさまざまな清潔基準や指導が行われています。

PIUS ではマットを使用する事により、汚れやゴミの状況が判るようになっています。

⑤　躾とは

躾と聞くとどんなイメージを感じますか？浮かぶのは家庭内での子供の躾ですね、人によってはあまり良い印象を持っていない人もいる事でしょうが、ここでいう躾とはちょっと意味合いが変わってきます。

仕事においての躾とは「守る事を決め、決めた事を守る」ことで、更に「決めた事を守るという事を習慣化する」そして「それを組織の風土として定着させる」ということです。

チームで仕事を行うには、誰もが納得した共通のルール（守る事）を決め、チームが一丸となってそれを守っていく事を基本として取組む行動が組織全体の風土を作っていく事になります。

チームメンバー（全員）が納得する共通のルール（守る事）を決め取組む具体例として、図9.4のようなポスターを掲示したり、

「5S を習慣化し維持し、より良い方法を探究する」

「（職場の）ルールや規律を守る」

図 9.4　5S 推進ポスター

「決めためたことを必ず守るように徹底する」

「いつでも改善！継続的に改善！」

など等、標語はそれぞれの環境によって生まれてくるものです。

PIUS では、5S の徹底を目的に、使ったものは元に位置へ戻すことや、誰が見ても判る作業環境づくり（マット、工具 BOX 等）について教材を通して学べるよう構成されています。

各種のツールにはそれぞれ意味がある事を意識して取組んでください。

5）PIUS を使用した実施例

5S を意識した設備の配置例として、PIUS では次のオリジナルツールを準備しています。

・部品マット、作業マット（3分割）……作業スペース（実習室）の大きさや環境に合わせて、作業動線を意識して配置できる仕組みを有しています。

・工具 BOX……工具 BOX 内は工具の形状に合わせた収納スペースが設けられており、使用した工具は、いつも整理・整頓され、整備不良の工具が無いか一目で確認できるよう構成されています。

PIUS の分解・組立作業においては、作業マットにより、作業者の安全確保、作業効率の良いスペース利用、5S を考慮し、作業動線を意識した設備の配置を行っています（図9.5）。

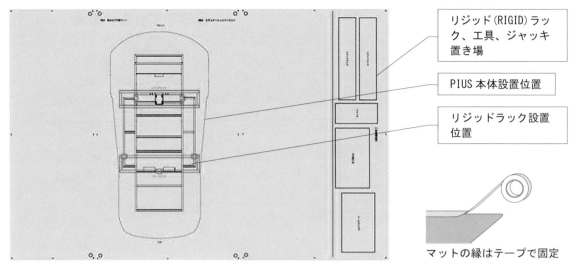

図 9.5 作業マット

写真 9.2 作業マットの使用状況例

写真 9.2 に見るように、作業スペースの動線を意識した配置方法や、マット四方の作業領域への進入禁止表示等の作業前の段取り、さらには使用されるツールにより、作業手順や安全確認を通して「品質の高いモノづくり」を行う生産技術に必要な SCE を理解していきましょう。

同様に分解した部品群の整理では、部品マットを使用し、作業手順毎の部品管理、作業の進捗状況の見える化、作業期間が数日間に及んだ場合の作業状態の復元、及び部品の管理を学んでいきます（図 9.6、写真 9.3）。

6) 作業マット使用例

講義におけるマット配置例を図 9.7 にあらわしています。

作業マットは教室での使用を前提に作成されています。図 9.5 はその配置方法の一例です。作業マットもまた SCE の学習目標の考え方に基づいています。

S：安全性

9.1 分解・組立実習の管理

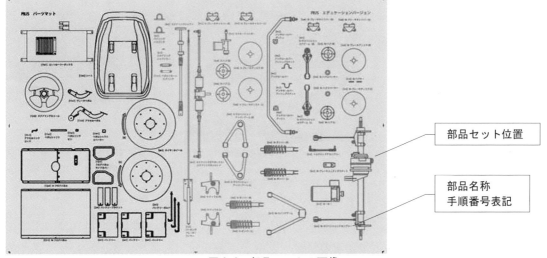

図 9.6　部品マットの画像

写真 9.3　部品マットの使用例

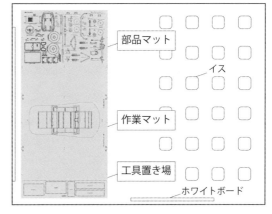

図 9.7　マット配置例

作業スペース、部品置き場、工具置き場、それぞれのスペースを設けることで、作業の安全性を確保しています。マットは外周をテープで固定し、足場の安全性を確保します。

C：作業効率

部品マットについては、部品の組立順に、部品のイラストをマット上に配置しており、効率的な作業動線をつくりだしています。

E：整理整頓

それぞれに置く場所を設け、部品の紛失を防ぎます。また無秩序に配置されるよりも、作業効率（C）を高めるために整理整頓された作業場所は、より安全で快適な作業をもたらします（写真 9.4 参照）。

もし、講義室のスペースが不足した場合は、マットどうしを重ねるなどして、マットの配置を変更し対応します。

作業マットの他、教材に付属する工具セットも同様に SCE の視点に基づきコーディネートされました。

7）分解作業

PIUS の分解作業は、グループ全体の総指揮官としてのリーダーを決めることからはじめます。

グループリーダーの仕事は、作業の全体指揮、進捗管理、手順の確認、メンバーの役割分担と作業指示を適時行っていきます。

次に安全管理者を決めます。安全管理者は各作

第9章　生産技術

(a) 分解作業後のPIUS　　(b) 教室での展開例　　(c) 作業マット上リジッドラックに乗せたシャシ

写真9.4　整理整頓の例

業を行うメンバーの安全確保と5S等の指示（工具、作業場の整理及び確認）、電気作業の保安、トルク管理と確認、現場の安全管理にあたります。この他のメンバーは部品・工具担当を決めたり必要に応じて役割を決め分担します。

この他のメンバーは実際の作業の他、部品や工具の管理、次工程の準備等の作業を、参加者全員がエンジニアとして率先して実施します。

① ボルトの基礎

分解マニュアルの中では「六角ボルトを緩める」と記載されている場合、六角ボルトとはボルト頭部形状が六角形になっているボルトの事を表し、六角ナットとは同様に六角形状のナットの事を表します（図9.8）。

10mmとは図のボルト・ナットの六角対辺の2面幅を基準に表しています。図を参考に6角ボルトの頭の部分、ナットの図にあるとおり矢印にある面と面のサイズの事を表わします。

締付工具のソケットやめがねレンチにはそのサイズが明記されています。「ボルトのサイズとはこの数値である」と理解しておいてください。

次にねじ部分の規格について説明します。

図9.9に記載されているのが、ボルトの各部分の寸法の呼称です。

ねじ部については、呼び径φD、首下長さL、ねじ山間の距離ピッチPと表されます。

ねじの呼び径φDは、ねじの山の外径部分をmmで表したもので、この呼び径の頭にMを付けたのが「M○○」というJISで定められたメートルねじの呼びです。

例えば　φD＝6mm＝「M6」という呼び名になります（マニュアルではこの呼び名を使用しています）。

首下長さLは、頭部座面からねじ先端までの距離を表しており、ピッチPはねじ山間の距離を示したもので標準ねじでは並目（なみめ）ピッチと山間の短い細目（ほそめ）ピッチが規定されています。

ホームセンター等で販売されている細目ピッチのねじは「呼び×ピッチ×首下の長さ」で表示されますが、並目ピッチは「呼び×首下長さ」で表され、ピッチの表示が省かれて

図9.8　ボルトの基礎

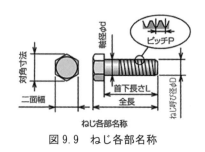

図9.9　ねじ各部名称

います。

② インチについて

ボルトを取り扱う場合は、インチについて理解しておく必要があります。簡単に「インチ」と表現していますが正確にこれを理解している人は少ないかもしれません。

自動車業界では内燃機関に欠かせない燃焼プラグを交換する時に「プラグレンチ」を使用します。

後述するラチェットハンドルに使用するソケットの差込角（図9.10）は1/4・3/8・1/2と表記されています。この数値はインチの単位になっています。インチをミリに置き換えて説明すると、1インチ=25.4mmです。

これをミリに換算すると

1/4 =6.35mm
3/8=9.52mm
1/2=12.7mm

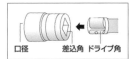

図9.10　ソケットの差込角

となります。3/8のラチェットハンドルは「9.5ミリのラチェット」とミリ単位で呼ぶ事もあります。

自動車関係に出てくる代表的なインチ換算表は表9.1の通りです。また、主に自動車で使用されている基本的なねじサイズは表9.2に示します。

③ ねじの基礎

各コンポーネントの分解組立ではさまざまな種類のねじやボルトが使用されています。

これからねじを扱う上でいつも意識する必要があるのは、ねじやボルトは上から見て一般的に時計回りに回すと締まり、反時計回りに回すと緩むよう作られている、という事です（図9.11）。

この原理は世の中の多数派である右利きの場合、時計回りの方が力を入れやすいことによるからです。身の回りではペットボトルの

表9.1　インチ換算表

インチ	ミリ換算
1/4	6.35
5/16	7.93
11/32	8.73
3/8	9.52
7/16	11.11
1/2	12.70
9/16	14.28
19/32	15.08
5/8	15.87
11/16	17.46
3/4	19.05
13/16	20.63
7/8	22.22
15/16	23.81
1	25.4
1-1/16	26.98
1-1/8	28.57

表9.2　ねじサイズ

6角2面幅	ボルト径（M径）	ピッチ
8mm	M5	0.8
10mm	M6	1.0
12mm	M8	1.0/1.25
13mm	M8	1.0/1.25
14mm	M10	1.25/1.5
17mm	M12	1.25/1.5
19mm	M14	1.25/1.5
21mm	M14	1.25/1.5

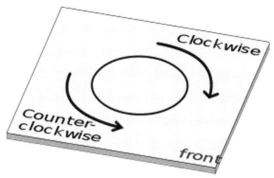

図9.11　ねじの時計回り（Clockwise）と反時計回り（Counter clockwise）

キャップやビンの蓋なども同様です。また、自転車のペダルの軸では右側は時計回りで締まりますが、反対側の左側は反時計回りで締まるよう設計されており、漕いでいる間にペダルが緩んで外れないよう考えられている事例もあります。

④　工具への回転力の掛け方（トルク）

　次にトルクの話です。トルクとは長さLのレンチ（※）で力Fをかけた時にボルトに与えられる回転力Tの事です。

※正確には、Lはボルトの回転軸から力をかける点までの距離（図9.12）ですが、このページ内では説明を容易にするため、レンチの全長をLと表現しています。

　トルクの単位は以前はkgf・m（キログラム重メートル）が用いられていましたが、1993年施行された「新計量法」によりSI単位（ISO国際規格）への移行が義務付けられ、現在では力の単位にはN（ニュートン）、トルクの単位にはN・m（ニュートンメートル）が使われています。

付記

新計量法についての知識

　計量法とは「計量の基準を定め、適正な計量の実施を確保」することで「経済の発展及び文化の向上に寄与する」ことを目的に制定された日本の法律で、昭和26年に制定された旧計量法に対し、1992年に全面改正された現行法は「新計量法」と呼ばれています。計量法では、計量単位を制定したり、取引や証明に使われる計量器の精度（正確さ）を維持するための様々な条項が定められています。新計量法により計量単位の国際単位系（SI）への全面移行が義務付けられた1999年以降、日本国内で販売されているトルクレンチの測定単位は国際単位系である「N・m」のみとなりました。計量法により測定単位が変わった身近な例としては、自動車のエンジン出力の単位が「PS」（馬力）から「kW」（キロワット）になったり、天気予報で耳にする気圧の単位が「mb」（ミリバール）から「hPa」（ヘクトパスカル）になった事などが挙げられます。

　1N・mは0.10197kgf・mとなり、逆に1 kgf・mは9.8067N・mとなり、実際の作業においては1 kgf・mは10N・mと考えれば目安になるでしょう。

　　1kgf・m ＝ 9.8067N・m
　　1kgf・m ≒ 10N・m
　　1N・m ≒ 0.1kgf・m

　例えば、1mの長さのレンチで100N（約10kgf）の力をかけた時のトルクは100N・m（約10kgf・m）となります。

　　F（100N）×L（1m）＝T（100N・m）

　また、200mmのレンチで100N・m（約10kgf・m）のトルクをかける場合に必要な力は500N（約50kgf・m）となります。

　　F（力）×L（0.2m）＝T（100N・m）
　　F（力）＝T（100N・m）÷L（0.2m）＝500N

　この力は、腕力だけではほとんど締め付ける事は不可能となります。Lが400mmのレンチであれば、半分の力（250N、約25kgf・m）で済みます。この程度の力であれば、大人が軽く体重をかけるくらい（腰を落とす程度）のもので、手でかけられる力の上限に近いものです。Lが大きいほど、テコの原理で力が入る（力の入れ方）ということがわかります。

　参考までに川に架かっている橋げたを思い浮かべて下さい。橋はいろいろな車、荷物を積んだ大

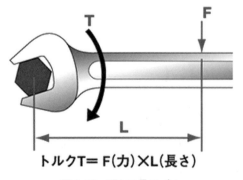

トルクT＝ F(力)×L(長さ)

図9.12　KTC工具スパナ

型トラックなどを安全に通過させることが求められます。加えて、強風、積雪、地震に対し、歪が生じない頑強さが求められます。このような安全性を重視した構造物では、1本1本のボルトはすべて、規定のトルクで締めるよう管理されています。そのような安心感はまた、使用者に快適性を与え、長期に及ぶ寿命は地球環境に対するメリットも実現します。

規定トルクで管理しなければならない物を考えてみてください。どんなものが思い浮かぶでしょう。

⑤ 主な工具の名称と使い方

ここでは教材にセットされている主な工具について説明していきましょう。

PIUSに備えられた標準工具は国産のKTC（京都機械工具株式会社）製のものを使用しています。

PIUSを教材として作る過程において、試作段階の分解組立作業ではコストを重視して海外製の工具を採用し使用していました。ところが数回使用しただけで破損したり、力を入れボルトを締め付けようとした時に曲がってしまったり、場合によっては折れてしまう場面もありました。

一方では、日本の名匠が作った包丁は、何代もの料理人に受け継がれて数十年使われ続けています。

何故、何代もの料理人に受け継がれたり、数十年も使える道具として包丁があったのでしょう。身近なところでは理髪店が使用するはさみ、手術を行うメスなども同じように長年に渡り、その品質・性能を維持しています。その原点は江戸時代の名刀を作り出した刀鍛冶の時代から変わらず受け継がれている「モノづくりの原点」がそこにあるのではないかと本書では考えています。

日本におけるモノづくりは、単にコストの安い物を求めるだけではなく「品質の良い道具を大切に長く使えるもの」という考え方ではないか考えています。こうした視点でPIUSで使用すべき工具をコーディネートしました。その視点をさらにSafety、Comfort、Environmentで考慮すると、次のようになります。

Safety（安全性）という考え方。これは長い年月作業を行う多くの実習生の作業中の事故や怪我を考慮しています。Comfort（快適性）は作業に耐えうる強度や機能を備え、さまざまな作業をスムーズに進めるための機構や性能を兼ね備えている物です。Environment（環境）では、工具は消耗品（使い捨て）という考え方から、長年大切に使うものであり、私達の身体の一部として使えるものとして考えて、SCEを基本に工具製作を行っているKTC社のものを装備する事としました。では工具の一部を具体的に説明しましょう。

1）ドライバ

図9.13をご覧下さい。ドライバは広く普及している一般的な工具で、ねじを締め付けたり緩めたりするときに使用します。

プラスドライバは先端部が十形状になっておりねじの大きさにより種類が変わってきます。マイナスドライバはねじの大きさにより先端の一形状の幅が変わってきます。

ドライバの構造はプラスとマイナスの先端部に軸がついて、グリップ（柄部）はラバー等で作られており、力が入れやすい形状となっています。

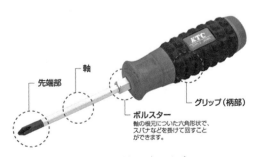

図9.13 ドライバ

更にこのタイプのドライバはボルスターが軸の根元についておりスパナなどを掛けて回す事を可能としています。

ドライバの使用方法は「押して回す」、図9.14のとおりねじを押しながら回すのが基本です。特にプラスねじを回す時はカムアウト（ドライバ先端がねじの外に逃げようとする現象）が発生する為、回す力の配分を押す力7回す力3程度にします。固くしまったねじを緩める際は押す力を強めにして緩めます。

ドライバを使用するコツはねじの大きさに合わせて、ドライバの先端サイズを選択する事が大切です。最初にねじのサイズよりも大きめのドライバを選び試してみることです。ドライバのサイズが大き過ぎるとねじに入らないので、次はその一つ下のサイズで試し、ドライバ先端がねじにピタリと合う事を確認してから作業に入ります。ねじよりもドライバの先端が小さい場合ガタが大きくなりねじ穴を崩してしまうので十分に注意して作業に入ります。

2) コンビネーションレンチ（めがね＆スパナ）

図9.15、9.16にはそれぞれスパナ、めがねレンチと呼ぶコンビネーションレンチを示します。

図9.15のスパナは、ボルト・ナットを締めたり緩めたりするときに使用する代表的な工具の一つで、ボルト・ナットの二面幅（平行になっている二面）を2カ所でくわえて回します。スパナの呼び（サイズ）は、口径の二面幅寸法で表します。例えば二面幅12mmと14mmのボルト・ナット用は12×14と呼びます。

図9.16のめがねレンチはスパナと同様、ボルト・ナットを締め付けたり緩めたりする工具の一つです。

スパナがボルト・ナットを2点でとらえるのに対し、めがねレンチは6点でとらえるため、スパナより大きな力をかけることができます。しかもリング状になっているため、頭部がボルト・ナットから外れにくく、均等に荷重をかけることができ、強い力で締めつける時、安全に作業することができます（図9.17）。

PIUS教材において標準工具として主に装備されているものは、めがねレンチとスパナを組み合せたコンビネーションレンチです（図9.18）。

コンビネーションレンチは片側がリング状の頭部、もう一方が同一サイズのスパナ頭部がついており、早回しに適したスパナと、強い力がかけられるめがねレンチの2つの機能を兼ね備えています。

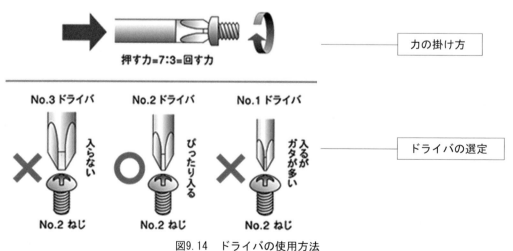

図9.14　ドライバの使用方法

9.1 分解・組立実習の管理

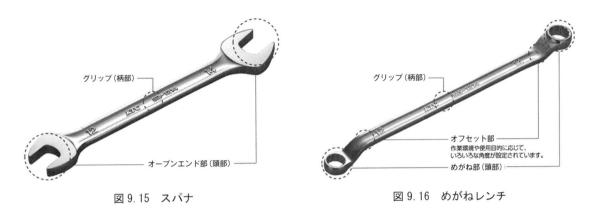

図 9.15　スパナ

図 9.16　めがねレンチ

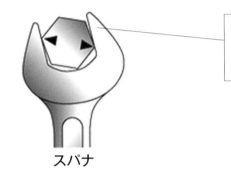

図9.17　めがねレンチとスパナの使い分け

ここが折れたり広がることがあります。ボルトを締め付ける強度に耐えうる工具が必要なのです

図 9.18　コンビネーションレンチ

　スパナやコンビネーションレンチを使用する場合は、ボルト・ナットに対して、ボルト・ナットのサイズに適合したものを使用し、スパナを斜めに掛けたり、ハンマーなどでたたいて衝撃を加えたりしない様注意して使用して下さい（図 9.19）。

　スパナやコンビネーションレンチの使い方は、手を返しながら使います（図 9.20）。

　ボルト・ナットに対して回転角が鈍角の場合は手前に引き、鋭角になったら手のひらで押すようにして使うのが安全な使い方です。

　狭い場所におけるスパナの使い方は図 9.21 に表示されている通り、一般的なスパナは口径が柄に対して 15°の角度を持っています。これを裏表交互に使う事で送り角 30°となり、片側のみ使用時の半分の角度でボルト・ナットを回すことができます（図 9.21）。

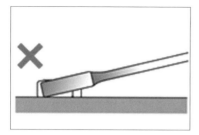

図 9.19　スパナの使用上の注意点

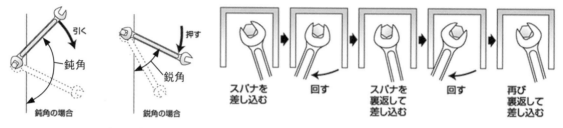

図 9.20　スパナの使い方　　　　図 9.21　狭い場所での使用法

3）ラチェットハンドル

教材の工具に装備されている便利な工具として最も使用頻度が高い工具がラチェットハンドルです（図 9.22）。

ラチェットハンドルは、六角ボルトやナットの径に合わせたソケットを先端部に取付け、ラチェットハンドルと一体化させラチェット機構によって回転方向を一方向に制限し、逆回転させると空回りすることによりボルトやナットを素早く締め付ける事を可能とした工具です（図 9.23）。

付記

図 9.24 の構造図をご覧下さい。ラチェット機構とは動作方向を一方に制限するために用いられる機構で、のこぎり状の歯が刻まれている b の歯車と、逆方向への回転を止める爪 a によって構成されています。

そして、のこぎり状の歯 b に爪 a が掛かり、爪が引っ掛かる方向に回そうとしても回らないが、反対方向に回すと、爪が山の坂を滑って回る仕組みになっています。

ラチェットには 2 つの用途があり、その 1 つは逆転防止でラチェットの爪を固定して取り付けておけば、逆転防止に利用できます。

もう 1 つの用途は、一方向への回転を伝える機構で、例えば自転車では、チェーンで駆動される

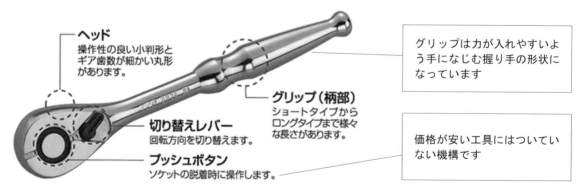

図9.22　ラチェットハンドルの構造

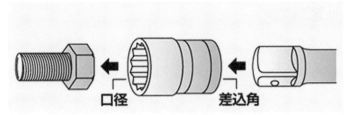

図9.23　ソケットの名称と組み合わせ方

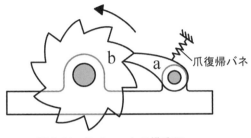

図9.24　ラチェットの構造図

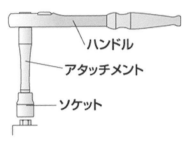

図9.25　アタッチメントとの組み合せ例

車輪側のスプロケットの中に内転型のラチェットが組み込まれています。

4）ソケット類

ソケットは、ラチェットハンドル等に取り付けて六角ボルト・ナットや六角穴付きボルトを締めつけたり、緩めたりする時に使用する工具です。ソケット部（ソケットレンチ用ソケット）と駆動工具（ハンドルと各種アタッチメント）で構成されており、それらを組み合わせて使います（図9.25）。

ラチェットハンドル用ソケットは、先端がボックス状になっていて、スパナとは異なり、ボルト・ナットを完全に抱き込んだ状態で使うので、滑ったり外れたりしにくく、大きなトルクをかけるのに適しています。ソケットと駆動工具に各種アタッチメントを組み合わせることで、手が入りにくい狭小スペースや奥深いスペースでも、容易に作業ができるようになります

5）トルクレンチ

トルクレンチとは、PIUSの組立実習において所定のトルク（本章ねじの基礎参照）でねじを締め付けるための工具です（図9.26）。この工具は、締め付け作業で、その所定のトルクになると音響により知らせるしくみがあります。

図9.26　KTC GEK135-R4（27〜135N·m）

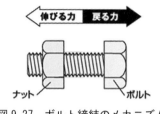

図9.27　ボルト締結のメカニズム

6）トルク管理の重要性

図9.27に示すように締めたボルトが簡単に緩まないのは、締め付けたことで伸びたボルトが元に戻ろうとする力が働くためです。

ボルトを締め付けると、ボルト本体には引っ張り方向の力がかかり、引っ張られて伸びたボルトは、バネのように元に戻ろうとして、締め付けているもの（部品等）を圧縮します。

ボルトが締まっている（固定されている）状態とは、引っ張られて伸びようとする力と、戻ろうとして締め付けるものを圧縮する力のバランスが成り立っている状態なのです。

ボルトの締め付けが弱いと、周りの振動や熱などの影響でこのバランスが崩れ、ボルトは緩んでしまいます。逆に締め付けが強いと、締め付けられた物（部品等）やボルト自体の破損を招きます。

7）ボルトの締めすぎによる問題

締め付けられていたボルトを緩めると、引っ張られて伸びていたボルトは元の形に戻ります。しかし、締め付ける力を増やしていくと、ある時点からボルトは完全に元の形には戻らなくなります。

このことを図9.28の「応力ひずみ線図」で説明しましょう。ボルトが元の形に戻らなくなる境界を「**降伏点**」といい、ボルトが完全に元に戻る範囲を「**弾性域**」（弾性変形範囲）、完全に元に戻らなくなる範囲を「**塑性域**」（塑性変形範囲）といいます。ボルトをさらに締め付けていくと、最終的にねじ切れてしまします。この点を「**破断点**」といいます。

ボルトが緩まないようにするには、なるべく大きな力で締め付けることが望ましいです。しかし、ボルトを塑性域まで締め付けてしまうと、破断点に近づくため危険です。また、塑性域まで締め付けてしまったボルトは変形して元の形に戻らないため、再利用はできません。従って、ボルトは弾性域の範囲内で使用する必要があります（※）。

※エンジンのヘッドボルトなど、塑性域で締め付ける特殊なボルトもあります。

8）適切なトルク管理のために

弾性域から降伏点を越え塑性域に入ると、トルク（締め付ける力）の増加に対し、ボルトが伸びる割合は大きくなります。しかし、人間の五感でこの変化を感じることは困難です。ある程度経験を積んだ作業者でも、トルク不足による緩みを防ぎたいという気持ちが無意識に働き、規定トルクを超えたトルクをかけがちです。また、最近では各産業分野において、鉄以外のさまざまな素材が使われています。アルミや樹脂などの部品は、鉄製のものに比べ図9.28の降伏点が小さく、同じ感覚で締め付けると部品自体を破損させてしまう危険性があります。

トルク不足によるボルト・ナットの緩みや、オーバートルクによるボルトや部品の破損は、重大な事故を発生させる原因となります。そのため、経験や勘だけに頼ったトルク管理でなく、トルクレンチ（図9.26）を用いた正確なトルク管理が望ましいのです。

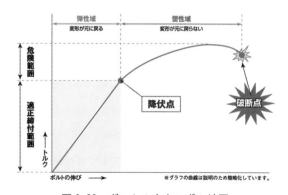

図9.28　ボルトの応力ひずみ線図

9.2 PIUSの分解組立

1) 分解実習

工具の名称、使い方や基礎項目が理解出来たところで、さっそく分解作業に取り掛かります。

分解実習において習得できる項目

① 作業に必要な基礎知識の実体験
② 工具の名称と使い方
③ 自動車の部品名と構造……部品名を知り、構造の概要がわかる
④ 実作業の対応能力の育成……作業計画/手順と作業の標準化
⑤ チームワークとその重要性
⑥ 5S（整理、整頓、清掃、清潔、躾）
⑦ 作業時における安全性……電気作業の安全確保

はじめは工具の操作に慣れる為、PIUSの主だったコンポーネント単位のボルトを緩ませる作業からです。

それぞれのボルトは自動車組付け基準において締め付けトルクが規定されている事から、その基準に合わせてトルクレンチでしっかりと締め付けされています。

それを一つ一つ作業になれながら、安全に最大限配慮して緩めていきます。

この章の作業内容では、安全作業の確認、作業実施確認として、チェック欄への記載が義務付けられ、このチェックにより作業がもれなく実施されたかどうか確認をしていきます。

次の章よりコンポーネント単位で分解作業がはじまります。分解作業では分解された部品を分解順に部品マットに並べていきます（写真9.5）。

取り付けに使用されているボルトナット類は部品単位でねじケースに収納するよう規定づけています。

これはどんな作業においても、作業者以外の誰が見ても作業の状況、進捗状況、部品管理が一目で確認できるよう5Sの基本的考え方が取り入れられています。仮に作業の途中から作業者が変更

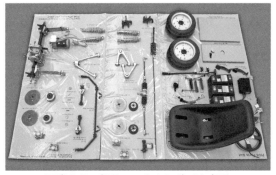

写真9.5 部品マット上に並べた部品

になったとしても、スキルの差があっても同一の品質を確保するための手法でもあります。

2) 組立実習

PIUSの組立実習では、各コンポーネント単位の組立て、取り付け作業を通して、自動車の基本構造、コンポーネントの機能や機構、電気自動車の基礎について、実際の車両を組み立てながら学んでいきます。

組立実習において習得できる項目

① 作業に必要な工具の習得
② 自動車の各コンポーネントの構成……各コンポーネントの機能と役割の理解
③ 電気自動車の構造の基礎
④ 実作業の対応能力の育成……作業の標準化、工程管理
⑤ チームワークで作業……役割の分担と安全意識。および高品質な作業の管理
⑥ 作業時における安全性……声掛け・安全確認
⑦ 5S（整理、整頓、清掃、清潔、躾）と3現主義
⑧ モノをつくる喜びと意義……達成感、自信

以上の組立て作業について補足説明をしますが、まず組立て作業の品質をチェックして下さい。PIUSは実際に人を乗せて走行させる乗り物です。万が一にも、組立て作業時のミス、ねじを付け忘れた、などの作業をしてはいけません。その結果、

185

写真 9.6　PIUS 分解後の写真

運転者に危害をもたらすことを忘れてはいけません。以下、生産設計などの考え方も紹介しますが、最重要なことは、組立て作業から実際の利用に至るまで、何度実施しても一度も事故をおこさないことです。

このことを実現するためには、常に現場を見る習慣が必要です。この考え方として3現主義（※）というものがあります。

※3現主義とは

3現主義とは、**現物、現実、現場**の頭文字から3つの現を重視する考え方です。この「3つの現」を重要視する事で、物事の本質を捉えることが容易になります。

実際の生産現場をはじめ仕事では、想定外の事が起きて当たり前なのです、特に新たな物を開発しようとする時、行く手を阻むアクシデントは山のように起きてきます。この時最も重要視する考え方が3現主義なのです。生産現場で起きた不具合品、お客さまからのクレーム等が見つかったときに、担当者や責任者がその状況だけ聞いて、デスクの上で電話応対だけで判断を下し対応した場合、間違ったものの考え方が生まれ、それを改善しようと現場サイドへ間違った指示を与えてしまうことがあります。

クレーム製品や不具合品は、まず**現物（結果）**を見て、その製品に発生した現象を、**現実**として把握し、次にその製品が作られたり、使われている**現場**をみて状況を調査し、対策を講ずるという3現主義を重視する事で、正しい判断が的確にできることにつながります。

PIUSを使用した教育では、想定外のアクシデントや失敗が生まれることもあるでしょう。大切な事はその「結果から学ぶ」姿勢であると考えています。

新たなものを開発する時、想定外やアクシデントはあたり前、「**現物（結果）が先生なんだ！**」だという事を肝に銘じてやり続ける事の大切さが習慣となり良い製品が生まれるのです。

組立実習の一例として、サスペンションを例にとってSCEの観点に沿って説明していきましょう。

図9.29は自動車のフロントサスペンションについて説明したものです。

シャシ（車両フレーム）とタイヤを固定するハブを取り付けるために、アッパーアームとロアアームを使いハブを連結させるナックルという部品を組付けます。アッパーアームとロアアームは自動車の車輪が上下運動出来るようブッシュを挟み込み上下に稼働するよう出来ています。

このように車のそれぞれのホイール（車軸）には、これらのサスペンション部品によって、さまざまな方向に大小の角度がつけられています。これらの角度を適正な状態にそろえる事（整列具合）をホイール アライメント（wheel alignment）と言い、本書第3章シャシで具体的に学んだ事項を復習しながら説明していきます。

その内容を整理するとホイールアライメントはサスペンション部品やステアリングのシステムを構成するそれぞれの部品が、どのような角度関係で自動車に取り付けられているかを示すものです。すなわち、Safety（安全性）、Comfort（快適性）を考慮し、走行時におけるステアリング操作（舵取り操作）を滑らかにし、自動車が直進する時や旋回する時、コーナーを曲がる時の走行（走行条件・積載量・走行速度等の条件により）を安定させる事を目的に良好な状態となるよう調整・設定

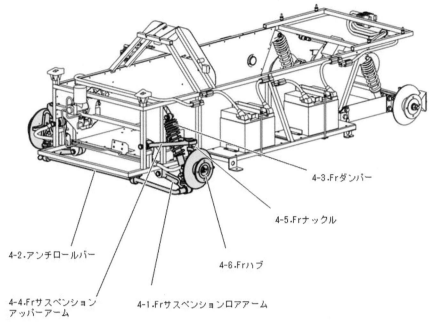

図 9.29　組立テキスト　サスペンションの構造（番号は手順）

されています。アライメントの設定は走行性能に加え Environment（環境）を考慮し、タイヤの偏摩耗を軽減する側面も持ち合わせています。

ホイールアライメントは主に、キャスター角・キャンバー角・キングピンアングル・トーイン＆トーアウトなどの要素で構成されています。

・ダンパー

フロントダンパーの組み付けを行います。

ダンパーとは別名ショックアブソーバと呼ばれ、その目的は車両の走行時における Safety（安全性）と乗車する搭乗者の Comfort（快適性）を考慮し、道路事情や車両環境等の Environment（環境）に対応した強度を必要としたものを選定する必要があります。

ダンパーは衝撃や振動エネルギーを長時間にわたって吸収または緩和する役割があります。装置の構造は流体の動圧抵抗、粘性抵抗、固体摩擦などの抵抗力を利用しており、その目的に応じ多様の種類形状・形式があります。

最も多く使われるのは、油圧緩衝器（ダッシュポット）と呼ばれるもので、シリンダ内にピストンで押込められた油が、オリフィス（細い径の穴）を通って逃げるときの抵抗力を利用しているものです（図 9.30）。

・アンチロールバー

次にアンチロールバーの組付けを行います。図 9.31 をご覧下さい。PIUS に取り付けられているアンチロールバーは下記のとおりです。

アンチロールバーは、主にサスペンションアームなどに取りつけられており、左右のサスペンションが、左右逆位相に作動したとき（つまり、カーブを曲がるときなどの状態のとき）に、サスペンションの作動を抑制する（つまり、ロールを抑制する）という働きをしています。その結果、コーナリングのときに極端に左右に傾かないようにすることができます。

ロールとは、旋回などの横力によって、車体が、車体前後方向を回転軸とした軸まわりに回転して、その結果として横方向に傾くことです。

このように自動車では、搭乗者の Safety（安全性）と Comfort（快適性）を考慮したさまざまな技術が組み合わされているのです。

■ 第9章 生産技術

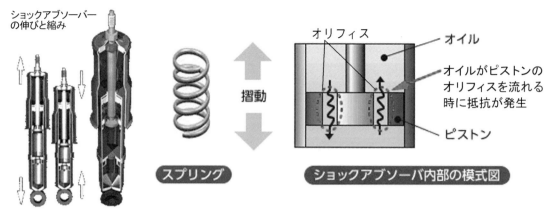

図 9.30　ダンパー構造図

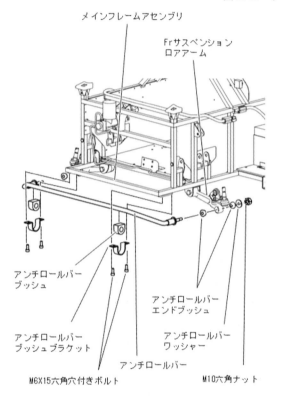

図 9.31　アンチロールバーと Fr サスペンションロアアーム、メインフレームアセンブリ

この SCE を考慮した技術を PIUS の分解組立を通して学び、この分解組立の実習そのものが SCE の観点に沿った工程を学ぶよう構成されているのです。

これから実際に PIUS を組み立てながら、自動車の機能・機構・安全について SCE の観点に沿って確認していきましょう。

9.3　試乗体験

組立作業が終わるといよいよ試乗体験です。

試乗体験ではチームで分解組立した PIUS を規定通りのトルクで締め付けられているか確認後、車両の走行性能や快適性について実際に自分自身が乗車し体験してみます。サスペンションまわりの確認、エネルギー源からパワートレイン動力伝達状況の確認をしていきます。

それでは試乗方法について説明しましょう。

1) 動作確認

試乗走行に入る前に次の項目について動作確認をします。これはみなさんの家庭にある自動車と同様に走行前における日常点検項目の確認です。

観光バスや路線バス、トラック等の運送業においては始業前点検として、記録を義務付けられているものです。

始業前点検は SCE の Safety（安全性）に重点がおかれています。また、車両の整備不良は走行時の自動車騒音や首都圏における排ガス規制等の Environment（環境）を考えた車輌構造が適切に稼働するかどうかのチェック項目にもなっているものです。図 9.32 に沿って動作確認について、説明しましょう。

① メインスイッチを ON にして、メータ類（ライト）が点灯する事を確認する

9.3 試乗体験

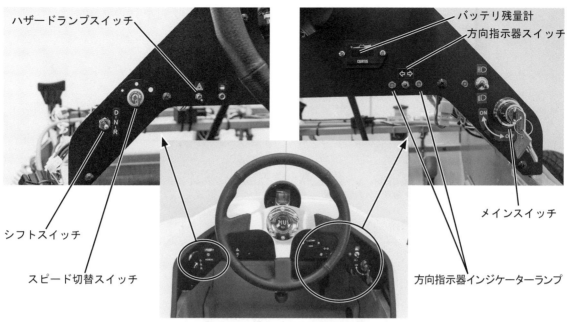

図 9.32 操作パネルの表示内容

② 灯火類（方向指示器、ストップランプ）が点灯することを確認する
③ ホーンボタンを押して、ホーンが鳴ることを確認する
④ タイヤの空気圧（前後 200kPa、2.0kgf／c㎡）を確認する
⑤ 実走行にてアクセルを少し踏み、正常に進む事を確認する
⑥ ブレーキを踏み込んで正常に動作している事を確認する

2) 試乗の仕方

動作確認が終了したらいよいよ試乗です。PIUS に乗車したら、シート左下のシート調整レバーを左側に引き、アクセルペダル、ブレーキペダルに足が届き無理のない運転姿勢がとれるよう最適な位置へシートを移動調整します。

次に図 9.36 の手順通り進めます。
① メインスイッチを ON にします。これによりエネルギー源であるバッテリから車両後部のモータコントローラを経由して、駆動源である電動モータへと電力が供給されます。

表 9.3 始業前点検表

点検項目	点検内容
ハンドル	ステアリングホイールのガタはないか
	スムーズに旋回するか、異音がないか
アクセル	アクセルの作動はスムーズで引掛りなどがないか
ブレーキ	ブレーキ液の量は適当であるか
	走行時、ブレーキの効き具合は十分か
バッテリ	バッテリケーブルが放電コネクタにつないであるか
	バッテリは充電されているか
タイヤ	パンクしていないか
	空気圧は適当か ［前・後輪 200 kPa 程度（2.0 kgf/ c㎡）］
	亀裂、損傷・磨耗はないか
	釘など異物がささっていないか
	ボルト、ナットの緩みはないか
灯火器	ヘッドランプは点灯するか
	方向指示器は点灯するか
	ハザードランプは点灯するか
	ストップランプは点灯するか
その他	各スイッチ類は正常に作動するか
	異常な音はないか
	各コンポーネントのボルト、ナットの緩みはないか

第9章 生産技術

図9.33 スピードメータの照明が点灯

図9.34 バッテリ残量計が点灯

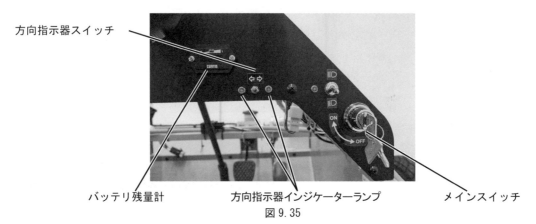

図9.35

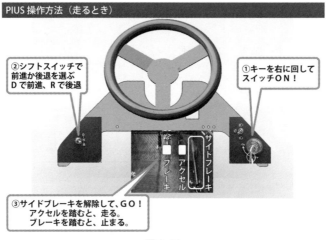

図9.36

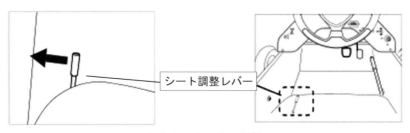

図9.37 シートの調整

また、同時にその電力はDC/DCコンバータへ供給され12V電圧に降圧され、前照灯、ストップランプ、方向指示器、ホーンなどへ供給され、使用可能な状態となります。
② シフトスイッチでD (Drive＝前進)、R (Reverse＝後退)、N (Neutral＝中立) が選択出来るようになっています。

内燃機関の自動車においては燃焼エンジンからの動力はトランスミッションを経由し、ギヤを変更しながら動力のトルクを制御していました、これが電気自動車になるとモータコントローラが電気の流れを制御し、駆動源の電動モータ自身が回転数を変える事により動力伝達のトルクを変える事ができるのです。

故にギヤチェンジのシフトレバーは不要となり、電気信号により前進と後退を切替えるためのトグルスイッチがあればよいのです。
③ 次に図9.36を確認してください、向かって左側のペダルがブレーキペダルで、踏み込むとブレーキが働き車両は停止します。右側のペダルはアクセルペダルで、踏み込むと走行速度が上がり、離すと速度が落ちるようになっています。一般的な自動車でいうオートマチック車と同じ感覚です

続いてサイドブレーキを解除します。この時必ずブレーキペダルを踏んだ状態で解除してください。
④ いよいよここから走行してみます。ブレーキペダルをはなし、アクセルペダルをゆっくりと踏み込みます。

まず、運転になれることから始めましょう。
⑤ 次に運転に慣れて来たら、ある程度アクセルを踏み込んでスピード走行をしてみます。コーナーに入る前にはブレーキペダルを踏み減速します。その後ハンドルを回してコーナーを回ってみてください。

コーナーを回ってみたら、アクセルを踏み込んで次にアクセルを離してみます（アクセルから足を外す）そうすると車輌のブレーキがかかったようになります。これが回生ブレーキです。

回生ブレーキとは通常は電源入力を変換して駆動回転力として出力している電動モータに対して、逆に軸回転を入力して発電機として作動させ、運動エネルギーを電気エルネギーに変換して回収または消費することで制動として利用する電気ブレーキの一手法です。発電時の回転抵抗を制動力として利用するもので、電力回生ブレーキ、回生制動とも呼ばれ、電動機を動力とするエレベーター、列車、自動車等に広く使用されています。

以上、走行時の注意点を述べましたが、停車、降車のときは、以下の手順に沿って行動するよう奨めます。
① 車両を所定の位置に停車させ、運転席右下にあるサイドブレーキを引きます。
② シフトスイッチをNにセットします。
③ メインスイッチキーを左に回してスイッチをOFFにします。これによりエネルギー源であるバッテリから電力の供給がストップします。
④ シートを元に位置に戻してから下車します。

PIUSの試乗体験が終了すると、次は電動モータ制御について体験します。

電動モータは「モータコントローラ」からの制御により、さまざまなモータの特性の実車体験を可能としています。

モータコントローラは外部入力装置（図9.38）で使用したスピード、回生ブレーキ、加速等の制御内容を外部からモータコントローラのプログラムを書き換える事により、実車体験によるモータ特性を学べるよう構成されています。

図9.38　モータコントローラ外部入力装置

9.4　Advance キットについて

教材に使用されている「PIUS Education Ver.」は分解組立実習を行う Basic（ベーシック）に加え、各コンポーネントを Conversion（コンバージョン）し、車両の走行性能を実車レベルでの体験が出来る Advance（アドバンス）キットを準備しています。

1) PIUS エデュケーション ver. Advance キット

Advance キットについて説明しましょう。

Advance キットの目的は、PIUS をベース車両としてさまざまなコンポーネントのコンバージョンを行い、コンポーネントの仕様が異なることによる、走行性能や車両特性の違いを体感することにあります。これにより自動車開発の基礎である Safety（安全性）、Comfort（快適性）、Environment（環境）についての検証を体験できる構成となっています。

2) PIUS Education Ver. Advance キットの概要

（1）サスペンション

・ダンパー　コンバージョンキット

コイルスプリングの強さが「弱（やわらかい）」「中（普通）」、「強（硬い）」と3段階用意されており、その三種類を着け替えてコーナーリング性能、走行性能について Safety, Comfort の観点から検証していきます。

・キャンバー＆キャスター　コンバージョンキット

アッパーアームの調整により、車輪のキャンバー角及びキャスター角の仕様を変更することができます。キャンバー角及びキャスター角の仕様変更により、サスペンション装置の機能性についての理解を深め、また、実際に PIUS を運転し、走行性や操作性に与える影響などを Safety、Comfort の観点から検証していきます。

・タイヤ＆ホイール　コンバージョンキット

現在使用中のものとは別の種類の車輪を選択し、これと交換します。例えば、現在使用中の車輪が「大」の車輪であれば、「小」の車輪に交換します。

これにより PIUS を運転し、操作性、走行性能、機能性能等に与える影響を検証することができます。車輪の直径の違いにより、スピードとトルクが相反する関係であることを体感することを可能としています。

（2）モータコンバージョンキット

PIUS の駆動に使用する電動モータは2種類用意されています。

・AC モータ

電動モータの仕様の違いによる加速性能の違いや、加速特性の違い等が体感できます。

・インホイールモータ

PIUS に標準装備されている、リヤサスペンション・アセンブリを取り外し、インホイールモータの駆動機構に交換します。

これにより、電気自動車の駆動構造や仕組みを理解することができます。更に PIUS を運転し、操作性、走行性能、機能性能等について検証できます。

この場合、インホイールモータの機能性についての理解を深め、また、走行性や操作性に与える影響などを確認でき、開発のポイントを学ぶことが可能です。

（3）パワートレイン

・ギヤ比　コンバージョンキット

電動モータとして、直流仕様の電動モータを使

用し、モータを減速ギヤボックスに直接装着されている状態で既存のギヤボックスのギヤ比の仕様を変更するギヤ比変更装置（ギヤ比　コンバージョンキット）を電動モータとの間に装着します。

これにより基本ギヤ比よりも小さいギヤ比に設定可能です。また、接続方法の変更により基本ギヤ比よりも大きいギヤ比に設定することができます。即ち、3つの異なるギヤ比を容易に実現することができます。

それぞれのギヤ比設定により、実際にPIUSを運転すると、走行性や操作性に与える影響などを確認実証することができます。

ギヤ比を大きくすると加速性能が向上するものの最高速度が小さくなり、逆にギヤ比を小さくすると加速性能は低下するものの最高速度は向上します。このため、加速性能、最高速度性能、登坂性能や回生性能等の変更態様を豊富に実験することができます。

(4) 試乗および走行

走行を行う場合は、テストコース・構内等の私有地内に限られます。公道でのテスト走行を行う事は出来ません。

Communityの展示会等での試乗走行については対物、対人、搭乗者について任意保険の加入が必要です（保険の加入については損害保険会社様へご相談ください）。

また、PIUSのテスト走行、試乗走行においては、走行場所の安全確保としてロードコーン（セーフティコーン）の設置、安全管理者、安全確認者の設置、誘導係等安全に必要な内容について十分な計画の立案と検討、実施が必要となります。

PIUSの車両寸法はボディカウル仕様の場合、全長2500mm、全幅1230mm、全高885mm、ボディカウル無しの場合は、全長1150mm、全幅1200mm、全高885mm（トレッド　前輪1200mm　後輪950mm）重さは220kgです。

積込み車両はトラックの他、ボディカウル仕様の場合はハイエース、キャラバン等でも積載可能です（図9.40）。この場合は最初にボディカウルを外し、車両本体を積込み固定した後、ボディカウルを後から被せるように積載します。

ボディカウル無しのタイプの場合はサンバー等の軽自動車のワンボックスカーに積載する事も出来、手軽に持ち運びを可能としています。

キャラバン、ハイエースについてはタイヤボックスが積載時、障害になる事から図9.40の通り

図9.39　PIUSボディカウル仕様とボディカウル無し

第9章 生産技術

図9.40 キャラバン車仕様の積載ユニットを使用してPIUSを収納

図9.41 展示ユニット

図9.42 東北大学 自動運転システム

図9.43 一関工業高等専門学校 トルクベクタリングデファレンシャル機構

の積載ユニット（※）を使用するとスムーズな積み下ろしが可能です。

※（積載ユニットについては㈱モディーへご相談ください）

(5) 試乗走行時に行うべき始業前点検

PIUSの走行時に行うべき始業前点検は表9.3に基づいて実施したのちに走行に入って下さい。

(6) PIUSを使用した開発事例

東北大学次世代移動体システム研究会では、環境と安全に配慮した、次世代移動体システムの研究・開発を目的に、様々なセンサーや計測機器を搭載したPIUSが活用されています。（図9.42）

一関工業高等専門学校機械工学科澤瀬研究室では、PIUSに2つのモータを搭載し、2モータ・トルク差増幅型TVD（Torque Vectoring Differential＝トルク移動装置）により、ヨー

モーメントをドライバー自身で操作できる実験車両を製作し、雪道に強く、安価で環境にやさしい次世代モビリティの研究を行っています。（図9.43）

9.5 Advance（アドバンス）キット装着時の注意点

Advanceキットにおける注意点についてSCEの観点に沿って説明しましょう。

本章9.4の開発実験における注意点ではAdvanceキットの構成として①走行系3種類、②モータ2種類、③パワートレイン1種類の具体的な内容と学習の目的について学習し、Advanceキットの目的であるSafety（安全性）、Comfort（快適性）、Environment（環境）についての検証を実施できる構成となっている事について説明してきました。

これらのコンバージョンキットをさまざま組み合わせる事により、変更態様を豊富に実験、体験し開発の基本であるSCEについて検証する事ができます。

（1）走行系3種類
・ダンパー　コンバージョンキット

図9.44　PIUSのダンパー

「弱（やわらかい）」「中（普通）」、「強（硬い）」の三種類の構成になっています。

これをSCEの観点から判定してみると次の通りです。
　S：バネの強弱による車体への入力の増減、それによる耐久性への影響を考慮する（安全）
　C：バネの強弱による、乗り心地への影響を考慮する（快適性）
　E：バネの強弱によるその他の影響（音、振動の変化など）に考慮する（環境）

・タイヤ＆ホイール　コンバージョンキット

図9.45　標準仕様とは異なる直径のタイヤ

同様にSCEの観点から判定すると
　S：タイヤ径の違いによる、車両安定性への影響を考慮する
　C：タイヤ径の違いによる、乗り心地への影響を考慮する
　E：タイヤ径の違いによる、加速度の違い、または電費（1回の充電走行距離）への影響を考慮する

・キャンバー＆キャスターコンバージョンキット

図9.46　車輪のキャンバー角及びまたはキャスター角の仕様を変更

キャンバー角
　S：キャンバー角の違いにより、ステアリングのふらつき、左右差によるハンドル流れ、前後差によるステアリング（ステア）特性について考慮する
　C：キャンバー角の違いにより、コーナーリン

グ性能の向上（対地キャンバー）、ステアリング操作力の低減（スクラブ半径）、荷重変化の違いについて考慮する

E：キャンバー角の違いにより、タイヤの片減りを考慮する

キャスター角

S：キャスター角の違いにより、旋回状態から直進状態に戻るときのハンドル復元力の向上等の特性について考慮する

C：キャスター角の違いにより、車両旋回性能の向上（旋回時の対地キャンバー角変化）、直進安定性の向上の違いについて考慮する

E：特になし

（2）モータ　コンバージョンキット

図 9.47　AC モータ

図 9.48　インホイールモータ

Advance キットで用意されているモータは、AC モータ、インホイールモータの 2 種類です。

SCE の観点から判定すると

S：モータの違い（主に直流、交流の違い）による、結線方法の違いについて考慮する

C：モータの違いによる、動特性（回転の滑らかさ、音、振動）の違いについて考慮する

E：モータの違いによる、制御方法の違いや、電費（1 回の充電走行距離）への影響を考慮する

（3）パワートレイン

・ギヤ比　コンバージョンキット

図 9.49　ギヤ比　コンバージョンキット

SCE の観点から判定すると

S：ギヤ比の違いによる、加速性能の違いについて考慮する

C：ギヤ比の違いによる、加速性能、最高速度性能、登坂性能の違いについて考慮する

E：ギヤ比の違いによる、登坂性能や回生性能（エネルギーの回収）等について考慮する

9.6　課　題

本章で学んだ知識を再確認する目的で、以下の課題に取り組んでください。なお、説明を求める課題は、1 課題について 400 文字以上 800 文字以下にまとめ、適宜、図を使ってください。

1. 「作業の標準化」として記述される項目にはどのようなものがあるか、5 つ選んで説明しなさい。

2. 「5S」の必要性について述べ、5 つの項目の内容がどのようなものか説明しなさい。

3. ボルトを締めつける目的で、20cm のレンチの端に、約 200N の力を加えた。このボルトに加

わるトルクはおよそいくらか。

4. 規定以上のトルクでボルトを締めつけると、どのような支障が生じるか、説明しなさい。

5.「3現主義」とはどういうものか、説明しなさい。

6. PIUS試乗走行時に注意すべき点を5つあげ、説明しなさい。

7. コンバージョンキット部品をひとつ取り上げ、その部品によるSCEの改善点について説明しなさい。

9.7 参考引用文献、より深く勉強するためのコラム

インターネットを使い「ミニカー」「ミニカー登録」「超小型モビリティ」等で検索すると数多くの文献がヒットします。ここではミニカーに関する法律部分を掲載します。

道路交通法　http://law.e-gov.go.jp/htmldata/S35/S35HO105.html

道路交通法施行規則　http://law.e-gov.go.jp/htmldata/S35/S35F03101000060.html

道路運送車両法　http://law.e-gov.go.jp/htmldata/S26/S26HO185.html

道路運送車両法施行規則　http://law.e-gov.go.jp/htmldata/S26/S26F03901000074.html

道路運送車両の保安基準　http://law.e-gov.go.jp/htmldata/S26/S26F03901000067.html

環境対応車を活用したまちづくり（国土交通省）
http://www.mlit.go.jp/toshi/crd_gairo_fr_000009.html

第10章 「走る・曲がる・止まる」クルマの基本諸元の決め方

本章で学ぶ内容

第1章「自動車のあゆみでみるSCEの事例」から第9章「生産技術」に至るまでを学習してきました。

本章では学んできた「自動車関連技術」「自動車工学」の基礎を、クルマを「走る、曲がる、止まる」という基本的な考え方に沿って、実際に「クルマの基本諸元（性能、要素）をどう決めるか」について技術構想書にまとめる事から、車両設計の基礎についてSCEの観点から学ぶ事を目的として構成されています。

本章では車両設計における図10.1の要素の考え方を示します。

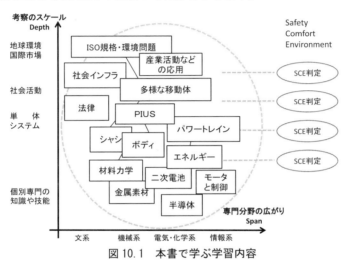

図10.1 本書で学ぶ学習内容

10.1 「走る・曲がる・止まる」クルマの基本諸元

各章で自動車構造に基づき自動車関連の技術やそれぞれのコンポーネントを学んできました。しかし、それらのコンポーネントを備える自動車が全体として、どう企画され自動車としてのコンセプトがどのように構築されているのか、そのシナリオをどう考え、どう推進していくのか、車両の性格・骨格がどのように形成していくのか、これらをまとめたものが技術構想書になります。

技術構想書は自動車メーカー等の各組織で決められた手法を用い書かれています。本章では、車両を創ろうと考えている貴方自身が白紙の状態から、Safety（安全性）、Comfort（快適性）、Environment（環境）の3の観点を根本に車両の基本部分をまとめアイディアを盛り込み技術構想書としてまとめていきます。

その技術構想書をもとに、設計構想書、機能検証、構造検証などを行いながら「創ろうとする車両の基本諸元」を決め試作車を作り、自分が構想した車両が初めて動いた時に「ものをつくる喜びと尊さ」を味わい、自分に車両開発手法が身についたと実感できるでしょう。

10.1.1 クルマの企画・設計の基礎

クルマを企画する時の最初に考えることがコンセプト作りです。

コンセプトとは全体を貫く「基本的な概念」のことをいいます。

「開発コンセプト」と表現した場合、開発の全

■ 第10章 「走る・曲がる・止まる」クルマの基本諸元の決め方

体を通じて拠り所になるような、基本的な思想や方向性をさし示すことになります。自動車メーカーでは、その開発コンセプトをもとに新しい試作品が製作されることがあります。モーターショー等に出品される試作品を「コンセプトカー」と呼びます。

ここでもこのコンセプト作りが開発の第一歩になります。

企業や自分がこれからモノを作り出そうとした時、最も大切なのは発想する事です。

人は過去の経験や体験に基づいて、自分自身の「これはこうあるべき」といった考えに偏りがちになりやすい性質を持っています。発想するときは経験や考えを基本にする事も大切ですが、それ以上に考え方をまったくのニュートラルな状態で「何を作りたいのか？」「作ろうとしているものはどう役に立つのか？」「（この地域では）何が求められているのか？」「どんな人達が使うのか？」「使う人たちはどんなものが欲しい？」等といった市場ニーズの発掘調査から始めることも重要です。コンセプトの考え方について図10.2に示します。

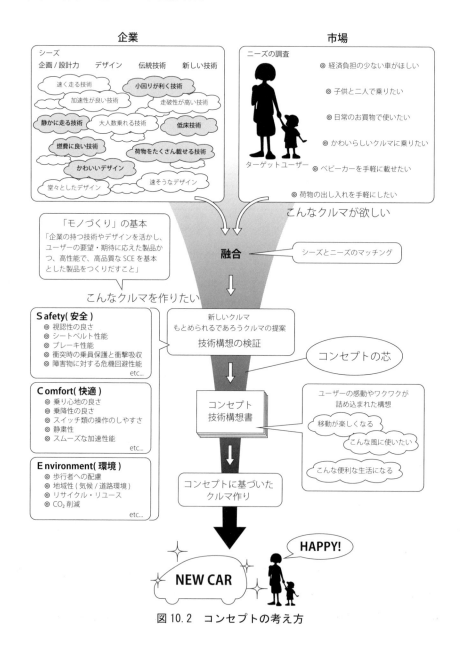

図10.2 コンセプトの考え方

10.1.2 モノづくりの基本

図 10.2 をご覧ください。

このコンセプトの考え方に沿って、新たな自動車を考えていきます。この考え方は自動車の開発に限ったものではなく私達が日頃使用しているさまざまな商品（例えば冷蔵庫やテレビ等の家電製品）の開発における考え方にも共通した考え方です。

これから作って販売しようする自動車が使用される環境では、購入者はどのような要望や希望を持っているのか「ニーズ調査」を行います。

「どんな人達から求められ、どんなことに役立ち、何をやりたいのか、実現したいのか」などのキーワードを考え、更に具体的には

- 経済負担が少ないクルマがほしい
- 子供と二人で乗りたい
- 日常のお買物に使いたい

というようなさまざまな購入者の要望する事項を調査します。これにより「どんなクルマを作りたいか」を求めることが出来ます。

一方、その自動車を開発する企業では

- 企画・設計力
- デザイン力
- 伝統技術
- 新しい技術等の企業シーズ　が存在します。

具体的には図 10.2 に示すとおり、燃費がよく小回りがきく技術や荷物をたくさん載せる技術であったり、かわいいデザインや速そうなデザインであったりと長年の生産者の経験と技術が蓄積されている企業シーズがあります。

この購入者ニーズと生産者側である企業シーズが融合され、「求められる新しいクルマ」が生まれます。「購入者ニーズの要望・期待に応える」ために、企業のシーズを活用し、また、新たな技術を生み出して、「購入者の要望や期待を上まわる高性能で高品質な SCE を基本と考えたモノをつくりあげる」ことが開発者の使命であり、このニーズとシーズの融合（マッチング）における基本がSCEであることは各章で学んできたとおりのことです。

開発者の考え方を整理すると次のとおりにまとめられます。

- 発想や着眼点を大切にする
- 作り手思考から、ユーザー思考（使い手思考）への頭の切り替え（自分が購入者であったならばどう考えるか）
- 購入者の要望や希望、期待を大きく上まわるモノの発想
- この商品は「こんな風に使えるかもしれない、こんな用途で使ってみたい、使えるかもしれない、これを使ったら、こんなに楽しい」等、購入者の創造力を掻き立てるモノの発想
具体例としては、「このクルマがあったら、子供を乗せて塾や学校、幼稚園や保育園などの送り迎えや買い物が楽になるわ！ お休みには家族3人で大好きな音楽を聞きながら海までドライブ！」など
- 生産者が作り出したモノの価値は、購入者であるお客様が決めるもの
キーワードは「感動・驚き・ワクワク・ドキドキ・笑顔」など、思わず人に自慢したくなるような、人からうらやましいと評価される商品を考える（評判＝口コミといいます）

以上がモノづくりを行う為のコンセプトをどう考えるかということになります。

10.2　市販車に学ぶ企画・設計

実際にクルマの企画・設計をする時に最初に何を考えるか、どんなことを考えるかに焦点をあて具体例を通して考えてみましょう。

これから事例に基づいて、考える項目を整理すると、

（1）コンセプト
（2）ユーザーイメージ
（3）主な仕向地
（4）売価
（5）乗車人数

(6) 原動機
(7) トランスミッション
(8) 駆動方式

以上の8項目に整理されます。

それでは、図10.3に示す三菱自動車のランサーエボリューションを例にして、それぞれの項目に沿って考えていきましょう。

図10.3　三菱ランサーエボリューション

10.2.1　コンセプト

図10.2の最上段に示す企業、市場のニーズ、シーズによるコンセプト（考え・思想・目指すべき方向や姿）を、一番最初に考えます。

これから作ろうとするクルマは、「お客様に何を提供して喜んでもらうのか」と考え、「このクルマは四輪駆動システムを搭載した全天候型高性能スポーツセダン」をコンセプトに作ろうと決めます。

このコンセプトの背景にあるのは、
①あらゆる気候条件
②あらゆる路面状況
③コース条件を安心して走行できる
④「どこに行っても高性能なスポーツセダン」（セダンとは、基本的にはドアが4枚で、エンジンルーム、キャビン、トランクルームの3つの空間が独立しているものを言います）
⑤スポーツ　→　運転を楽しめる
⑥高性能なセダン　です。

10.2.2　ユーザーイメージ

次はコンセプトに基づいた企画の具体化です。この車両を使うターゲットユーザーは、30～50代、モータースポーツを実践or憧れている既婚の男性、たとえば俳優さんや女優さんで言うとこんな人のようなことも考えてイメージディスカッションします。

例えば車両は高性能となり価格が高くなると予想します。すると20代の年齢層では購入が難しく、かつてモータースポーツに憧れた30～50代の年齢層が主な購買者であると考えられます。

この年齢層は既婚者であり、家族と一緒に旅行や買い物をする可能性が高いと考えます。このような一連のストーリーをユーザーイメージの想定といいます。

10.2.3　主な仕向地：日本，米国，欧州

ランサーエボリューションは、ランサー（最新モデルの日本名はギャランフォルティス）をベースに、2,000cc ハイパワーターボエンジンを搭載したスポーツモデルであり、公道走行を前提に快適装備を備えたGSRと、競技用ベースモデルのRSの2グレードで展開されています。

日本ではモータースポーツのアニメや漫画の中にたびたび登場し、通称「ランエボ」と呼ばれ、モデルを識別するためにエボ○（○は数字が入る）と呼ばれています。エボⅠ～Ⅲ、エボⅣ～Ⅵ、エボⅦ～Ⅸ、エボⅩでそれぞれベースモデルが切り替わっているため、第1世代、第2世代、第3世代、第4世代という呼び分け方をされモータースポーツ愛好家の中では、その存在感は大きく人気の高い車両です。

Ⅷからは日本国外での市場に正式に輸出が開始され、特にアメリカでは、正規輸入をする前から若者にソニーのTVゲームの中で、ランサーエボリューションは凄く速い車との認識があることから人気があり認知されていました。国内外における三菱自動車のイメージリーダーとして位置付けられている車両です。

10.2.4　売価（クラス）：350〜400万円

いくらで売るか？ランサーエボリューションは当初250万円でした。高性能になってきてどんどん価格は上がりました。買い易い価格は？性能とのバランス、価値を決めるのはお客様です。

10.2.5　乗車人数：5名

このスポーツ系車両は、30〜50代の年齢層が主な購買者であり、この年代層は結婚して子供が1人ないし2人と想定すると、家族を乗せて買い物したりドライブに出かける為には、家族4人が乗車可能なセダンが求められると想定できます。

10.2.6　原動機：ガソリン2.0Lターボ

原動機は自動車の心臓部であり、車両製造コストでは最も費用のかかるコンポーネントです。

原動機の選択では、モータースポーツを楽しめる5人乗りのセダンから考えるとガソリン車で2.0Lターボ付エンジンが最低でも装備したいです。

10.2.7　トランスミッション：ツインクラッチSST，5M/T

モータースポーツを実践する人には5速マニュアル、その世代層の奥様が平日乗れるよう6速のオートマチック仕様にし、週末は旦那様がスポーツ走行出来るように考慮しました。

この仕様に沿ったトランスミッションは「ツインクラッチSST」という技術があり、Twin Clutch Sport Shift Transmission：ツインクラッチ・スポーツシフトトランスミッション（TC-SST）は、ドイツのゲトラグ社によって開発されデュアルクラッチトランスミッション（DCT）の商標で、1-3-5速用のクラッチと2-4-6速用のクラッチを交互に切り換え、素早い変速が可能でトルクコンバータを利用しないことから燃費が改善されるとしています。

10.2.8　駆動方式：4WD（S-AWC：車両運動統合制御）

駆動方式は、「全天候型高性能」がコンセプトであり、このコンセプトに沿ってSCEを基本に考えると「誰もが簡単に安全に快適に乗れるシステム」ということになり、駆動方式の仕様は「4輪駆動方式」が選択されます。

更に、その4輪駆動方式をよりスムーズに機能させる車両の足回り（サスペンション）は、フロント（前輪）はスラット方式、リヤ（後輪）はマルチリンク方式を選定しました。

次にこれらの事を決めると同時に、ランサーエボリューションが描く目標スペック（価格・性能・機能）を決め優位性を確認します。

企画段階ではコンセプトから来る商品力、価格が決まると他のメーカーとの競争に勝つために同等車種の価格帯はどうかとの検討、その価格からくる搭載主要コンポーネントの選定を決めます。目指す性能を企画段階で具体的に決めなければ作った車両は売り物にならなくなります。

その上で目標スペック、車両の性能の面で「走る・曲がる・止まる」に分け評価検証（あっているかあっていないか）を行います。

以上、ランサーエボリューションを事例に、企画の流れを紹介しましたが、それぞれの企画設計段階ではコンポーネントの見直しや目標スペックの変更等、幅広く試行錯誤し、摺合せを行いSafety（安全性）、Comfort（快適性）、Environment（環境）の「SCEの観点」を根本に最適なものに仕上げ、より現実的にしていきます。

これら企画が具体化すると車両の形が大体決まってきます。そして次はパッケージ設計、プラットフォーム設計（シャシの設計）、これらをアウトプットしたものを車両計画図にまとめ、開発の作業は進んでいきます。

車両計画図とはタイヤとエンジンの配置、トランスミッションの位置、四輪駆動の駆動系がどう配置され、そこに人が乗ってその人が乗る居住空間はどうするか、人の寸法ってこれぐらいだからシートの配置とか人が乗れるようまとめていくと車両全体の寸法や形が決まってきます。

車両の形が決まると重心位置がどこにあって、ホイールベース（前輪と後輪の軸間距離）、トレッド（左右の車輪の中心間距離、輪距）が積み上げ式で車両計画図において具体化していきます。

ここでは車両計画図については詳しく触れませんが、更に自動車についての学習を深めたい方はこの章の最終項で参考になる文献等を記載してありますので参考にしてください。

10.3　電動車両の開発の基礎

目的にあったモノづくりについて、「電動車両の基本諸元」を実際に設計しながら学びましょう。
・電気自動車とガソリン車の大きな違い

内燃機関を使ったクルマは既に多くの自動車メーカーが技術を結集して進歩してきていることから、車格とエンジンが決まると、相場観としてその車の燃費とか動力性能はある枠組みの中で決まってしまいます。

車格とは、ヨーロッパの自動車専門誌による主にボディの全長等を基準にした格付けで、日本の自動車メーカーでも参考にしており、その車格について次のとおりまとめています。

セグメントはボディサイズや車格を基準とした分類の総称で、セダンやハッチバック、ワゴン、クーペなどにボディタイプ関わらず、同じセグメントで分類されます。

　Ａ セグメント
　　　ボディ全長　3,300mm 〜 3,700mm の乗用車
　Ｂ セグメント
　　　ボディ全長　3,700mm 〜 4,200mm の乗用車
　　　及び 3,700mm 〜 3,900mm のハッチバック車
　　注　ハッチバック車とは、大きい荷物や長物の荷降ろしを楽にし、自動車の利便性（ユーティリティー）を少しでも高めるため、後部トランク部分を跳ね上げ式、または横開き式の「バックドア」（背面ドア）を設けた車種のことをいいます。
　Ｃ セグメント
　　　ボディ全長　4,200mm 〜 4,500mm の乗用車
　　　及び 3,900mm 〜 4,200mm のハッチバック車
　Ｄ セグメント
　　　ボディ全長　4,500mm 〜 4,750mm の乗用車
　Ｅ セグメント
　　　ボディ全長　4,750mm 〜 4,950mm の乗用車
　Ｆ セグメント
　　　ボディ全長　5,000mm 以上の乗用車

セグメントといっても、それほど厳密に適用される訳ではないことから、例えばその区分においてＣセグメントは約 4,150mm 超、約 4,400mm 以下などと曖昧な表現をする場合もあります。例えば、ベンツのＡクラスは車体の全長が 3,850mm ありＢセグメントに分類されるのですが、自動車メーカーはＣセグメントカーであるとプレス発表したりすることもあります。また、ワゴン車は、ハッチバック車やセダン車より全長が長く、規定のサイズから外れていてもセグメントがひとつ上のクラスに上がるということは無いなど、曖昧な部分があるのが実情です。この他にスポーツクーペはＧセグメント、オープンカー（コンバーチブル等）はＨセグメントに分類されています。

この他、日本の場合は排気量や販売価格によって車格を決めており、例えば、ミッドサイズ（三菱のアウトランダーや TOYOTA　SAI）のSUVであるならば、エンジンでいうと 2.0 リッターか 2.4 リッターか 1.6 リッターターボかというラインナップが大体判ってきます。あえてミッドサイズのクルマに 660cc のエンジンを搭載しましょうという発想は生まれてきません。仮に搭載したとしたら全然走らないクルマになってしまいます。

動力源であるエンジンが主な性能源であり、そのエンジンがクルマの動力性能や燃費を決めてしまう部分があります。

自動車メーカーがガソリンエンジンのクルマを作る場合、どういうクルマ・どんなクルマにしようかなど、あまり考えなくても大体出来てしまうのです。

一方、電気自動車はどうなのかと考えた時、

図10.4に示すように内燃機関のエンジンが駆動モータに代わり、燃料タンクがバッテリに代わり、モータはモータコントローラで制御されます。

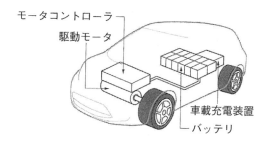

図10.4　電気自動車のシステム

単にエンジンが駆動モータに変わっただけじゃないの？と思われがちですが、電気自動車は内燃機関のクルマとは違って相場観的なものがないのです。

何故か？それは電気自動車で最も大切な事は「一回の充電でどれぐらい走れるのか」（一充電航続距離、Safety（安全性）の要素）であり、それを主に決めているのは駆動モータではなくバッテリだからです。

バッテリというのは「ガソリンエンジンの排気量を2.0リッターから2.4リッターに変えたら出力がアップする」という考えでなく、航続距離を100kmから150kmに増やした場合、バッテリの容量が仮に100%だとすると1.5倍の150%のバッテリの容量が必要だという考え方です。

現在、バッテリは鉛バッテリからリチウムイオンバッテリに進化を遂げ、従来の鉛バッテリに比べかなりコンパクトになり軽量化が進んできています。しかし、進化したとはいえバッテリというのはまだまだ重くて大きい事から、車両に与える影響はとても大きくなっています。

例えば、ある電気自動車が一充電航続距離180kmだとすると、航続距離を2倍の360kmにした時に180km走行用のバッテリパックを2セット搭載しないとその距離は走らないという考えになります。目標としてはよいのですが、実際にこの電気自動車はクルマとして成立するものかどうか考えてみましょう。

仮に先程の電気自動車のバッテリパックが200kg/1セットだとした時、2倍の400kgになった場合、動力性能はというと重量バランスが崩れガタガタの状態で目標とする動力性能は得られなくなってしまうどころか走れなくなることすら考えられます。

このことから航続距離＋モータ性能＋バッテリ容量の相関関係が判らなければ電気自動車の設計は出来ないということになります（図10.5）。

電気自動車の設計では定めた目標に対して、どういう道路環境や使用環境であるかEnvironment（環境）をしっかり見定めて、「何を達成していか

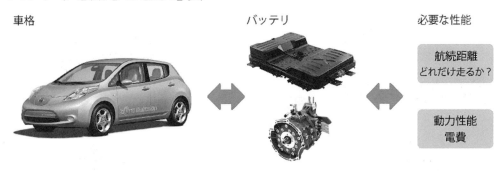

図10.5　バッテリの重要性

なければならないのか」を考え、そのための電力の供給と消費のバランスを考えてバッテリや電動モータ等の電動システムを設計する事が重要です。

10.3.1 電動車両設計の基礎

電動車両における駆動システムの設計は、電力の供給と消費のバランスを考えて設計する必要があります。

電気自動車は電動モータで駆動します。そのモータを駆動させるのは電気で、その電気の供給側と消費側というバランスを考えていかないと無駄なところが多くなってしまいます。更に近年の電動車両はEVの他、ハイブリット車（HV）、プラグインハイブリット車（PHV）など、選択肢が広がり機構的にはどんどん複雑化しています。機構的に複雑になるほど「何を目標にして、何を達成していかなければならないのか」をSCEの観点から明確に定めていかないと、コンポーネントの使用方法もそれぞれの目的で異なり、システム効率が上がらないどころかシステム自体がまとまらずアンバランスなものになってしまいます。

（1）駆動用バッテリの基礎

電気自動車を設計する場合、一番重要なことは駆動用バッテリです。バッテリ自体の基礎については本書の第8章で詳しい説明をしました。ここでは車両設計における考え方を整理して説明していきましょう。

図10.6に示すようにシャシでもモータでもなくバッテリが重要な理由は一充電航続距離というものが電気自動車では重要な要素であり、その航続距離はバッテリの搭載容量で大きく変わってくるためです。前項でも記載している通り「重くて大きなバッテリ」は2倍搭載しようとしても無理があり、車を大きくしないと載られないなど車両性能において大きな影響を与える要素で、単にクルマの一部では無いのです。

電気自動車を設計しようとする時、このバッテリを知る事から始めます。

バッテリの性能は大きく分けて2つの要素があります。

電池容量……一充電航続距離に影響を及ぼす
　　　　　　Safety（安全性）
　　　　　　バッテリの中にどれだけ電力量を蓄えられておけるか？（Wh/kg）
　　　　　　航続距離を伸ばそうとする時、大きな容量のバッテリを選定する必要がある

電池出力……クルマの加速性能に影響を及ぼす
　　　　　　Comfort（快適性）
　　　　　　バッテリがどれだけの力が出せるか
　　　　　　出力（W）がどれぐらい出せるか

バッテリの性能は、容量と出力の2つ

バッテリ容量

一充電航続距離

バッテリ出力

モータ出力＝加速性能

図10.6　バッテリの容量と出力

モータの出力に影響、つまり、加速性能に影響します。

「バッテリ容量さえあれば電気自動車は走れるという事ではなく、必要なバッテリ出力が無いとクルマを加速させることができませんよ」ということになります。

近年のクルマで考えると図10.7に示すように電動車両の種類によって求められるバッテリ性能は違います。

一充電航続距離が求められる電気自動車はバッテリの容量を重視します。HV車両では航続距離をのばすためにエンジンを使用し、駆動モータは瞬発的な力が必要でアクセルをポンっと踏んだ時グンっと加速をアシストするために使用します。加速性能が必要になることからバッテリの出力を重要視します。また減速回転した時のエネルギーをバッテリに入れる性能も必要です。

図10.8に示す様に駆動用バッテリも様々な種類があり、また同じ種類でもEVかHVにより容量型か出力型か異なってきます。電池を使う側が決まらないと電池は決まってきません。駆動用バッテリはどれぐらいの距離を走らせ、それにはどれだけ容量が必要かとどれだけの出力が必要かの2つの観点で初期設計します。

(2) 電力の供給と消費

バッテリの出力を決める時、「モータに合わせた出力があればいいのか？」

電気自動車は駆動用バッテリからの電気を使いモータを駆動させます。駆動用バッテリで駆動されるのはモータだけでしょうか？実は駆動モータだけではないのです。

図10.9をご覧下さい。

エンジンの代わりをするのが駆動モータですが、今までエンジンでまわしていたオルタネータ（12Vのバッテリに充電する機構）はどこにいっ

表10.1 バッテリモジュールの主要諸元（例）

	EV用 リチウムイオン バッテリ	HV用 ニッケル水素 バッテリ
容量 [Ah]	50	6.5
セル電圧 [V]	3.7	1.2
セル数	4	6
電力量 [Wh]	740	46.8
重量 [kg]	7.5	1.04
エネルギー密度 [Wh/kg]	99	45
出力密度 [W/kg]	550	1300
例	i-MiEV	プリウス
モジュール数 （電圧）	22 (325.6V)	28 (201.6V※)

※インバータ内部の昇圧コンバータで最大650Vまで昇圧させます。

電動車両の種類によって要求されるバッテリ性能は異なる

電気自動車　　　バッテリ容量重視

一充電航続距離

ハイブリッド車　　バッテリ出力重視

モータ出力＝加速性能

図10.7　要求されるバッテリ性能

第10章 「走る・曲がる・止まる」クルマの基本諸元の決め方

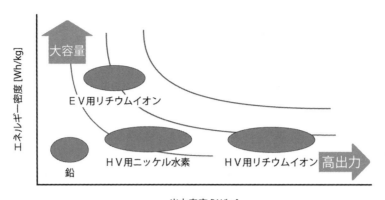

図10.8　電池の出力密度とエネルギー密度

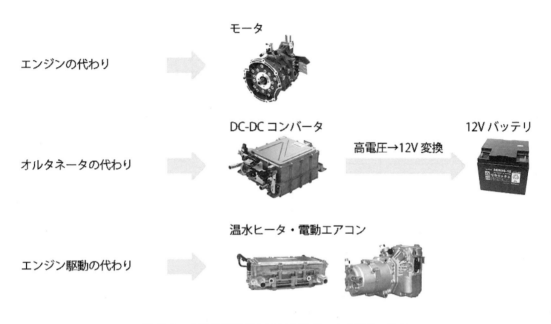

図10.9　内燃機関車輛と電気自動車の出力性能の比較

たのか？というと電気自動車ではDC/DCコンバータに代わり高電圧のバッテリから電圧を12Vに変換して補機用（灯火器類等）のバッテリに充電して使用されています。

他にも空調関係はエンジンの駆動を利用して、エアコンのコンプレッサを回していたり、エンジンの水温を使いヒータに利用していた空調関係の部分（補機系高電圧機器）が電気自動車では電動エアコンに代わり、電気温水ヒータ等に代わっています。これらの補機系高電圧機器と、バッテリとの関わりについては図10.10に示すように、それぞれが役割を持ちバッテリから電力を供給されているのです。これらの稼働にはEnvironment（環境）条件が深く関係します。これらの補機系高電圧機器は駆動用バッテリの電気が使用されています。

では実際に加速性能50kW電動モータ搭載した電気自動車を作ると考えた時、どんな出力の電池が必要なのか考えてみましょう。

バッテリから出力された電気を使い、クルマを加速させるために駆動モータを回すと、（エネルギー）変換効率が平均約85％になると言われています。

具体的に示すと、電動モータに50kWの電力をかけた時、電動モータは約42kWの駆動力しか発揮しません。

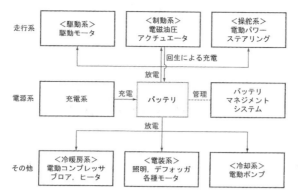

図10.10　電動自動車の駆動用バッテリから繋がれている補機系高電圧機器

電動モータに50kWの駆動力を求める時、必要な入力は約58.8kWとなります。

同様にDC/DCコンバータというのは12Vバッテリに、14Vで100アンペア位の出力でオルタネータと同じぐらいの出力は出せますが、変換効率約95％ぐらいと考えるとDC/DCコンバータとしては約1.5kWの入力が求められます。

ヒータというのは電気自動車の場合、夏場のエアコンをまわす事よりも、冬場のヒータを使用する事の方が、電気がかかることから4.0kW必要だと考えた時、電池の総出力が約64.3kWないと50kWのモータを搭載した車両はねらい通りには走らないという事になります。

この辺の考えをしっかり持たないと、闇雲に電池容量が増えてしまうので、それぞれにしっかりとした目標を持ち、「どういうクルマにどれぐらいの出力がいるのか」というところを考慮し、効率よくどれぐらいのバッテリ容量であれば良いのか求めます。

電力供給側と電力消費側には何があるのかを見据えバランスの取れた設計をする必要があります。

(3) 駆動モータ

前項において50kWのモータを搭載する事としましたが、この50kWのモータを選定した根拠というのはどこから生まれたのか説明しましょう。

モータを考える時、使われるのが走行性能曲線というものです。走行性能曲線とは横軸に車速、縦軸に走行抵抗や駆動力（トルク）を示した図のことです。

(3)-1　走行抵抗

クルマの抵抗には4つの成分があります。

① 転がり抵抗……タイヤが転がっていく時の抵抗、例えば軸受の摩擦抵抗、転がらないようにする抵抗です、例えば坂道でクルマがスーッと転がしていくとそのうち止まる、これは転がり抵抗が働くからです

② 空気抵抗……クルマが走っていく時、空気が邪魔になる（空気との摩擦）

③ 勾配抵抗……クルマで坂道を登る時、力を入れないと登りません

④ 加速抵抗……クルマの加速時発生する抵抗（車両質量の慣性による抵抗と駆動系などの回転部分（変速機のギヤ・シャフト、ドライブシャフト、アクスル、ブレーキ、タイヤ・ホイール等）の慣性抵抗等）

以上、抵抗と駆動力の詳細については7.4節に記載した内容を確認して下さい。

クルマを走らせる時に、クルマの抵抗となるのが走行抵抗です。

走行抵抗＝転がり抵抗＋空気抵抗＋勾配抵抗

走行抵抗と加速抵抗が走行時の抵抗となり、それに対して駆動モータが出せる駆動力に対して働く抵抗は、図10.11に示すような関係になります。

(3)-2　0%勾配での走行抵抗

このクルマの勾配0%（平地走行）での走行抵

第10章 「走る・曲がる・止まる」クルマの基本諸元の決め方

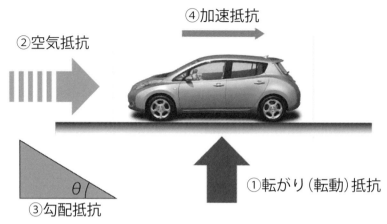

図 10.11　走行時の抵抗

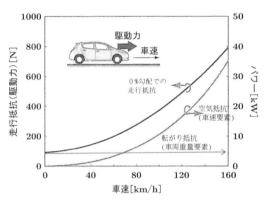

図 10.12　0％勾配での走行性能曲線

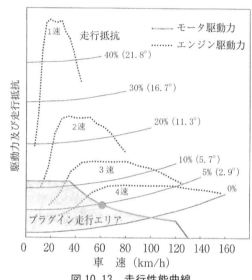

図 10.13　走行性能曲線

抗を分解すると、図10.12に示す一定の転がり抵抗曲線と、スピードがあがるにつれて抵抗が増える空気抵抗曲線との関係図になります。

転がり抵抗は車両重量が要因で、空気抵抗は車速が要因となっており、この2点を足すと0％勾配での走行抵抗となり、図で判る通り車速70km/hまでは転がり抵抗が強く、それ以上のスピードになると空気抵抗の方が占める割合が大きくなる事が判ります。

(3)-3　走行性能曲線

0％の勾配値を基準にした車速毎の走行抵抗とエンジンにおける各ギヤ変速比毎の駆動力を示したものが図10.14の走行性能曲線と呼ばれるものです。これは横軸に車速を取り縦軸に駆動力と走行抵抗を示したものです。

走行抵抗というのは勾配によって変わる事から、0％、5％、10％、20％、30％、40％と勾配毎の抵抗が記入され、駆動力はエンジンのギヤ毎の駆動力が記載されています。

図10.13の見方はまず1速のギヤの駆動力の頂点を見ると約50％の勾配の位置にあります。いわゆる50％の勾配までは1速ギヤで登れるという事です。同様に2速ギヤの駆動力の頂点が25％（14°）勾配の位置にあります。つまり約25％（14°）勾配までは2速ギヤで登れますというこのクルマの登坂能力を示しています。

車速との関係は4速ギヤの駆動力を見ると約160km/h弱のスピードが出せると読み取れます。同様に3速ギヤの駆動力を見ると約120km/hのところで駆動力曲線が終わっている事から、「このクルマは3速ギヤの時約120km/hの車速が出る」

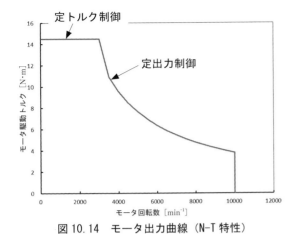

図10.14 モータ出力曲線（N-T特性）

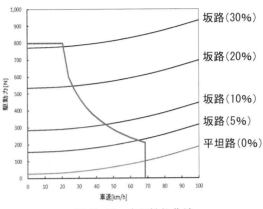

図10.15 走行性能曲線

のだと読み取れます。

次に3速の駆動曲線の初めのデータ部分から頂点部分を見ると、「この車は3速ギヤの時5%～10%の勾配のある坂で40km/hのスピードまでは加速する」と読み取れます。

同様に1速ギヤの駆動曲線を見ると「このクルマは1速ギヤで20%～50%の勾配のある坂では約20km/hまで加速出来る性能がある」と読み取れます。

モータの駆動力は第7章「パワートレイン」にて説明していることからここでは触れません。

(4) 駆動モータの設計

(4)-1　電動モータのトルク特性

電動モータのトルクについて図10.14を元に説明しましょう。

この特性は6章で述べたようにモータとコントローラの設定により作り出されます。

図10.14に示すモータ出力曲線は横軸にモータの回転数 [min^{-1}]、縦軸にモータのトルク [N・m] を取ります。

モータは停止状態である0回転から最大トルクが出せます。

このモータのトルクは $0min^{-1}$ で最大トルク約14N・mが得られ約 $3000min^{-1}$ までそのトルクを維持し、その後回転数がアップするにつれてモータのトルクは下がってきます。ただし、出力は一定値となっています。そしてこのモータの最大回転数は $10000min^{-1}$ だと読み取れます。この最大回転数はモータコントローラで設定しています。

次に前項のモータトルクの走行性能曲線は図10.15のように描かれます。

エンジンの場合は勾配が急になるほど4速ギヤから1速ギヤへと減速しなければ勾配を登る事が出来ない特性に対して、駆動モータは図10.14の通り $0min^{-1}$（車速0km/h）からトルクが最大になる事から、それぞれの勾配に応じたギヤ変速が不要で1速ギヤだけで良く変速装置が不要だという事が判ります。

すなわちモータはエンジンで必要な1速から4速の還俗の為のギヤチェンジをすべて1速ギヤのみでカバー出来ているという事です。

(4)-2　モータのトルク特性の決め方

前項では電動モータは1速ギヤですべてを賄えるという話をしました。まるで駆動モータは万能なんだという話をしましたが、「モータは一段ギヤであるが故に、この一段ですべてを賄わなければいけない」という事がいえ、そうなると「車両に必要な性能をすべてモータで賄わなければならない」という事になります。

次に考える事は、電気自動車を設計する時に最大トルクを得るためにどれだけの出力のモータが必要なのかという事になります。

ここで注意すべきはモータの最大出力というのはその最大出力を連続して出すことができる時間

211

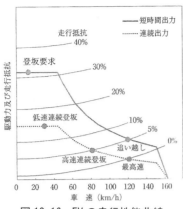

図 10.16 EV の走行性能曲線

によって決まるということで、これはモータで発生する熱により決まるのですが、瞬発的には出せるが連続的には出せないというモータの事情があります。

そう考えると連続時間で出さなければならない性能と瞬発的に出させる性能を分けて考え、それぞれを満たすモータを設計する必要があります。

EV の走行性能曲線を図 10.16 に示します。実線が短時間に求められるモータの出力で、点線が連続時間で求められる出力という事になります。

図 10.16 の短時間に求められるモータ出力をみると、この走行性能曲線のモータは $0\,min^{-1}$ の回転から 30% の勾配を登りだしていく短時間出力によって、モータがどれぐらいのトルクが必要なのかが決まってきます。

設計するクルマを 30% 勾配の坂をしっかり登らせたいと考えた時、最大トルクは 30% より上になります。更にこのクルマは 40% 勾配を登らせたいと考えるならば 40% 以上の勾配を登るための最大トルクを持ったモータが必要になります。

次に最大出力がどれぐらい必要か? 120km/h 走行は法的に認められていませんが、ここでは自動車性能という観点から図 10.16 の 120km/h を用いて説明します。現在の車速が 120km/h の時にアクセルを更に踏み込んで追い越しようと考えた時の余剰トルクはどれぐらい必要かとみると、5% 勾配を登る駆動力が必要だと読み取れますが、実際に最高出力を決める時は 0→400m 走行の加速性能等で決めていきます。

もう一つ考えるモータに求められる出力は図 10.16 の点線で表されている連続時間で必要な出力曲線です。考え方は駆動モータを搭載したクルマで最大登坂ではない山道等を長い時間ずっと低速域でゆっくり登ると考えます。例えば 10% から 15% のかなり勾配のきつい坂を低速域でゆっくり登るために必要な連続出力が決まってきます。逆に高速域で 5% の勾配の坂（高速道路上の勾配をイメージ）を登る出力が決まり、次に最高速 120km/h 出る出力を決めると、設計しようとするクルマに必要な最大トルクと最高出力が決まってきます。

登坂能力と最高速度に求められるモータ出力を示したのが図 10.17 です。

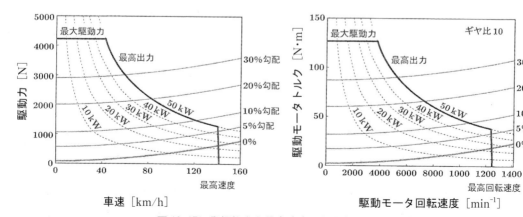

図 10.17 登坂能力と最高速度に必要なモータ出力

(5) 燃費 & 電費

次に燃費と電費について説明しましょう。

電費（でんぴ）は、電力エネルギー源（バッテリ等）の単位容量あたりの走行距離（一定の距離をどれだけの電力で走れるか）を示す指標であり、燃費は化石燃料1リットルあたりの走行距離を示す指標です。

電費、燃費は使用する電力（電圧、電流、周波数）や燃料の種類、タイヤ空気圧、路面状況、エンジンオイルの種類、積載重量、走行パターンなどにより変化するものです。

代表的な燃費を計るための走行モードを図10.18に示します。国内ではJC08Hで表される他、北米ではLA4で表されています。横軸に時間、縦

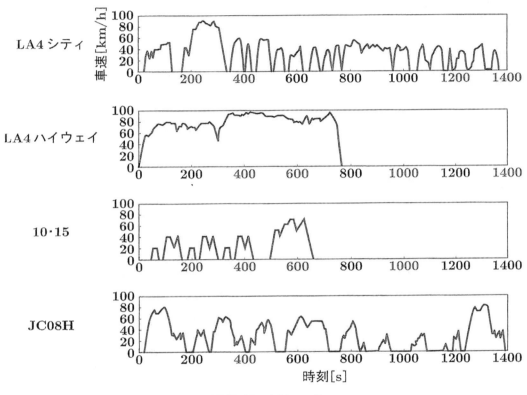

図10.18 走行モード

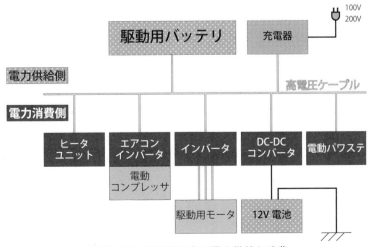

図10.19 電気自動車の電力供給と消費

軸に車速を取り、グラフが山になっているところが加速して減速しての走行モードです。

モータを良く使う部分を図10.16の点線で示した連続出力の性能の範囲内に入れておかないとモータがオーバーヒートしてしまいます。

この他EVやHEVの各走行パターンのモータ頻度マップも出ています。更に勉強を深めたい方は章末の「より深く勉強するためのコラム」を参考に調べてみてください。

(6) 補機系高電圧機器

図10.19に示すように駆動用バッテリで動かす物はモータの他、補機系高電圧機器（DC/DCコンバータやエアコン電動コンプレッサ等）があります。

これらの機器がどれぐらいの消費電力を使うのか考えた時、これらの機器について、設計上理解しておく必要がある特性や性能について一例を用いて説明しましょう。

何故ならば補機系高電圧機器について知っておかなければ、走行時に空調機器を作動させた時、いきなり動力性能が下がってしまうといった現象に結びつくからです。

表10.2 電動コンプレッサ仕様（例）

項　目		仕　様
コンプレッサ	型式	スクロール
	容量	27 cm³/r
	冷媒	HFC134a
	オイル	エステル
モータ	型式	ブラシレスDC
	最大出力	4.8 kW
インバータ	制御方式	位置センサレスベクトル制御
	最大入力電圧	DC 420 V
	最大出力電流	AC 16 A(R. M. S)
回転数制御範囲		500～8 600 rpm
体格		胴径109×軸長196
質量		5.9 kg

同様にエアコンを稼働させる電動コンプレッサの仕様をみると最大出力は4.8kWとなっており、モータを稼働させる時の変換効率が約85%ですから、エアコンを最大に稼動している場合、バッテリからは4.8kWの電力ではなく4.8kW/0.85 ≒ 5.6kWの電力をとりだす必要があります。この差5.1kW − 4.8kW＝約0.3kWはインバータやモータから熱として消えてしまったということになります。

バッテリの出力を設計する場合、こうした効率を検討して必要な出力を設計する事が大切です。

(7) 駆動用バッテリの設計

図10.21に示すようにバッテリ出力を設計する場合、前項で述べたとおり50kWのモータに必要な出力は58.8kWですからモータとDC/DCコンバータ及び電動コンプレッサの変換効率を考え設定する必要なバッテリ総出力は65.9kWだと求められます。

バッテリ出力を設計する場合、もう一つ大切な要因があります。それはバッテリの置かれている環境により、バッテリは変化し出力が変わってくる事を理解する必要があります。

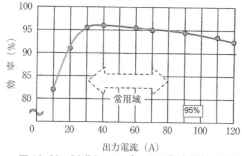

図10.20　DC/DCコンバータの効率特性（例）

DC/DCコンバータの効率特性を図10.20に示します。横軸に出力電流、縦軸に効率を取り、約95%以上の効率が得られるところを常用域として使用します。

横軸にDOD（Depth of Discharge、図10.22にバッテリの入出力特性を示します。充電容量に対する放電容量の割合（放電深度）、0%というのは満充電を表し100%というのは完全放電を意味しています。縦軸に出力を取り、バッテリが満充電から次々と放電するとバッテリの出力は落ちてく

モータ出力：50kW

変換効率：85%

DC-DC コンバータ：14V 100A 出力

高電圧→12V 変換

12V バッテリ

モータ出力分：58.8kW
DC/DC コンバータ出力分：1.5kW
温水ヒータ出力分：4.0kW
電動コンプレッサ出力分：5.6kW
バッテリ総出力：65.9kW

温水ヒータ、電動コンプレッサの大きい値で算出

変換効率：95%

温水ヒータ：4kW 出力

エアコン/コンプレッサモータ：5.6kW 出力

夏場は 5.6kW
冬場は 4.0kW
のどちらかを使用

図 10.21　電気自動車の出力性能

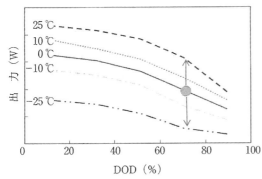

図 10.22　バッテリの入出力特性の例

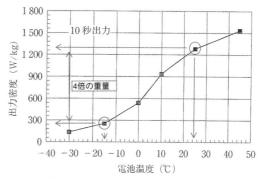

図 10.23　バッテリの気温差による出力の違い

るということです。つまり DOD85％なら満充電から 85％放電したということになりますし、容量 1000mAh の電池を 700mAh 放電したとすると、その放電深度は 70％ということになります。

更にバッテリの置かれている温度環境により、バッテリ出力は図 10.23 のように変化するのです。図 10.23 は、電池温度（横軸）と出力密度（縦軸）との関係を示したものです。図右上の矢印をご覧ください。電池温度（環境温度）が 25℃の時の出力密度は約 1,300W/kg と十分出ていたものが、図左下電池温度が −15℃になると一気に出力密度が約 240W/kg まで、常温 25℃の約 4 分の 1 まで大幅に出力しなくなるという出力特性があります。

そう考えた時バッテリとしてはどこの走行時温度と環境温度の部分を見ておかないといけないのかと考えると、仮に 0℃を基準して、その温度までは出力は確実に出るように設計する等考える必要があります。

この温度の設定を見落としたり、見間違えたりすることで満充電では出力が出ていたものが最後になると出力が出なくなってしまう等の現象が現れることから、最後まで出力を維持できる設計が必要となります。

図 10.24 は EV 用ニッケル水素バッテリの出力密度と放電深度の関係を表したグラフです。EV-95 の特性を見て下さい。出力密度を 200W/kg で設計しようとする時、最初の 20％だけ出力が出

れば良いというのではなく、放電しながら出力を維持し、最後の残り20%においても200W/kgの出力を維持するにはDODが20%において、250W/kgの出力密度が必要だという事です。

このようにバッテリ設計においてはSafety（安全性）、Comfort（快適性）、Environment（環境）の観点から、さまざまな要因を考えて設計する必要があるのです。

整理すると次にようにまとめられます。

① 温度 → 走行温度・環境温度は何度に設定するか、寒冷地ではバッテリ環境をどうするか。

② 電池の設定 → SOCが20%とか30%まで出力が維持できるバッテリ設計。
（SOCとはState of Chargeの略、充電状態（充電率）を表し、満充電を100%とし、半分は50%、全放電状態が0%となります。）

③ 電池の大きさが変わるとクルマの性能が変わる。

④ 電池の設計がポイント。大きさ、重量特性の想定によりフィードバックを掛けながら計算し、最終的にはある走行パターン、加速性能とかをシミュレーションしながらSCE面で妥当な想定値であるか検証していく。

⑤ 電池の必要出力、電力消費量を計算して電池の必要容量を求め航続距離を出して、設定目標値に対する検証を行い、目標達成していなければ校正し再度設定しなおす。

図10.25に電池容量の設定における模式図を示します。

駆動用電池出力＝駆動モータ電力＋エアコン等の補機電力について、この電池出力を要求される環境（温度,SOC等）で発揮できるかについて表10.3に連続20kW及び短時間30kW走行での性能について一覧にまとめたものです。

10.3.2 ハイブリッドシステム

ここまで「目標を達成するためにクルマの基本諸元をどう決めていくのか」について電気自動車の基礎設計を通して学んできました。

この電気自動車の構造を併せ持った電動車両を

表10.3 環境の違いによる走行性能

要求走行性能	連続20 kW	短時間30 kW
走行温度	0℃	0℃
最低SOC	20%	30%
組電池出力	29 kW	40 kW
モータ供給電力	24 kW	35 kW
DC-DCコンバータ	1 kW	1 kW
エアコン／ヒータ	4 kW	4 kW

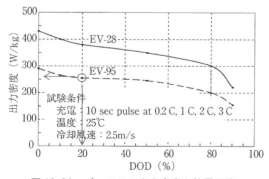

図10.24 バッテリの出力密度と放電深度

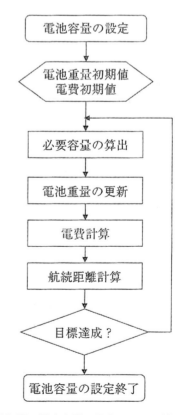

図10.25 電池容量の設定における模式図

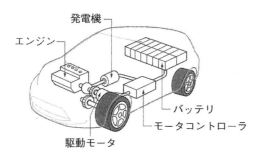

図 10.26　ハイブリッドシステムの概要

更に深く考える時、近年自動車メーカーの主流になっているハイブリッドシステムについて知っておく事も大切な事から、この項ではハイブリッドシステムの概要について簡単に説明します。

図 10.26 に示すようにハイブリッドシステムとは、2 種類の異なる動力を組み合わせた独特の駆動方式で、「クリーンで燃費の良い自動車」として認知されています。つまり、複数の動力源、ガソリンエンジンと駆動モータを搭載した自動車の事をさします。

ハイブリッドシステムは、自動車メーカーや車種によって異なる方式が採用されています。それらの方式は、大きく 2 つに分類されます。

シリーズハイブリッド方式、パラレルハイブリッド方式で、いずれの方式も「エネルギー効率の向上」「騒音、振動の緩和」「排出ガスの低減」を狙って開発されました。

図 10.27 のシリーズハイブリッド方式は、エンジンが発電機を動かす動力となり、自動車の走行はその発電機でつくりだされた電気で動くモータになります。

エンジンはある一定の回転数で動かすと非常に効率が良くなります。効率が良いところで発電機（エンジン）を動かして燃費の向上を狙います。

この方式でエンジンだけで自動車を走らせるよりも燃費が良くなり、さらに CO_2 や排出ガスを減らすことにもつながります。

この方式は、電気自動車の開発途上で生まれたものです。電気自動車は電池に蓄えた電力で走らせるため、その電力量の限界で、1 回の充電での航続距離の短さがデメリットでした。そこで、発電機そのものを自動車に搭載し、その発電機で電力を生み出しながら走行するシリーズ方式のハイブリッドシステムが開発されました。

図 10.28 のパラレルハイブリッド方式は、エンジンとモータの両方で自動車を動かすしくみで、状況に応じてエンジンとモータを使い分けます。

発進時や加速時など、燃料を多く消費するときに、モータでアシストし、ある一定のスピードまで達したときにエンジンが始動し、よりいっそうの加速力とスピードを得ることができます。

エンジンはある一定の回転数（スピード）のときに最も効率良く動くために、効率の悪い低速時に加速をモータに任せることによって燃費をかせぐことができます。

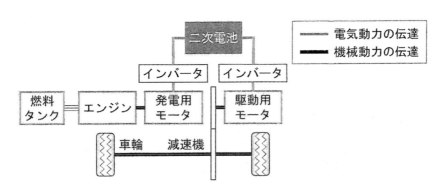

動力が「エンジン→発電用モータ→二次電池→駆動用モータ→車輪」と直列に流れる方式であるためシリーズ型とよばれる．

図 10.27　シリーズハイブリッド方式

この際、モータを動かすための電力はエンジンが発電機を動かしてモータに送る方法と、減速時の回生ブレーキを利用して発電してモータに送る方式を組み合わせて無駄なく利用しています。

モータは発進時に始動して車をスムーズに加速させて、ある一定のスピードまで達したときにエンジンが始動し、よりいっそうの加速力とスピードを得ることができます。

今まで見てきたシリーズ式とパラレル式を組み合わせた形が図 10.29 のシリーズ・パラレルハイブリッド方式と言われます。この方式では車が発車する際や低速走行などエンジンでは効率が悪い状況では、駆動モータによる EV 走行を行い、一定の速度に達したら中心をエンジンによる走行に切り替え必要に応じて駆動モータがアシストします。

この他、近年はプラグインハイブリット車 (PHV) や 2015 年度からは燃料電池車も発売が計画されています。

10.4　超小型モビリティ開発

第 1 章「自動車のあゆみでみる SCE の事例」から第 10 章「走る・曲がる・止まる」クルマの基本諸元の決め方に至るまでを学習してきました。

第 10 章の締めくくりとして、現在、日本において次世代モビリティの開発の必要性は第 1 章において学んだとおりで、私達人類が起因した化石燃料の枯渇、地球温暖化等の環境破壊ともいうべき危機的な状況が目前に迫ってきています。

日本の次世代交通システムの一つとして注目が集まっている「超小型モビリティ」がもしかすると私達の身近で作られる日が訪れるのかもしれま

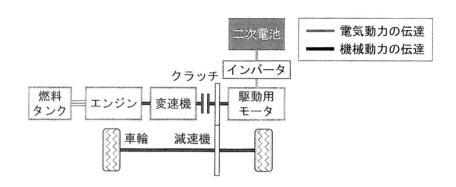

動力が「エンジン→変速機→車輪」と「二次電池→駆動用モータ→車輪」と並列に流れる方式であるためパラレル型とよばれる．

図 10.28　パラレルハイブリッド方式

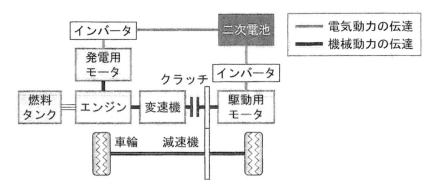

クラッチをつなげばパラレル型として，クラッチを切ればシリーズ型として機能する．

図 10.29　シリーズ・パラレルハイブリッド方式

10.4 超小型モビリティ開発

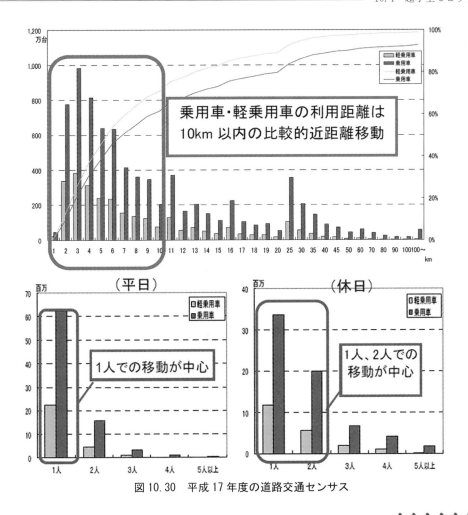

図 10.30　平成 17 年度の道路交通センサス

車両重量　約 1t　　　　約 50 馬力の力

図 10.31　車両の馬力

せん。そこで本書は最後に小型モビリティ開発についての必要性をより知る事で、これからみなさんが携わるであろう開発技術の一つとして紹介して終わります。

10.4.1　日本国内の自動車利用状況

国内での「自動車の使われ方」を調査した図 10.30 に示す道路交通センサスによると、乗用車・軽自動車の利用距離は 10km 以内と比較的近距離で使用されていて、その自動車の乗車人数のほとんどは 2 人以下というものでした。

車重約 1ton の車両で、図 10.31 に示しているように約 50 馬力の力を使い人 1 人〜2 人（50kg〜150kg の重量）を、貴重な化石燃料を使い日々移動しているというのが現在の自動車を使っている状況であります。多くのエネルギーを使用し、環境破壊を行いながら生活している状況だといっても過言ではありません。まさに「エネルギーを使いすぎていませんか？」という事に他なりません。

このような状況を考慮し、近年、国土交通省が新たな車両の枠組みとして従来のミニカー登録可能な車両（総排出量 50cc 以下または定格出力 0.6kW 以下の原動機を有する乗車定員 1 人）よりも大きく、軽自動車よりもコンパクトな車両を法律で認めようと動いています。

10.4.2　ライフスタイルに合わせた交通システム

自動車利用状況を基に、これからの Environment（環境）を考えると、次のようなことが言えるのかもしれません。

  1、必要最低限の距離が走れる移動手段があってもいいのではないか
  2、必要最低限の人数が乗れる移動手段があってもいいのではないか

「近距離移動は自動車よりコンパクトで小回りが利き、環境性能に優れ、地域の手軽な移動の足となる1人～2人乗り程度の車両で良いのではないか」

この様な環境を考え作られていくのが「次世代のモビリティ」の姿のひとつではないかと思うのです。「環境」を考慮し、エネルギー消費量を最大限に消減でき、誰もが安全に乗れ低炭素化に寄与する超小型モビリティであること（近距離移動型少人数定員ゼロエミッション車両）があげられます。

現在、国土交通省（以下、国交省）では次世代モビリティとして、新たなカテゴリーの車両を考え日本国内において「超小型モビリティ」の社会実証試験を繰り返しています。

10.4.3　社会実証試験に使用されている車両

図 10.33 に示すようにトヨタ自動車㈱の子会社であるトヨタ車体㈱ではミニカー登録可能な小型モビリティ「COMS」を開発し、2000年より販売を開始しています。日産自動車では関連会社のルノー社（フランス）が開発及び販売をしている2人乗りの超小型モビリティを日本に輸入し、神奈川県横浜市にて「日産ニューモビリティコンセプト」を100台使用した社会実証実験を始めました。各地でもカーシェアリングなどの実証実験を実施しています。

国交省は自動車の枠組みを見直し、法律緩和を模索しています。従来は大きな資本をかけ、ガソリンエンジンやパワートレインを作らなければ自動車メーカーにはなれなかった時代から、少ない資本で地域に密着したモータを用いた小型車両メーカー（図 10.34 の KOBOT 社）が生まれたり、安価でオートバイを製作する二輪バイクメーカーが四輪業界に参入してくる事も考えられます。

現在の道路交通法、道路運送車両法では2人乗りの「超小型モビリティ」は認められていません。そこで図 10.35 や図 10.36 に示すように、新たな車両の枠組みを変え、新たなカテゴリーとして原動機付自転車（以下、原付バイク）の4輪としてあるミニカー（1人乗車のみ）よりも大きく、軽自動車よりも小さく車検、税金等の負担が少ない「超小型モビリティ」を国交省は検討しているのです。

また、経済産業省が自動車業界の産業構造の見直しを実施したり、環境省が低炭素化支援を打ち出したり、国内全体で環境保護のために取り組んでいる状況にあります。

トヨタ　COMS

日産自動車ニューモビリティコンセプト

図 10.33　国内で見られる小型モビリティ

TOYOTA i-ROAD

KOBOT社 θ（シータ）

図10.34　1人〜2人乗り程度の車両の例

　これを受け、国内自動車メーカーでは2人乗りの超小型モビリティの開発に着手し始めました。

　また、東京大学生産技術研究所や同大学大学院新領域創成科学研究科をはじめ、各地の大学で「次世代モビリティの研究」に着手しています。

　図10.37に超小型モビリティなどの次世代モビリティを含むITS（Intelligent Transport Systems：高度道路交通システム）の構想例を示します。これは図10.38に示すように、これからの社会において、自動車などの移動手段を想定し、地球環境に優しい社会全体の姿を提案した例です。この構想の中にこれまで学んだSafety（安全性）、Comfort（快適性）、Environment（環境）の視点が含まれていることは言うまでもありません。

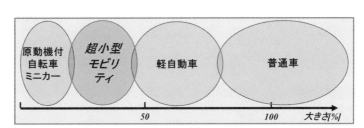
図10.35　超小型モビリティの位置付け

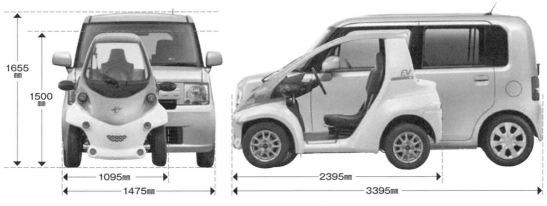
図10.36　TOYOTA COMS

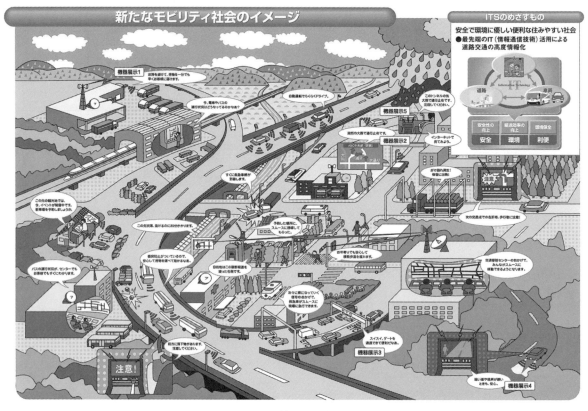

図 10.37 ITS 等の周辺技術の進展

　本章の冒頭の図 10.2、また第 1 章の歴史に登場した自動車を思い出して下さい。次世代モビリティなどの、まだ見たこともないモビリティ企画には、図 10.37 や図 10.38 のような、これからの社会に対するイメージが大事です。つまり、クルマの枠を超えて、社会のあり方にまで至るコンセプトの提案ができることです。こうした視点で、どうか PIUS Kit Car を捉えていただければと思います。

10.5 課　題

　本章で学んだ知識を再確認する目的で、以下の課題に取り組んでください。なお、説明を求める課題は、1 課題について 400 文字以上 800 文字以下にまとめ、適宜、図を使ってください。

1. 「クルマのコンセプト作り」に必要な項目名を 5 つあげ、それがどういう内容のものか説明しなさい。

2. 実際の自動車の企画・設計の検討課題として、どういう内容のものがあるか 3 つあげて説明しなさい。

3. 電気自動車を設計する場合のバッテリの選定方法について注意点を 3 つあげ、説明しなさい。

4. 「補機電力」とはどういうものであり、電気自動車の電力消費を検討する場合の留意点を含めて説明しなさい。

5. 走行抵抗及び加速抵抗とはどのようなものか、式を示して説明しなさい。

6. エンジンに比較してモータが持つ特性の特徴を説明しなさい。

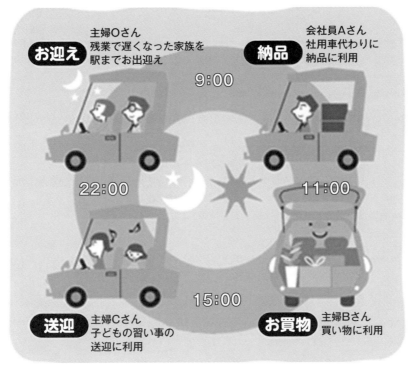

図 10.38　LRT やカーシェア等の社会インフラの再構築

7．電気自動車の駆動用バッテリの特性は、使用環境や使用状況によって十分に利用できないこともある。その環境や使用状況にはどのようなものであるか説明しなさい。

8．ハイブリッドシステムの方式を3つあげ、それぞれの長所や問題点を説明しなさい。

9．次世代モビリティの企画において考慮すべきことを述べなさい。

10.6　参考引用文献、より深く勉強するためのコラム

EV の設計において参考になる文献は次の通りです。

「自動車技術ハンドブック　第 10 分冊（設計（EV・ハイブリット）編
　　　自動車技術会　自動車技術ハンドブック編集委員会（著）

「電気自動車工学（EV 設計とシステムインテグレーションの基礎）」
　　　廣田幸嗣　小笠原悟司（著）　船渡寛人
　　　三原輝儀　出口欣高　初田匡之（共著）

あとがき

　キットカー PIUS を使った開発や製造の紹介を行いましたが、いかがだったでしょうか。
　本書では新しい自動車や移動体（モビリティ）を構想し、設計、製造する過程を想定し、それぞれの場面で具体的にどんな課題と向き合うのか、PIUS を事例に紹介しました。そして課題の捉え方や解決方法を、SCE の観点で行うよう紹介しました。このため、理論や技術に焦点を絞ったこれまでの教科書とは違った印象を抱いたと思います。
　これは、キットカー PIUS の登場した背景が大きく影響しています。PIUS は、2011年3月11日の東日本大震災を契機に被災地復興支援のひとつとして、（株）モディー社により開発されました。一方、岩手県内では震災復興を目的とする地域イノベーション戦略支援プログラム事業がスタートし、（株）モディーと一関高専が共同で教育プログラムを開発することになりました。その共同開発成果のひとつが本書なのです。
　この教材プログラムを開発するために、さまざまな問題点を検討しました。そこでは単に自動車技術に詳しくなり、職業スキルを得る目的だけでなく、震災復興や少子高齢化社会を迎える地域の社会と向き合う次の時代を創るエンジニア教育をどう指導するか話し合いました。新しい移動体（モビリティ）の開発もそのひとつとして期待していますが、それ以上に、地域社会の現実の社会と向き合う積極的な技術者の育成について検討を重ねました。その答えのひとつが SCE の視点をよりどころに、個別部品の開発や製造のマネジメント、さらに地球環境問題にまで検討を進めていく姿勢です。
　このキットカー教材で学んでもらいたいものは、本書で示した PIUS につながったいろいろな社会ニーズや技術の要素が次々に連結していく体系です。モノを企画し製造し、社会に受け入れられてもらうには、社会ニーズから技術的な要素に至るまでの幅広い分野の視点が必要です。またそれぞれの構成要素は、SCE のような選択理由できちんとつながっていることが必要です。キットカー PIUS はいろいろな専門分野の要素が比較的少ない部品で構成されており、こうした説明に適していると判断しました。さらに実際に走行させる場合は、工学分野に加え、道交法や経済活動に及ぶ文系の知識が必要です。それらの代表的な知識要素を約100点の部品で表現したものが、PIUS であると考えたのです。
　かつて日本では、大量生産に必要な技術者が求められていました。このため共通理解してもらいたい代表的な工学知識や作業スキルの訓練が行われ、また資格取得の指導も積極的に行っていました。これらは入門的な基礎と呼ばれていました。しかし今日は、多品種少量生産の時代になりました。モノの設計開発は短期間に行われ、また短期間に廃棄されていく時代になりました。これが現在と未来で想定している開発の姿ですが、開発現場や製造現場では、幅広い専門分野の獲得に加え、設計、製造等の階層の違う場面の間で、迅速に企画し、運営管理していくスキルが求められています。これは資格に代表される従来の入門知識と異なります。多様な分野の知識の要素や作業内容を、例えば SCE のような視点で結び付けていくスキルが重要になります。PIUS にはこうした視点が備わっており、本書ではそれを強調しました。
　震災復興は、被災地だけの課題ではありません。復興活動のように、数少ないユーザーに対しいかに迅速かつ有効に、また地球環境にやさしい提案をしていくかは、これからのマーケット開拓にも必須のスキルです。PIUS 教材が、これまで多様な専門分野に対応してきたデザイン会社、（株）モディー社で開発されたことも象徴的でした。PIUS 教材が震災復興に役立てばうれしいことですが、さらにこの教材を契機に幅広い専門分野、設計場面を自由に飛び回ることができる次世代技術者の育成に貢献できればと願っています。最後に、本教材の開発に参加された（株）モディー社、また一関高専の皆様に感謝申し上げます。

著者名

監　修

株式会社　モディー

独立行政法人　国立高等専門学校機構　一関工業高等専門学校

株式会社モディー

マーケティングマネージャー	岸間俊二	（きしま　しゅんじ）
車両設計グループ　マネージャー	野中智也	（のなか　ともや）
デザイングループ	橋本崇宏	（はしもと　たかひろ）

一関工業高等専門学校

電気情報工学科　教授	郷　冨夫	（ごう　とみお）
機械工学科　教授	澤瀬　薫	（さわせ　かおる）
機械工学科　特命教授	佐藤　清忠	（さとう　きよただ）
電気情報工学科　准教授	秋田　敏宏	（あきた　としひろ）
EVプログラム担当　特命教授	菊地　重人	（きくち　しげと）

PIUSにみる
車両工学概論

2016年11月7日　初版第1刷発行

検印省略

編　者
株式会社　モディー
独立行政法人
国立高等専門学校機構
一関工業高等専門学校

発行者　柴山　斐呂子

発行所　理工図書株式会社

〒102-0082　東京都千代田区一番町27-2
電話03（3230）0221（代表）
FAX03（3262）8247
振替口座　00180-3-36087番
http://www.rikohtosho.co.jp

Ⓒ株式会社モディー　2016年　Printed in Japan
ISBN978-4-8446-0852-3
印刷・製本　藤原印刷

〈日本複製権センター委託出版物〉
＊本書を無断で複写複製（コピー）することは、著作権法上の例外を除き、禁じられています。本書をコピーされる場合は、事前に日本複製権センター（電話：03-3401-2382）の許諾を受けてください。
＊本書のコピー、スキャン、デジタル化等の無断複製は著作権法上の例外を除き禁じられています。本書を代行業者等の第三者に依頼してスキャンやデジタル化することは、たとえ個人や家庭内の利用でも著作権法違反です。

★自然科学書協会会員★工学書協会会員★土木・建築書協会会員